高等学校应用型特色规划教材

高频电子线路

邹传云　主　编

黄　勇　李晓茹　魏东梅　副主编

清华大学出版社

北　京

内 容 简 介

本书详细介绍了构成高频无线通信系统的各功能电路的基本原理和分析方法。全书共分9章，包括系统基础知识，小信号选频放大电路，高频功率放大电路，正弦波振荡电路，振幅调制、解调与混频电路，角度调制与解调电路，反馈控制电路，高频电路的分布参数分析，高频电路的集成与 EDA。每章都通过问题和主要知识要点引导和启发学生思考，以问题驱动教学。全书内容深入浅出，理论联系实际。

本书可作为高等学校电子信息工程、通信工程、电子信息对抗、物联网等专业的本科生教材或教学参考书，也可供相关专业的工程技术人员参考。

图书在版编目(CIP)数据

高频电子线路/邹传云主编；黄勇，李晓茹，魏东梅副主编. --北京：清华大学出版社，2012.7
（2022.12重印）

(高等学校应用型特色规划教材)

ISBN 978-7-302-28197-9

Ⅰ. ①高⋯　Ⅱ. ①邹⋯　②黄⋯　③李⋯　④魏⋯　Ⅲ. ①高频—电子电路—高等学校—教材

Ⅳ. ①TN710.2

中国版本图书馆 CIP 数据核字(2011)第 030149 号

责任编辑：李春明　　郑期彤
封面设计：杨玉兰
责任校对：周剑云
责任印制：沈　露

出版发行：清华大学出版社
　　　　网　　　址：http://www.tup.com.cn, http://www.wqbook.com
　　　　地　　　址：北京清华大学学研大厦 A 座　　　邮　　编：100084
　　　　社 总 机：010–83470000　　　　　　　　　邮　　购：010-62786544
　　　　投稿与读者服务：010-62776969, c-service@tup.tsinghua.edu.cn
　　　　质量反馈：010-62772015, zhiliang@tup.tsinghua.edu.cn
　　　　课件下载：http://www.tup.com.cn, 010-62791865
印 装 者：三河市铭诚印务有限公司
经　　销：全国新华书店
开　　本：185mm×260mm　　印　张：15.75　　字　数：378 千字
版　　次：2012 年 7 月第 1 版　　　　　印　次：2022 年 12 月第 10 次印刷
定　　价：48.00 元

产品编号：039264-03

前　　言

　　高频电子线路是本科电子信息类专业重要的技术基础课，是一门理论性、工程性与实践性很强的课程，它内容丰富，应用广泛，相关新技术、新器件发展迅速。结合应用型本科人才培养的实际情况，本书注重实际需要，进一步理清高频电子线路最基本的内容，兼顾现代发展，内容组织上注重内在概念和分析思路的连贯性，可为学生的后续学习打好基础，达到培养应用型学生的目的。

　　本书的选材与组织遵循"系统功能为纲，优选基础内容，兼顾现代发展，注重概念连贯，便于组织教学"的原则，以无线通信系统各单元电路的"功能"为基点构筑各章节内容，精选基础内容适应有限学时，上下衔接保持内在思路的流畅，从而利于教学。本书从通信功能电路的输入信号频谱与输出信号频谱的变换关系出发，在理论上讲清楚各个通信功能电路的基本原理和实现电路的基本方法。本书内容以模拟通信功能电路为主，对数字信号的调制与解调电路也有适当的叙述。考虑到目前各高校高频电子线路(或通信电路、非线性电路、射频电路)课时有限(48～64学时)，本书强调基础，书中第1～7章是同类教材公认的基础内容，采用集总参数的分析方法。但随着移动通信和网络的迅猛发展和普及，大部分无线通信系统的工作频率为千兆赫量级，我国传统高频电子线路的内容就不充分了，因此有必要将分布参数的分析方法引入到高频电子线路教材中。特别是对后续不选修微波技术等课程的同学，如果完全没有分布参数电路的概念，就将很难深入理解现代无线通信电路。

　　全书共分9章，具体如下。

　　第1章系统基础知识，主要介绍电磁波频段的划分与应用、无线通信系统的组成、高频电路中的元器件特征与非线性描述方法、系统性能指标(包括增益、噪声系数、1dB压缩点、三阶互调截点、灵敏度和动态范围)。

　　第2章小信号选频放大电路，主要介绍 LC 谐振与阻抗变换电路、小信号谐振放大器、集中选频放大器。

　　第3章高频功率放大电路，主要介绍丙(C)类谐振功率放大器的工作原理和动态特性分析、高效(D、E类)功率放大器概念、谐振功率放大器馈电和匹配电路、集成高频功率放大电路。

　　第4章正弦波振荡电路，主要介绍反馈型自激振荡的工作原理、 LC 正弦波振荡器、晶体振荡器。

　　第5章振幅调制、解调与混频电路，主要介绍振幅调制的基本原理、振幅调制与检波电路、混频原理与电路。

　　第6章角度调制与解调电路，主要介绍调角信号的基本特性、调频与鉴频电路、抗噪电路、数字调制与解调、集成调频发射与接收芯片。

第 7 章反馈控制电路，主要介绍自动增益控制(AGC)电路、自动频率控制(AFC)电路、锁相环路(PLL)、集成锁相环与应用。

第 8 章高频电路的分布参数分析，主要介绍传输线原理与工作参数、Smith 圆图与阻抗匹配、双端口网络的 S 参数。

第 9 章高频电路的集成与 EDA 技术简介，主要介绍高频电路的集成技术与电子设计自动化的概念和发展趋势。

本书由邹传云任主编。具体分工如下：邹传云编写第 1、2 章并负责大纲制定及全书的审稿和统稿，魏东梅编写第 3、4 章，李晓茹编写第 5、6 章，黄勇编定 7～9 章。

由于时间仓促及作者水平有限，书中难免存在错误及疏漏之处，敬请广大读者批评指正。

编　者

目　　录

第1章　系统基础知识 1

　1.1　无线通信系统概述 1

　　1.1.1　电磁波频段的划分与应用 2

　　1.1.2　无线通信系统的基本组成 5

　1.2　高频电路中的元器件与分析模型 7

　　1.2.1　高频无源元件 7

　　1.2.2　高频有源器件 9

　1.3　系统性能指标 13

　　1.3.1　增益 14

　　1.3.2　噪声和噪声系数 16

　　1.3.3　非线性失真 21

　　1.3.4　灵敏度与动态范围 26

　本章小结 28

　思考与练习 28

第2章　小信号选频放大电路 32

　2.1　*LC*谐振与阻抗变换电路 32

　　2.1.1　阻抗的串、并联变换 32

　　2.1.2　串、并联谐振回路的基本
　　　　　特性 34

　　2.1.3　回路的部分接入与阻抗变换 39

　2.2　小信号谐振放大器 42

　　2.2.1　晶体管的*Y*参数等效电路 42

　　2.2.2　单调谐回路谐振放大器 44

　　2.2.3　多级单调谐回路谐振放大器 48

　　2.2.4　调谐放大器的稳定性 49

　2.3　集中选频放大器 51

　　2.3.1　集中选频滤波器 52

　　2.3.2　小信号选频放大器举例 55

　本章小结 56

　思考与练习 58

第3章　高频功率放大电路 60

　3.1　丙(C)类谐振功率放大器的工作
　　　　原理 61

　　3.1.1　电路组成及工作原理 61

　　3.1.2　集电极余弦电流脉冲的分解 ... 63

　　3.1.3　输出功率与效率 64

　　3.1.4　丙(C)类倍频器 65

　3.2　谐振功率放大器的动态特性分析 66

　　3.2.1　谐振功率放大器的动态特性 ... 66

　　3.2.2　谐振功率放大器的负载特性
　　　　　与三种工作状态 68

　　3.2.3　谐振功率放大器的调制特性 ... 70

　　3.2.4　谐振功率放大器的放大特性 ... 72

　　3.2.5　谐振功率放大器的调谐特性 ... 72

　3.3　谐振功率放大器电路 73

　　3.3.1　直流馈电电路 74

　　3.3.2　滤波匹配网络 76

　　3.3.3　谐振功率放大器电路举例 80

　3.4　D、E类功率放大器概念 81

　　3.4.1　D类功率放大器 81

　　3.4.2　E类功率放大器 82

　3.5　集成射频功率放大器及其应用简介 83

　本章小结 85

　思考与练习 85

第4章　正弦波振荡电路 88

　4.1　反馈振荡器的振荡条件分析 88

　　4.1.1　反馈振荡器振荡的基本原理 ... 88

　　4.1.2　振荡器的起振条件和
　　　　　平衡条件 89

　　4.1.3　振荡平衡的稳定条件 90

　　4.1.4　反馈振荡器的判断 91

　　4.1.5　频率稳定度 93

高频电子线路

4.2 *LC* 三点式正弦波振荡器 94
 4.2.1 三点式振荡器的电路组成
  法则 94
 4.2.2 电容三点式振荡器 96
 4.2.3 电感三点式振荡器 97
 4.2.4 改进型电容三点式振荡器 99
 4.2.5 集成 *LC* 正弦波振荡器 102
4.3 石英晶体振荡器 104
 4.3.1 石英谐振器及其特性 104
 4.3.2 串联型石英晶体振荡器 106
 4.3.3 并联型石英晶体振荡器 107
 4.3.4 泛音晶体振荡器 108
本章小结 110
思考与练习 110

第 5 章　振幅调制、解调与混频
　　　　电路 113

5.1 振幅调制的基本原理 113
 5.1.1 普通调幅波 114
 5.1.2 双边带调幅信号 117
 5.1.3 单边带调幅信号 118
5.2 振幅调制电路 118
 5.2.1 非线性电路的线性时变
  分析法 119
 5.2.2 低电平调幅电路 121
 5.2.3 高电平调幅电路 124
5.3 振幅检波电路 126
 5.3.1 振幅解调的基本原理 126
 5.3.2 二极管包络检波电路 127
 5.3.3 同步检波电路 132
5.4 混频原理与电路 135
 5.4.1 混频电路 135
 5.4.2 混频干扰 140
 5.4.3 混频器的性能指标 142
5.5 实用电路举例 143
本章小结 145
思考与练习 145

第 6 章　角度调制与解调电路 148

6.1 调角信号的基本特性 148
 6.1.1 调角波的表达式 149
 6.1.2 调角波信号的频谱和带宽 ..151
6.2 调频电路 154
 6.2.1 调频的主要性能指标 154
 6.2.2 直接调频电路 154
 6.2.3 间接调频电路 159
 6.2.4 扩展最大频偏的方法 162
6.3 鉴频电路 162
 6.3.1 鉴频的主要性能指标 162
 6.3.2 斜率鉴频器 163
 6.3.3 相位鉴频器 167
6.4 调频制的抗噪电路 169
 6.4.1 预加重与去加重电路 169
 6.4.2 限幅器 170
 6.4.3 静噪电路 171
6.5 数字调制与解调 172
 6.5.1 概述 172
 6.5.2 频移键控调制与解调 172
 6.5.3 相移键控调制与解调 175
6.6 集成调频发射与接收芯片举例 ..176
 6.6.1 MC2833 集成调频发射机 ..177
 6.6.2 MC3362 集成调频接收机 ..178
本章小结 178
思考与练习 179

第 7 章　反馈控制电路 181

7.1 自动增益控制电路 181
 7.1.1 自动增益控制电路的作用 ..181
 7.1.2 自动增益控制电路的类型 ..182
7.2 自动频率控制电路 184
 7.2.1 工作原理 184
 7.2.2 应用举例 184
7.3 锁相环路 186
 7.3.1 锁相环路的基本组成 186
 7.3.2 锁相环路的相位模型和基
  本方程 187

7.3.3 锁相环路的捕捉与跟踪..........192

7.4 集成锁相环与应用..............................193

7.4.1 集成锁相环.....................193

7.4.2 锁相环的应用.................195

本章小结....................................200

思考与练习.................................200

第8章 高频电路的分布参数分析......202

8.1 传输线.......................................202

8.1.1 传输线方程和特性阻抗.........203

8.1.2 传输线的工作参量.................207

8.1.3 均匀无损耗传输线的
　　　 工作状态.........................209

8.2 Smith 圆图与阻抗匹配............212

8.2.1 Smith 阻抗圆图.................212

8.2.2 传输线的阻抗匹配.................218

8.3 双端口网络的 S 参数.........................224

8.3.1 S 参数定义.......................224

8.3.2 S 参数与其他参数的关系......227

本章小结....................................230

思考与练习.................................230

**第9章 高频电路的集成与 EDA
　　　 技术简介.............................230**

9.1 高频电路的集成技术....................230

9.1.1 高频集成技术与挑战.............230

9.1.2 高频集成电路的发展与趋势.232

9.2 高频电路的 EDA 技术简介.............233

9.2.1 教学用的 EWB.........................234

9.2.2 商用的 EDA 软件介绍..........240

本章小结....................................241

思考与练习.................................241

参考文献...............................242

第 1 章　系统基础知识

本章导读

- 无线电频段是如何划分的？无线通信为何要用高频电磁波？
- 高频电子线路有什么特点？
- 无线通信系统究竟包括哪些电路？它们都有什么功用？
- 表征高频电路(系统)性能的参数有哪些？

知识要点

- 不同频段电波的传播特点。
- 高频发射机和接收机的组成结构图。
- 各功能电路(小信号放大电路、高频功率放大电路、正弦波振荡电路、调制和解调电路、倍频电路、混频电路)在系统中的作用。
- 增益、噪声系数、1dB 压缩点、三阶互调截点的计算和意义。

1.1　无线通信系统概述

1864 年，苏格兰科学家麦克斯韦(J.C.Maxwell，1831—1879 年)在伦敦英国皇家学会发表的论文中首次提出了电场和磁场通过其所在的空间中交连耦合会导致波传播的设想，1873 年他出版了电磁场理论的经典巨著《论电和磁》，提出一组关于电和磁共同遵守的数学方程，即麦克斯韦方程，论证空间存在电磁波并以光速传播。1887 年，德国科学家赫兹(H.R.Hertz，1857—1894 年)用火花隙激励一个环状天线，用另一个带隙的环状天线接收，证实了麦克斯韦关于电磁波存在的预言。1897 年，意大利发明家马可尼(G.Marconi，1874—1937 年)在英国申请无线电报专利，建立无线电报公司。1901 年 12 月 12 日，马可尼在加拿大纽芬兰岛(Newfoundland)收到从英国康沃尔(Cornwall)发出的无线电报信号，跨越大西洋的 3200km 距离的无线通信试验成功。无线电报的发明开始了无线电通信的时代，并逐步涉及陆地、海洋、航空、航天等固定和移动无线通信领域，从 1920 年的无线电广播、1930 年的电视传输，直到 1980 年的移动电话和 1990 年的全球定位系统及当今的移动通信和无线局域网，无线通信市场还在飞速发展，移动通信手机、有线电视调制解调器以及射频标签的电信产品迅速地渗入我们的生活，变成大众不可缺少的工具。高频电子线路的发展推动了无线通信技术的发展，是当代无线通信的基础，是无线通信设备的重要组成部分。

1.1.1 电磁波频段的划分与应用

波长与频率是电磁波的两个重要参数。在自由空间中，波长与频率存在以下关系：

$$\lambda = c/f$$

式中，c 为光速(真空中的值为 3×10^8 m/s)，λ 和 f 分别为电磁波的波长(单位是米，m)和频率(单位是赫[兹]，Hz)。

为了便于分析和应用，人们对电磁波按频率或波长进行分段，分别称为频段或波段。表 1.1 列出了电磁波频(波)段的划分，表中的划分是相对而言的，相邻频段间无绝对的分界线。

表 1.1　电磁波频(波)段的划分

频段名称	频率范围	波段名称	波长范围
极低频(Extra Low Frequency，ELF)	3～30Hz	极长波	100～10mm
超低频(Super Low Frequency，SLF)	30～300Hz	超长波	10～1mm
特低频(Ultra Low Frequency，ULF)	300～3000Hz	特长波	1～0.1mm
甚低频(Very Low Frequency，VLF)	3～30kHz	甚长波	0.1mm～10km
低频(Low Frequency，LF)	30～300kHz	长波	10～1km
中频(Middle Frequency，MF)	300～3000kHz	中波	1～0.1km
高频(High Frequency，HF)	3～30MHz	短波	0.1km～10m
甚高频(Very High Frequency，VHF)	30～300MHz	超短波	10～1m
特高频(Ultra High Frequency，UHF)	300～3000MHz	分米波	1～0.1m
超高频(Super High Frequency，SHF)	3～30GHz	厘米波	0.1m～10mm
极高频(Extra High Frequency，EHF)	30GHz～0.3THz	毫米波	10～1mm
太赫兹(Tera-hertz)	0.3～30THz	亚毫米波	1mm～10μm

单位前缀：$T=10^{12}$；$G=10^9$；$M=10^6$；$k=10^3$；$m=10^{-3}$；$\mu=10^{-6}$；$n=10^{-9}$；$p=10^{-12}$

频率在 300MHz～3000GHz 范围内的电磁波又称为微波(Microwave)，微波的波长范围为 1m～0.1mm，它包括四个波段：分米波、厘米波、毫米波、亚毫米波。在雷达和微波技术中，常对微波波段中的一部分做更细的划分，并用不同的拉丁字母表示它们如表 1.2 所示。

表 1.2　微波波段的划分

波段代号	频率/GHz	波长范围/cm	标称波长/cm
P	0.23～1	130～30	80
L	1～2	30～15	22
S	2～4	15～7.5	10
C	4～8	7.5～3.75	5
X	8～12	3.75～2.5	3
Ku	12～18	2.5～1.67	2

续表

波段代号	频率/GHz	波长范围/cm	标称波长/cm
K	18~27	1.67~1.11	1.25
Ka	27~40	1.11~0.75	0.80
U	40~60	0.75~0.5	0.60
V	60~80	0.5~0.375	0.40
W	80~100	0.375~0.3	0.30

根据现代电磁场理论，整个电磁波谱包括电波、红外线、可见光、紫外线、X射线、γ射线等，如图1.1所示。

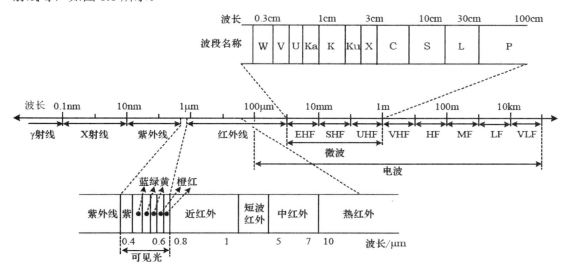

图1.1　电磁波谱

由于地球表面及空间层的环境条件不同，因此发射的无线电波因其频率或波长不同，传播特性也不同。传播特性指的是无线电波的传播方式、传播距离、传播特点等。电磁波在地面上远距离传播的方式有直射、绕射、折射和反射。

1．直射传播

由于地球表面是一个曲面，直射传播的电波所能到达的距离只能在视距范围以内。如果天线不高，传播距离就不远，发射和接收天线越高，能够进行通信的距离也越远。一般超短波和微波在电离层中反射很小，它们的绕射能力也不强，所以通常是靠直线传播。当然，直射传播方式可以通过架高天线、中继或卫星等方式来扩大传输距离。

2．绕射传播

电波沿地面传播(绕射)时能量会被吸收(由集肤效应引起)，通常是波长越长(或频率越低)，被吸收的能量越少，损耗就越小，因此，中、低频(或中、长波)信号可以以地波的方式绕射传播很远，并且比较稳定。

3. 折射和反射传播

地球表面有一层具有一定厚度的大气层，由于受到太阳和星际空间的照射，大气层上部的气体将发生电离而产生自由电子和离子，这一部分大气层称为电离层。当无线电波照射到电离层时，电波传播方向将发生变化，造成电磁波在电离层中的折射和反射，被折射和反射到地面的电波称为天空波，也叫天波。电离层对通过的电波也有吸收作用，频率越高的信号，电离层吸收能力越弱，或者说电波的穿透能力越强。因此，频率太高的电波会穿过电离层而到达外层空间。而长波、中波在电离层中受到较强的吸收，基本上不能依靠电离层的反射来传播。然而，对于短波信号，电离层有较强的反射，入射角越大，越易反射。由于电离层离地面较高，一次反射的跳距可达 4000km，因此，短波通信是一种价格低廉的远距离通信方式。由于电离层的状态随着时间(年、季、月、天、小时甚至更小单位)而变化，因此，利用电离层进行的短波通信并不稳定。需要指出，电波的反射传播不只存在于电离层中，由于电波在不同性质的介质的交界处都会发生反射，因此，当电波遇到比波长大得多的物体时将产生反射，也就是说，反射也发生于地球表面、建筑物表面等许多地方。在物体的边缘也存在电波绕射，在陆地移动通信中，由反射、绕射引起的多径传播会造成接收信号的衰落。

由上可见，长波信号以地波绕射为主；中波和短波信号可以以地波和天波两种方式传播，不过，前者以地波传播为主，后者以天波(反射与折射)为主；超短波以上频段的电波大多以直射方式传播。不同频段电波的传播方式和能力不同，因而它们的应用范围也不同。表 1.3 给出了常见用途的电波频段。各种频率的电磁波都是不可再生的重要资源，它们的使用受国家控制，任何个人、公司和行业只有获得政府的许可(牌照)才能使用分配的频段。

表 1.3　常见用途的电波频率

中波广播	535～1605kHz
短波广播	5.9～26.1MHz
调频广播	88～108MHz
业余无线电	50～54，144～148，216～220，222～225，420～450 MHz
电视广播	54～72，76～88，174～216，470～608MHz
遥控	72～73，75.2～76，218～219MHz
移动通信	900MHz；1.8，1.9，2GHz
无线局域网	2.4～2.5 GHz，5～6 GHz
卫星直播电视	12.2～12.7，24.75～25.05，25.05～25.25 GHz
全球定位系统(Global Positioning Systems，GPS)	1215～1240，1350～1400，1559～1610 MHz

无线电频率资源具有四个特性：有限性、非耗竭性、排他性和易受污染性。由于无线电频率资源的上述特性，国际社会和任何国家都必须对它进行科学规划、严格管理。

按照现有的法规，无线电管理的内容主要包括以下几个方面。

(1) 无线电台设置和使用管理。

(2) 频率管理。

(3) 无线电设备的研制、生产、销售和进口管理。

(4) 非无线电波的无线电辐射管理。

不同频段电波信号的产生、放大和接收的方法不同，因而它们的分析方法也不同。本书主要分析高频电波信号的产生、放大和接收的电路，因此称为"高频电子线路"。需要指出：这里的"高频"是一个相对的概念，表 1.1 中的"高频"指的是短波波段，其频率范围为 3～30MHz，这只是"高频"的狭义解释。而广义的"高频"指的是射频(Radio Frequency，RF)，它是指适合无线电发射和传播的频率，其频率范围非常宽。只要电路尺寸比工作波长小得多，仍可用集总参数来分析实现，都可认为属于"高频"范围。就目前的集成电路尺寸来讲，"高频"的上限频率可达微波频段(如 5GHz)。当电路尺寸大于工作波长或相当时，应采用分布参数的方法来分析实现。本书的第 1～7 章讨论可用集中参数描述的高频电路，而分布参数分析法在第 8 章有简要的论述。

1.1.2　无线通信系统的基本组成

无线通信系统是指采用电磁波作为载体通过空中传递信息的系统，无线电通信的类型很多，可以根据频率范围、传输方法、用途等来分类。

(1) 按照工作频段或传输方式分类，主要有中波通信、短波通信、超短波通信、微波通信和卫星通信等。

(2) 按照通信方式分类，主要有(全)双工、半双工和单工方式。

(3) 按照调制方式分类，主要有调幅、调频、调相以及混合调制等。

(4) 按照传送消息的类型分类，主要有模拟通信和数字通信，也可以分为话音通信、图像通信、数据通信和多媒体通信等。

通信系统的核心部分是发送设备和接收设备。不同的无线通信系统的发送设备和接收设备的组成不完全相同，但基本结构还是有相似之处，组成设备的基本电路及其原理都是相同的，遵从同样的规律。图 1.2 所示为模拟无线通信系统(如模拟无线对讲机)的基本组成。图中虚线以上部分为发送设备(发信机)，虚线以下部分为接收设备(收信机)，天线及天线开关为收发共用设备，虚线框是可选电路。信道为自由空间。话筒和扬声器属于通信的输入、输出变换器(声-电与电-声转换)。输入变换器将要传递的声音消息变换为电信号，称为基带信号。为了适应信道对要传输信号的要求，就必须将已获取的基带信号再做变换，这就是发送变换设备的功用。发送设备将基带信号对来自载波振荡器的高频信号进行调制等处理，将频率变换到规定频段的无线信道上，产生高频已调信号，最后再经功率放大器放大，使其具有足够的发射功率，作为射频信号发送到空间，实现信号的有效传输。接收设备的第一级是高频放大器。由于发送设备发出的信号经过长距离的传播，能量受到很大的损失，当到达接收设备时，信号是很微弱的，同时还受到传输过程中来自各方面的干扰和噪声，因而需要经过高频放大器的放大，在此过程中，高频放大器的窄带特性同时滤除一部分带外的噪声和干扰。高频放大器输出的是高频已调信号，经过混频器，与本地振荡器提供的信号混频，产生中频信号。中频信号经中频放大器放大，送到解调器，恢复原基带信号，再经低频放大器放大后驱动扬声器产生声信号。

本书将以模拟通信为重点来研究这些基本电路，认识其规律。这些电路和规律完全可以推广应用到其他类型的通信系统。对于无线通信系统，一般都要将要传输的基带信号调制到高频(射频)，原因是高频适于天线辐射和无线传播。由天线理论可知，只有当天线的尺寸大于四分之一信号波长时，天线的辐射效率才会较高，从而以较小的信号功率传播较远的距离，接收天线也才能有效地接收信号。基带信号一般是较低频率的信号，波长较长。例如，音频信号一般仅在 15kHz 以内，对应波长为 20km 以上，要制造出相应的巨大天线是不现实的。另外，即使这样巨大的天线能够制造出来，由于各个发射台发射的均为同一频段的基带信号，在信道中会互相重叠、干扰，因此接收设备无法从中选择出所要接收的有用信号。采用调制方式以后，由于传送的是高频已调波信号，故所需天线尺寸便可大大缩小。另外，不同的发射台可以采用不同频率的高频振荡信号作为载波，这样在频谱上就可以互相区分开了。所谓调制，就是用调制信号去控制高频载波的参数，使载波信号的某一个或几个参数(振幅、频率或相位)按照调制信号的规律变化。根据载波受调制参数的不同，调制分为三种基本方式，它们是振幅调制(调幅)、频率调制(调频)、相位调制(调相)，分别用 AM、 FM、 PM 表示，还可以有组合调制方式。

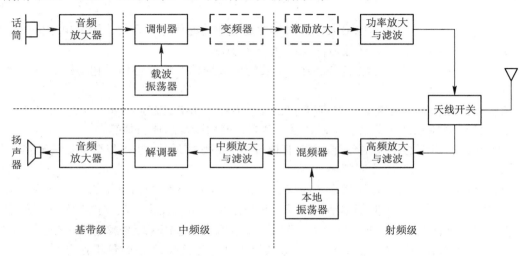

图 1.2　模拟无线通信系统的基本组成

由上面的例子可以总结出无线通信系统电路的基本组成，由工作频率的高低可分为射频级、中频级和基带级三级电路，射频级和中频级属于本书高频电路的研究范畴，它们的基本功能电路应该包括：滤波器、放大器、高频振荡器、混频或变频器、调制与解调器。

上面的功能电路就是本书后续各章要介绍和分析的内容，国际习惯用图 1.3 中的符号表示它们，其中图 1.3(a)～(d)分别表示低通滤波器、高通滤波器、带通滤波器和带阻滤波器(陷波器)；图 1.3(e)表示放大器；图 1.3(f)表示混频或变频器(也表示乘法器)；图 1.3(g)表示振荡器；图 1.3(h)表示双工器(天线开关)；图 1.3(i)表示天线。

图 1.3　常用的通信功能电路符号

图 1.4 是用图 1.3 中的符号表示的典型数字无线通信系统(如移动手机)的基本组成。该系统中基带信号是数字信号,中频和射频级电路中的信号仍是模拟的,这两级电路的工作原理与图 1.2 的一样。图 1.2 和图 1.4 中的接收设备结构称为超外差接收机,它的主要特点就是由频率较低且固定的中频放大器来完成对接收信号的选择和放大;它的优点是接收的性能可以做得更好,当信号频率改变时,只要相应地改变本地振荡信号频率即可实现对不同高频信号的接收。

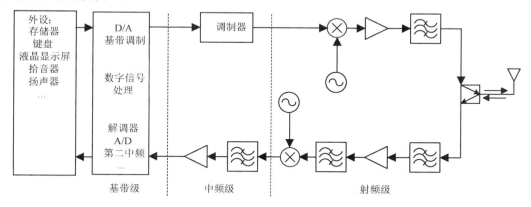

图 1.4 典型数字无线通信系统的基本组成

1.2 高频电路中的元器件与分析模型

由 1.1.2 节的介绍可知,各种无线电设备主要由一些处理高频信号的功能电路(如高频放大器、振荡器、调制与解调器等)组成。但从原理上讲,这些电路可由各种有源器件、无源元件构成。无源元件主要是电阻(器)、电容(器)和电感(器),它们都属于线性元件,在高频电路中通常起滤波、阻抗匹配、旁路、耦合、去耦、移相等作用。有源器件主要是半导体二极管、三极管和集成电路,它们本质上都属于非线性器件,在高频电路中完成信号的放大、非线性变换等功能。高频电路中使用的元器件与低频电路中使用的元器件在物理原理上基本相同,但要注意它们在高频下使用时的高频特性,在分析时采用与工作条件(信号频率和幅度)适应的模型。

1.2.1 高频无源元件

在高频段,实际电阻器、电容器和电感器不是低频时被认为的“纯”元件,它们在高频下工作时会表现出与其标称不同的特性,频率越高差别越大,这是由于实际器件存在杂散寄生的不良电容、电感和电阻。在任何高频电路设计、仿真和布线时都必须考虑到这些不良因素。图 1.5 给出了电阻器、电容器和电感器的高频等效模型和阻抗绝对值的频率响应曲线,图中实线是实际等效模型的曲线,虚线是标称的理想“纯”元件的曲线。

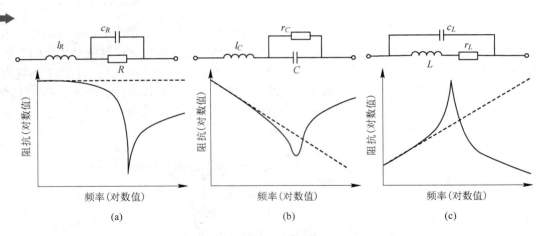

图 1.5　电阻器、电容器和电感器的高频等效模型和阻抗绝对值的频率响应曲线

1. 电阻

电阻器(简称电阻)是电子设备中应用十分广泛的元件。电阻利用自身消耗电能的特性，在电路中起降压、分压、限流、向各种电子元件提供必要的工作条件(电压或电流)等作用。电阻可以分为碳质电阻、线绕电阻、金属膜电阻、薄膜片状电阻等几种类型，其中薄膜片状电阻属于表面安装器件(SMD)，尺寸可以做得很小，常用于射频与微波电路中。

一个实际的电阻，在低频下使用时主要表现为电阻特性，但在高频下使用时不仅表现有电阻特性的一面，还表现有电抗特性的一面。电阻的电抗特性反映的就是其高频特性。电阻的高频等效电路如图 1.5(a)所示，其中，c_R 为分布电容(电阻中电荷分离效应产生的电容和引线间的寄生电容)，l_R 为引线电感，R 为电阻的标称值。与标称电阻相比，引线电阻常常被忽略。图 1.5(a)还给出了该等效电路阻抗绝对值的频率响应曲线(实线)，虚线是理想电阻的响应。可以看出，当频率很低时，电阻阻抗的绝对值等于电阻的标称值；阻抗的绝对值随着频率的增加逐渐减小，具有电容效应；当频率等于电阻的自谐振频率(Self Resonant Frequency，SRF)时，阻抗的绝对值达到最小值；当频率大于自谐振频率时，阻抗的绝对值随着频率的增加逐渐增加，具有电感效应。

2. 电容

简单地讲，由介质隔开的两导体即构成电容器(简称电容)。电容是储存电荷的容器。电容在电子线路中的作用一般概括为通交流、隔直流。电容通常起滤波、旁路、耦合、去耦、移相等作用。理想状态下，两导体间的介质中没有电流流动。然而在高频下，实际介质存在损耗，其内部会有传导电流，所以电容的阻抗由等效介质损耗电阻 r_C 与标称电容 C 并联再与引线电感 l_C 串联组成，如图 1.5(b)所示。该图还给出了电容的阻抗绝对值与频率的关系，理想电容的阻抗如图中虚线所示。

由图 1.5(b)可以看出，当频率较低时，阻抗的绝对值接近理想电容，随着频率的增加逐渐减小；当频率等于电容的自谐振频率时，阻抗的绝对值达到最小值(这一特性可用于电源滤波，即选择电源滤波电容时使滤波电容的自谐振频率尽量等于或接近电路的工作频率，这样滤波电容在工作频率上近似短路，可以得到很好的滤波效果)；当频率大于自谐振频率

时，阻抗的绝对值随着频率的增加逐渐增加，表现为电感性而不是电容性。

3．电感

在高频电路中经常使用的电感器(简称电感)是线圈结构，电感对直流电流短路，对突变的电流呈高阻态。电感主要用作谐振元件、滤波元件、匹配网络元件和阻隔元件(又称高频扼流圈)等。它是用导线在圆柱体上绕制而成的，其等效电路如图 1.5(c)所示。图中，电容 c_L 为等效线圈匝与匝之间的分布电容(它应与电感并联)，r_L 为等效电感线圈电阻，L 为电感的标称值。该电路阻抗的绝对值与频率的关系也表示在图中。

由图 1.5(c)可以看出，当频率较低时，阻抗的绝对值接近理想电感，随着频率的增加逐渐增加；高频电感器也具有自谐振频率，当频率等于自谐振频率时，阻抗的绝对值达到最大值(这一特性可用于电源滤波，即选择电源扼流圈时应使扼流圈的自谐振频率尽量等于或接近电路的工作频率，这样电源扼流圈在工作频率上近似开路，可以很好地抑制交流信号进入电源端)；当频率大于自谐振频率时，阻抗的绝对值随着频率的增加逐渐减小，具有电容效应。

由上可见，由于实际器件存在杂散寄生的不良电阻、电容、电感，因此实际电容、电感和电阻具有自谐振频率，当工作频率大于自谐振频率时，它们表现出与标称完全不同的性质。设计高频电路时一般要选取自谐振频率比工作频率足够大，使器件保持标称的性质。器件的尺寸越小，它们的自谐振频率越大。目前，在高频电路中使用的片状器件的尺寸已做得非常小，可以有效地减少引线电感和分布电容的影响，使用频率可以高达 15GHz。本书后面章节的分析将忽略实际电容、电感和电阻的引线电感和分布电容，一般电容的等效并联电阻很大，本书也不考虑它的影响。但电感的等效损耗串联电阻不能省略，高频工作时，电感线圈电流有强的集肤效应(频率越高越强)，从结果来看，相当于减小了导体的有效面积，从而增加了电阻值，频率越高电阻越大；此外，由线圈磁场附近金属物内感应所生的涡流损失，磁路线圈在磁介质内的磁滞损失，由于电磁辐射所引起的能量损失等，都会使高频电感的损耗(等效电阻)大大增加。在以后的分析中，电感线圈的等效电路可以表示为电感 L 和电阻 r_L 串联，一般 r_L 的值随工作频率升高而增加。但在实际中，通常不是直接用等效电阻 r_L，而是引入线圈的品质因数来表示电感的损耗性能，品质因数定义为无功功率与有功功率之比。设流过电感线圈的电流为 I，则得到电感的品质因数 Q 为

$$Q = \frac{无功功率}{有功功率} = \frac{I^2 \omega L}{I^2 r_L} = \frac{\omega L}{r_L} = \frac{X_L}{r_L} \tag{1.1}$$

Q 是感抗 X_L 与损耗电阻 r_L 的比值，Q 值越高损耗越小，Q 值一般远大于 1，通常在几十到 200 范围内。

1.2.2　高频有源器件

从原理上看，用于高频电路的各种有源器件与用于低频或其他电子线路的器件没有什么根本不同。它们是各种半导体二极管、三极管以及半导体集成电路。这些器件的物理机制和工作原理在先修课程(模拟电子线路)中已详细讨论过，只是由于工作在高频范围，对器件的某些性能要求更高。此外，许多高频功能电路(如调制、解调及混频等电路)是依赖

有源器件的非线性特性实现的，对器件非线性特性的理解是设计这些功能电路的基础。下面主要对二极管和双极型晶体管的非线性模型作介绍。

1. 半导体二极管

半导体二极管在高频中主要用于检波、调制、解调及混频等非线性变换电路中。由于结电容量较大，普通的 PN 结二极管不太适合于高频应用，因此主要用点接触式二极管和由金属-半导体接触形成的肖特基二极管，它们的结电容量较小，因此可在更高频率下工作。常用的点接触式二极管(如 2AP 系列)的工作频率可到 100～200MHz，而肖特基二极管的工作频率可高至微波范围。半导体二极管可以看成是一个非线性的电阻，它的伏安特性如图 1.6 所示，可用指数函数描述为

$$i = I_s(e^{\frac{q}{kT}u} - 1) = I_s(e^{\frac{1}{U_T}u} - 1) \tag{1.2}$$

式中，I_s 是二极管反向饱和电流；q 是电子电荷；k 是玻耳兹曼常量；T 是热力学温度(K)。热电压 $U_T = kT/q \approx 26\text{mV}$(当 $T = 300\text{K}$ 时)。

由图 1.6 可知二极管是非线性器件，但当外加电压 u 围绕某静态工作点 U_Q 的变化幅度很小时，可在该小范围内近似为直线。

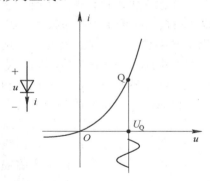

图 1.6　半导体二极管伏安特性曲线

另一种在高频中应用很广的二极管是变容二极管，其特点是电容随偏置电压变化。我们知道，半导体二极管具有 PN 结，而 PN 结具有电容效应，它包括扩散电容和势垒电容。当 PN 结正偏时，扩散效应起主要作用；而当 PN 结反偏时，势垒电容起主要作用，改变反向偏置电压可以改变结电容，因为电压能影响耗尽区的宽度。反向偏置电压越大，耗尽区变得越宽，电容就变得越小。利用 PN 结反偏时势垒电容随外加反偏电压变化的机理，在制作时用专门工艺和技术经特殊处理而制成的具有较大电容变化范围的二极管就是变容二极管。变容二极管的结电容 C_j 与外加反偏电压 u 之间呈非线性关系(见第 5 章)。变容二极管在工作时处于反偏截止状态，基本上不消耗能量，噪声小，效率高。将它用于振荡回路中，可以做成电调谐器，也可以构成自动调谐电路等。变容二极管若用于振荡器中，可以通过改变电压来改变振荡信号的频率，这种振荡器称为压控振荡器(VCO)。压控振荡器也是锁相环路的一个重要部件。电调谐器和压控振荡器也广泛用于电视接收机的高频头中。具有变容效应的某些微波二极管(微波变容管)还可以进行非线性电容混频、倍频。

还有一种以 P 型、N 型和本征(I)型三种半导体构成的 PIN 二极管，它具有较强的正向电荷储存能力。它的高频等效电阻受正向直流电流的控制，是一种电可调电阻。它在高频

及微波电路中可以用作电可控开关、限幅器、电调衰减器或电调移相器。

2．半导体三极管

在高频中应用的是双极型晶体管(BJT)和各种场效应管(FET)比用于低频时的性能更好，在外形结构方面也有所不同。

高频晶体管有两大类型：一类是作为小信号放大的高频小功率管，对它们的主要要求是高增益和低噪声；另一类为高频功率放大管，除了增益外，要求其在高频有较大的输出功率。目前，双极型小信号放大管的工作频率可达几千兆赫，噪声系数为几分贝。小信号的场效应管也能工作在同样高的频率，且噪声更低。一种称为砷化镓的场效应管，其工作频率可达十几千兆赫以上。在高频大功率晶体管方面，在几百兆赫以下频率，双极型晶体管的输出功率可达十几瓦甚至上百瓦。而金属氧化物场效应管(MOSFET)在几千兆赫的频率上还能输出几瓦功率。

半导体三极管本质上也是非线性器件，但当信号变化幅度较小时，可用一线性等效电路来代替，以便采用经典电路理论来进行分析、计算。下面介绍双极型晶体管的非线性电路模型和小信号的线性电路模型。

1) 双极型晶体管的非线性电路模型

由于双极型晶体管相当于两个相互作用的 PN 结，模拟它的非线性特性与模拟二极管是相同的。在集电极和发射极之间接入单一电流源的大信号 NPN 型双极晶体管的大信号 E-M(Ebers-Moll)电路模型如图 1.7 所示，图中，β_F 和 β_R 分别是共射晶体管的正向电流增益和反向电流增益；受控电流源的 I_{cc} 和 I_{ec} 是结电压的非线性函数，有

$$\left.\begin{array}{l}I_{cc} = I_s(e^{\frac{u_{b'e'}}{U_T}} - 1)\\[3mm]I_{ec} = I_s(e^{\frac{u_{b'c'}}{U_T}} - 1)\end{array}\right\} \tag{1.3}$$

式中，I_s 是晶体管饱和电流。

图 1.7 中的电容 C_{bc} 和 C_{be} 分别是集电结和发射结的扩散电容和结电容的等效电容，它们也是结电压的非线性函数。C_{cs} 是衬底与集电极之间的 PN 结电容，为了隔离，该结总是反偏的，因此可以认为 C_{cs} 是一个常数。r_b、r_c 和 r_e 分别是晶体管有源区到各引脚之间的体电阻。

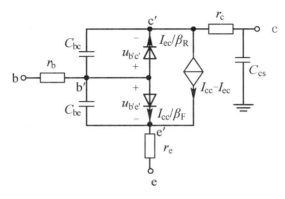

图 1.7　双极型晶体管的大信号 E-M(Ebers-Moll)电路模型

2) 双极型晶体管的线性电路模型

在高频小信号的条件下，可以对双极型晶体管的 E-M 电路模型进行简化，得到一个小信号的线性模型，称为混合Π形等效电路，如图 1.8 所示。

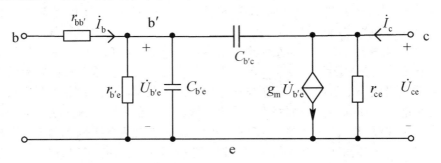

图 1.8　晶体管高频共发射极混合Π形等效电路

根据器件材料和工艺不同，图 1.8 中等效元件的参数也不一样。对于高频管而言，图中各元件名称及典型值范围如下。

(1) $r_{bb'}$：基区体电阻，阻值为 $15\sim50\Omega$。

(2) $r_{b'e}$：发射结电阻折合到基极回路的等效电阻，阻值为几十欧到几千欧。

(3) r_{ce}：集电极–发射极电阻，阻值在几十千欧以上。

(4) $C_{b'e}$：发射结电容，容量为十皮法到几百皮法。

(5) $C_{b'c}$：集电结电容，容量为几皮法。

(6) $g_m \dot{U}_{b'e}$ 表示晶体管放大作用的等效电流源。其中 $g_m \approx I_{EQ}/U_T$（I_{EQ} 是发射极静态电流），为晶体管微变跨导。

考虑结电容效应后，晶体管的电流增益随工作频率的升高而下降。下面介绍两个与电流增益有关的晶体管高频参数：特征频率 f_T 和最大振荡频率 f_{max}。

特征频率 f_T 定义为晶体管连接成共射组态，在输出短路状态下，晶体管电流增益降至 1 时的频率。从图 1.8 可以看到，当输出端短路后，$r_{b'e}$、$C_{b'e}$ 和 $C_{b'c}$ 三者并联，此时集电极电流 $\dot{I}_c$ 与基极电流 $\dot{I}_b$ 的比值为

$$\dot{\beta} = \frac{\dot{I}_c}{\dot{I}_b}\bigg|_{\dot{U}_{ce}=0} = \frac{g_m r_{b'e}}{1 + j2\pi f r_{b'e}(C_{b'e} + C_{b'c})} \tag{1.4}$$

当 β 的幅值下降到 1 时，对应的频率定义为特征频率 f_T，由式(1.4)可求得

$$f_T \approx \frac{g_m}{2\pi(C_{b'e} + C_{b'c})} \approx \frac{g_m}{2\pi C_{b'e}} \tag{1.5}$$

特征频率作为晶体管的一个高频指标，在一定程度上描述了放大器所能工作的最高频率或带宽，但是其参考价值大于实用价值；由于输出端短路，该端口的电容、输出电阻、密勒效应等都被忽略了，因此它并不是放大器的实际带宽的关键参数，工程设计中常将 $f_T/10\sim f_T/5$ 作为管子可实际工作的频率上限。在许多射频电路中，f_T 并不能反映管子的真实工作情况。例如，振荡器和功率放大器，这些电路的特点是将直流功率转换为交流信号功率，从而使输出信号功率大于输入信号功率，或者说具有一定的功率增益。

最大振荡频率 f_{max} 又称为单位功率增益频率，定义为功率增益等于 1 的频率。等效电

路中几乎所有参数都对功率增益产生影响，因此其精确的表达式非常复杂。在理想匹配且保证单向化的条件下，如果 r_{ce} 足够大，且满足 $1/r_{ce} \ll 2\pi f_T C_{b'c}$，则有

$$f_{max} = \sqrt{\frac{f_T}{8\pi r_{bb'} C_{b'e}}} \tag{1.6}$$

混合Π形等效电路是从模拟晶体管内部的物理结构得出，这种等效电路称为物理模拟等效电路。它的优点是，各元器件参数物理意义明确，在较宽的频带内这些元器件值基本上与频率无关。缺点是：随着器件不同，电路模型有不少的差别，分析和测量不便。另一类等效电路是从测量和使用的角度出发，把器件看作一个有源线性四端网络，用一组网络参数来构成其等效电路，这种等效电路称为形式等效电路，主要有 H 参数等效电路、Y 参数等效电路等。在低频小信号放大器的分析和设计中，通常采用 H 参数等效电路法；随着有源器件的工作频率升高，有源器件的分布电容或分布电感不能被忽略时，有源器件不便用 H 参数等效。因此，在分析高频小信号电路时，常用混合Π形等效电路、Y 参数等效电路(第 2 章)及 S 参数等效电路(第 8 章)。

3．集成电路

用于高频的集成电路的类型和品种要比用于低频的集成电路少得多，主要分为通用型和专用型两种。目前，通用型的宽带集成放大器，其工作频率可达 100～200MHz，增益可达 50～60dB，甚至更高。用于高频的晶体管模拟乘法器，其工作频率也可达 100MHz 以上。随着集成技术的发展，生产出了一些高频的专用集成电路(ASIC)，其中包括集成锁相环、集成调频信号解调器、单片集成接收机以及电视机中的专用集成电路等。

模拟乘法器是一种普遍应用的非线性模拟集成电路，其电路符号如图 1.9 所示。模拟乘法器是一个三端口的非线性网络，具有两个输入端。x 和 y 及一个输出端口 z，一个理想的模拟乘法器，其输出端的瞬时电压 $u_z(t)$ 仅与两输入端的瞬时电压 $u_x(t)$ 和 $u_y(t)$ 的乘积成正比，不含有任何其他分量。模拟乘法器的输出特性可表示为

$$u_z(t) = K \cdot u_x(t) \cdot u_y(t) \tag{1.7}$$

式中，K 为相乘增益(或相乘系数)(1/V)，其数值取决于乘法器的电路参数。

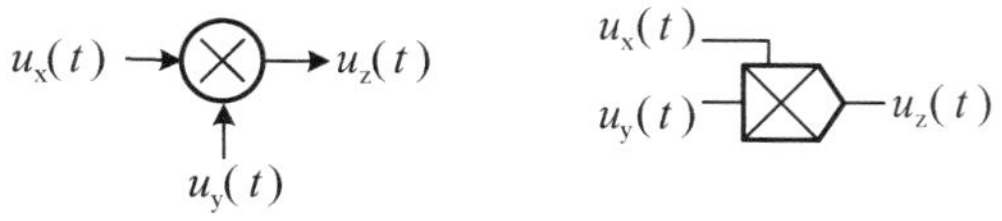

图 1.9　模拟乘法器电路符号

模拟乘法器是一种理想的线性频谱搬移电路。在实际通信电路中各种线性频谱搬移电路所要解决的核心问题就是使该电路的性能更接近理想乘法器。

1.3　系统性能指标

增益、噪声、非线性、灵敏度和动态范围是描述高频电路最常用的指标，有必要在涉及电路之前作一介绍。噪声是一种与接收机想要的信号无关的随机变量，它对有用信号的

接收产生干扰，高频系统中的各种电阻性元件和有源器件都会产生噪声。当高频系统处于小信号工作时，它的许多性能指标都与噪声有关，如信噪比、误码率以及解调器的最低可解调门限等。当信号增大时，由于二极管和晶体管的非线性特性，会产生增益压缩、交叉调制和互相调制等一系列非线性失真。因此，接收机所能接收的最低信号电平直接受到其固有噪声的限制，而它能接收的最高电平又受到非线性失真的限制。讨论电路中噪声的来源、大小和量度方法，讨论有源器件的非线性特性及其对系统的影响是本节的主要内容，也是设计高频电路的基础。

1.3.1 增益

低频电路常用电压增益，而高频电路设计中常用功率增益，功率增益的不同定义容易混淆，应引起足够的重视。图 1.10 中的系统 S 表示一个线性时不变双口电路，R_i 是 S 的输入阻抗，R_o 是 S 的输出阻抗，该系统由一个阻抗为 R_s 的电压源驱动，R_L 是负载阻抗。U_i 和 U_o 是系统的输入电压和开路输出电压，U_s 是源电压，U_L 是负载电压，它们都是有效值。S 的无载电压增益定义为

$$A_{u0} = \frac{U_o}{U_i} \tag{1.8}$$

S 的(有载)电压增益定义为

$$A_u = \frac{U_L}{U_i} = \frac{R_L}{R_o + R_L} \cdot \frac{U_o}{U_i} = \frac{R_L}{R_o + R_L} \cdot A_{u0} \tag{1.9}$$

显然，$A_u \leqslant A_{u0}$，当 $R_L \gg R_o$ 时电压增益接近最大值 $A_u \approx A_{u0}$。A_{u0} 是系统 S 的固有参数，与负载无关，低频电路常用它作为系统增益的量度。为使电压增益最大，低频电路(如运算放大器)的设计常要求 $R_i \to \infty$ 和 $R_o \to 0$，这意味着没有电流流入系统 S。

在高频时，电路阻抗比直流或低频的值小，远小于无穷大值，因此必有电流(功率)流入系统 S，人们常用功率增益来量度系统的放大能力。

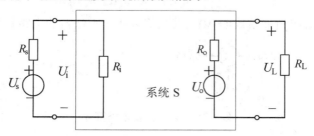

图 1.10　线性时不变双口电路系统

下面定义几种类型的功率。

(1) 系统吸收的功率(也称为输入功率)P_i 为

$$P_i = \frac{U_i^2}{R_i} = \frac{R_i}{(R_s + R_i)^2} U_s^2 \tag{1.10}$$

(2) 当系统与源阻抗匹配时，$R_i = R_s$(对复数阻抗：$Z_i = Z_s^*$)，源传递给系统的功率最大，该值称为源的额定输出功率 P_{sa}，它仅与源的参数有关，可表示为

$$P_{sa} = \frac{U_s^2}{4R_s} \tag{1.11}$$

(3) 系统传递给负载的功率(负载消耗的功率)P_L 为

$$P_L = \frac{U_L^2}{R_L} = \frac{R_L}{(R_o + R_L)^2} U_o^2 = \frac{R_L A_{u0}^2}{(R_o + R_L)^2} U_i^2 \tag{1.12}$$

(4) 当系统与负载匹配时，$R_L = R_o$(对复数阻抗：$Z_L = Z_o^*$)，系统传递给负载的功率最大，该值称为系统的额定输出功率 P_{oa}，它仅与系统和源的参数有关，可表示为

$$P_{oa} = \frac{U_o^2}{4R_o} = \frac{A_{u0}^2 U_i^2}{4R_o} = \frac{A_{u0}^2}{4R_o} \cdot \left(\frac{R_i}{R_s + R_i}\right)^2 U_s^2 \tag{1.13}$$

基于上面四种类型的功率，可以定义下面四种功率增益。

(1) 转化功率增益 G_t 为

$$G_t = \frac{P_L}{P_{sa}} = \left(\frac{R_i}{R_s + R_i}\right)^2 \cdot \frac{4R_L R_s}{(R_L + R_o)^2} \cdot A_{u0}^2 \tag{1.14}$$

(2) (传递)功率增益 G_p 为

$$G_p = \frac{P_L}{P_i} = \frac{R_L R_i}{(R_L + R_o)^2} \cdot A_{u0}^2 = \frac{R_i}{R_L} \cdot A_u^2 \tag{1.15}$$

(3) 额定(资用)功率增益 G_a 为

$$G_a = \frac{P_{oa}}{P_{sa}} = \left(\frac{R_i}{R_s + R_i}\right)^2 \cdot \frac{R_s}{R_o} \cdot A_{u0}^2 \tag{1.16}$$

(4) 当输入输出阻抗都匹配时，负载获得最大功率，G_t、G_p、G_a 都达到最大值，称为最大功率增益 G_m，即

$$G_m = \frac{R_i}{4R_o} \cdot A_{u0}^2 = \frac{R_i}{R_o} \cdot A_u^2 \tag{1.17}$$

上面给出了四种功率增益的定义，对具体的问题应明确规定，在下节分析和计算噪声问题时，用额定功率和额定功率增益的概念可以使问题简化，使物理意义更加明确。一般情况下，G_p 是人们常用的功率增益，也称为工作功率增益，它表示系统实际输出功率与输入功率之比，当负载阻抗等于系统输入阻抗 $R_L = R_i$ 时，由式(1.15)可得

$$G_p = A_u^2 \tag{1.18}$$

当电路系统的输入输出匹配到一个系统阻抗(50Ω)时，功率增益最大并等于电压增益的平方。

为了便于计算，在通信和微波工程中常用对数形式 dB(分贝)值来表示比值。功率增益、电压增益(和以后将介绍的噪声系数和动态范围等)的定义为比值，因此可用 dB 表示。用比值表示的优点是可将乘除运算转化为加减运算。

功率增益的 dB 值定义为

$$G_p(\text{dB}) = 10\lg G_p = 10\lg P_L - 10\lg P_i \tag{1.19}$$

电压增益的 dB 值定义为

$$A_u(\text{dB}) = 20\lg A_u = 20\lg U_L - 20\lg U_i \tag{1.20}$$

当负载阻抗等于系统输入阻抗 $R_L=R_i$ 时，由式(1.18)可知，功率增益和电压增益的分贝值相同。

在通信电路中也经常用对数形式来表示功率、电压的大小。

dBm(分贝毫瓦)和 dBW(分贝瓦)是功率最常用的对数形式单位，它们分别定义为：$P(\text{dBm})= 10\lg[P(\text{mW})/1\text{mW}]$，$P(\text{dBW})= 10\lg[P(\text{W})/1\text{W}]$。

dBμV(分贝微伏)和 dBV(分贝伏)是电压最常用的对数形式单位，它们分别定义为：$U(\text{dB}\mu\text{V})= 20\lg[U(\mu\text{V})/1\mu\text{V}]$，$U(\text{dBV})= 20\lg[U(\text{V})/1\text{V}]$。

用对数形式来表示功率(电压)的大小后，功率增益(电压增益)就可表示为输出和输入的功率(电压)之差：

$$G_p(\text{dB}) = P_L(\text{dBm}) - P_i(\text{dBm})$$
$$A_u(\text{dB}) = U_L(\text{dB}\mu\text{V}) - U_i(\text{dB}\mu\text{V})$$

(1.21)

注意：两个 dBm(dBμV)相减，结果为 dB。dBm(dBμV)与 dB 之间可以加、减，结果仍为 dBm(dBμV)。

如果使用统一的负载，功率与电压幅度是一一对应的，电压幅度有效值为 U 的交流电压 $u(t) = \sqrt{2}U\cos\omega t = U_m\cos\omega t$ 在阻值为 R 的电阻上消耗的功率为

$$P = \frac{U^2}{R} = \frac{U_m^2}{2R}$$

(1.22)

式中，U_m 是交流电压幅度。在 50Ω系统中，功率与电压单位对应关系见表 1.4。

表 1.4　功率与电压单位对应关系

P	1W	10mW	1mW	0.1mW	10^{-11}mW
	0dBW，+30dBm	+10dBm	0dBm	−10dBm	−110dBm
U_m	10V	1.0V	0.316V	0.1V	1μV
	+20dBV	0dBV，+120dBμV	−10dBV，+110dBμV	+100dBμV	0dBμV

1.3.2　噪声和噪声系数

1．噪声来源

在电子线路中，噪声来源主要有两方面：电阻热噪声和半导体管噪声，两者有许多相同的特性。

电阻热噪声是由于电阻内部自由电子的热运动而产生的。在运动中自由电子经常相互碰撞，其运动速度的大小和方向都是不规则的，温度越高，运动越剧烈，只有当温度下降到 0K 时，运动才会停止。自由电子的这种热运动在导体内形成非常微弱的电流，这种电流呈杂乱起伏的状态，称为起伏噪声电流。起伏噪声电流经过电阻本身就会在其两端产生起伏噪声电压。由于起伏噪声电压的变化是不规则的，其瞬时振幅和瞬时相位是随机的，起伏噪声电压的平均值为零。起伏噪声的均方值是确定的，可以用功率计测量出来。实验发现，在整个无线电频段内，当温度一定时，单位电阻上热噪声的平均功率在单位频带内几乎是一个常数，即它的功率频谱密度是一个常数。对照白光内包含了所有可见光波长这

一现象，人们把这种在整个无线电频段内具有均匀频谱的起伏噪声称为白噪声。

阻值为 R 的电阻产生的噪声电流功率频谱密度和噪声电压功率频谱密度分别为

$$S_I(f) = \frac{4kT}{R}$$
$$S_V(f) = 4kTR \tag{1.23}$$

式中，k 是玻耳兹曼常量，T 是电阻温度，以热力学温度 K 计量。

在频带宽度为 BW 内产生的热噪声均方值电流和均方值电压分别为

$$I_n^2 = S_I(f) \cdot BW$$
$$U_n^2 = S_V(f) \cdot BW \tag{1.24}$$

因此，一个实际电阻可以分别用噪声电流源和噪声电压源表示，如图 1.11 所示。

理想电抗元件是不会产生噪声的，但实际电抗元件是有损耗电阻的，这些损耗电阻会产生噪声。实际电感的损耗电阻一般不能忽略，而实际电容的损耗电阻一般可以忽略。

现在用额定功率来表示电阻的热噪声功率。电阻 R 的噪声额定功率为

$$P_{nA} = \frac{U_n^2}{4R} = \frac{S_V(f) \cdot BW}{4R} = kT \cdot BW \tag{1.25}$$

由式(1.25)可见，电阻的噪声额定功率只与温度及通频带有关，而与本身阻值和负载无关(注意，实际功率是与负载有关的)。这一结论可以推广到任何无源二端网络。

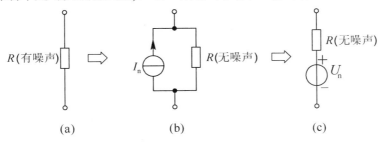

图 1.11 电阻热噪声等效电路

晶体管噪声来源主要包括以下四部分。

(1) 热噪声。构成晶体管的发射区、基区、集电区的体电阻和引线电阻均会产生热噪声，其中以基区体电阻 $r_{bb'}$ 的影响为主。

(2) 散弹噪声。散弹噪声是晶体管的主要噪声源。它是由单位时间内通过 PN 结的载流子数目随机起伏而造成的。人们将这种现象比拟为靶场上大量射击时弹着点对靶中心的偏离，故称为散弹噪声。在本质上它与电阻热噪声类似，属于均匀频谱的白噪声。

(3) 分配噪声。在晶体管中，通过发射结的非平衡载流子大部分到达集电结，形成集电极电流，而小部分在基区内复合，形成基极电流。这两部分电流的分配比例是随机的，从而造成集电极电流在静态值上下起伏变化，产生噪声，这就是分配噪声。分配噪声实际上也是一种散弹噪声，但它的功率频谱密度是随频率变化的，频率越高，噪声越大。

(4) 闪烁噪声。产生这种噪声的机理目前还不甚明了，一般认为是由于晶体管表面不清洁或有缺陷造成的，其特点是频谱集中在 1kHz 以下的低频范围，且功率频谱密度随频率降低而增大。在高频工作时，可以忽略闪烁噪声。

在场效应管中，由于其工作原理不是靠少数载流子的运动，因而散弹噪声的影响很小。场效应管的噪声有以下几个方面的来源：沟道电阻产生的热噪声、沟道热噪声通过沟道和栅极电容的耦合作用在栅极上的感应噪声、闪烁噪声。必须指出，前面讨论的晶体管中的噪声在实际放大器中同时起作用并参与放大。有关晶体管的噪声模型和晶体管放大器的噪声比较复杂，这里就不讨论了。

2. 噪声系数

有源器件和系统的噪声来源比较复杂，系统设计师为了衡量其噪声性能的好坏，提出了噪声系数这一性能指标。

系统的噪声系数(Noise Figure，NF)定义为输入信噪比 SNR_i 与输出信噪比 SNR_o 的比值，即

$$NF = \frac{SNR_i}{SNR_o} \tag{1.26}$$

式(1.26)中的信噪比定义为

$$SNR_i = P_{si} / P_{ni}$$
$$SNR_o = P_{so} / P_{no} \tag{1.27}$$

式中，P_{si} 为信号源的输入信号功率，P_{ni} 为信号源内阻 R_s 产生的噪声功率；P_{so} 和 P_{no} 分别为系统在负载上所产生的输出信号功率和输出噪声功率。

噪声系数常用分贝表示：

$$NF(\text{dB}) = 10\lg \frac{P_{si} / P_{ni}}{P_{so} / P_{no}} = SNR_i(\text{dB}) - SNR_o(\text{dB}) \tag{1.28}$$

可以看出，NF 是一个大于或等于 1(0dB)的数。其值越接近于 1(0dB)，则表示该系统的内部噪声性能越好。

噪声系数 NF 可以改写成各种不同的表达形式，以便于分析和计算。其中一种形式是用额定功率来代替实际功率，即不用考虑实际负载的大小，仅考虑一种最佳情况。这样，噪声系数可写成

$$NF = \frac{P_{sia} / P_{nia}}{P_{soa} / P_{noa}} \tag{1.29}$$

因额定功率增益 $G_a = P_{soa}/P_{sia}$，式(1.29)又可写成

$$NF = \frac{1}{G_a} \frac{P_{noa}}{P_{nia}} \tag{1.30}$$

无源四端网络内部不含有源器件，但总会含有耗能电阻，所以从噪声角度来说，可以等效为一个电阻网络。根据式(1.25)，电阻的噪声额定功率与阻值无关，均为 $kTBW$，因此无源四端网络的输入噪声额定功率 P_{nia} 和输出噪声额定功率 P_{noa} 相同，均为 $kTBW$，将其代入式(1.30)，可知无源四端网络的噪声系数为

$$NF = \frac{1}{G_a} \tag{1.31}$$

对一般的系统，式(1.30)的值是随进入系统的噪声功率 P_{nia} 变化的，而噪声系数应是表征系统内部噪声性能的确定值，所以有必要对 P_{nia} 进行标准化。通常规定 P_{nia} 是输入信号源内阻 R_s 在温度为290K(用 T_0 表示)时的额定噪声功率 kT_0BW，它相应的噪声系数称为"标准噪声系数"(本书均采用标准噪声系数，但仍简称为噪声系数)，有

$$NF = \frac{1}{G_a} \frac{P_{\text{noa}}}{kT_0BW} \tag{1.32}$$

可以看出，噪声系数表征了信号通过系统后，系统内部噪声造成信噪比恶化的程度。如果系统是无噪的，不管系统的增益多大，输入的信号和噪声都同样被放大，而没有添加任何噪声，因此输入、输出的信噪比相等，相应的噪声系数为 1。有噪系统的噪声系数均大于1，因此 P_{noa}(总输出噪声功率)大于 G_aP_{nia}(输入噪声产生的输出功率)，它们之间的差值等于有噪系统内部噪声产生的输出功率 P_{ns}，即

$$P_{\text{ns}} = P_{\text{noa}} - G_a \cdot P_{\text{nia}} = NF \cdot G_a \cdot P_{\text{nia}} - G_a \cdot P_{\text{nia}}$$
$$= (NF-1) \cdot G_a \cdot P_{\text{nia}} = (NF-1) \cdot G_a \cdot kT_0BW \tag{1.33}$$

在接收机中，高频信号经诸如滤波器、低噪声放大器、混频器及中频放大器等单元模块的传输，由于每个单元都有固有噪声，每经一个单元传输后信噪比都会变差。那么，接收机总的等效噪声系数应是多少？这些级联的每个单元对接收机整机的信噪比影响如何？

以两级放大器级联为例(见图 1.12)，设它们的噪声系数和额定功率增益分别为 NF_1、NF_2 和 G_{a1}、G_{a2}，且假定通频带也相同。

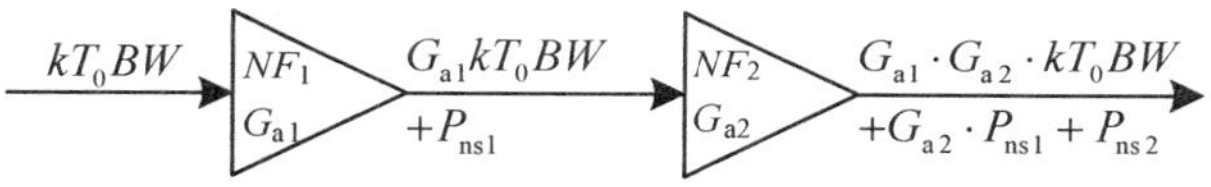

图 1.12　两级放大器级联的噪声

图 1.12 所示两级放大器总输出噪声额定功率 P_{noa} 由三部分组成，即

$$P_{\text{noa}} = G_{a1} \cdot G_{a2} \cdot kT_0BW + G_{a2} \cdot P_{\text{ns1}} + P_{\text{ns2}}$$
$$= \left[G_{a1} \cdot G_{a2} + G_{a1} \cdot G_{a2} \cdot (NF_1-1) + G_{a2} \cdot (NF_2-1) \right]kT_0BW \tag{1.34}$$
$$= (NF_1 + \frac{NF_2-1}{G_{a1}}) \cdot G_{a1}G_{a2}kT_0BW = (NF_1 + \frac{NF_2-1}{G_{a1}}) \cdot G_akT_0BW$$

式中，$G_a = G_{a1}G_{a2}$ 是系统总增益。由式(1.32)可求得两级放大器总噪声系数为

$$NF = NF_1 + \frac{NF_2-1}{G_{a1}} \tag{1.35}$$

对于 n 级放大器，将其前 $n-1$ 级看成是第一级，第 n 级看成是第二级，利用式(1.35)可推导出 n 级放大器的总噪声系数为

$$NF = NF_1 + \frac{NF_2-1}{G_{a1}} + \frac{NF_3-1}{G_{a1}G_{a2}} + \cdots + \frac{NF_n-1}{G_{a1}\cdots G_{a(n-1)}} \tag{1.36}$$

可见，在多级放大器中，各级噪声系数对总噪声系数的影响是不同的，前级的影响比后级的影响大，且总噪声系数还与各级的额定功率增益有关。所以，为了减小多级放大器的噪声系数，必须降低前级放大器(尤其是第一级)的噪声系数，而且增大前级放大器(尤其是第一级)的额定功率增益。

3. 等效输入噪声温度

除了噪声系数之外，等效输入噪声温度 T_e(以下简称噪声温度)是衡量线性双口系统噪声性能的另一个参数。噪声温度 T_e 是将实际双口系统内部输出噪声看成是理想无噪声双口系统输入端信号源内阻 R_s 温度增加 T_e 时所产生的热噪声，这样，R_s 的温度则变为 T_0+T_e，这种等效关系如图 1.13 所示。

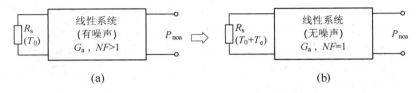

(a)   (b)

图 1.13　噪声温度与噪声系数的等效关系

由图 1.12 中的两系统输出噪声功率相等，得

$$NF \cdot G_a k T_0 BW = G_a k (T_0 + T_e) BW \tag{1.37}$$

由式(1.37)可得到 T_e 与 NF 的关系式为

$$T_e = (NF - 1) T_0$$
$$NF = 1 + \frac{T_e}{T_0} \tag{1.38}$$

可见，T_e 值越大，表示系统的噪声性能越差，理想系统的 T_e 为零。噪声温度 T_e 常用在低噪声接收系统中，其特点是把噪声系数放大了，便于比较。如某卫星电视接收机中高频头(由低噪声高频放大器、混频器、本机振荡器和中频放大器组成)有三种型号，其噪声系数分别为 1.0862、1.0966 和 1.1034，对应的噪声温度分别为 25K、28K 和 30K。可见，在低噪声时采用噪声温度比采用噪声系数更容易和更方便显示其噪声性能的差别。

由式(1.36)和式(1.38)，级联系统的等效噪声温度与各单元噪声温度的关系可表示为

$$T_e = T_{e1} + \frac{T_{e2}}{G_{a1}} + \frac{T_{e3}}{G_{a1}G_{a2}} + \cdots + \frac{T_{en}}{G_{a1}\cdots G_{a(n-1)}} \tag{1.39}$$

【例 1.1】　某接收机由高放、混频、中放三级电路组成。已知混频器的额定功率增益 $G_{a2}=0.2$，噪声系数 $NF_2=10\text{dB}$，中放噪声系数 $NF_3=6\text{dB}$，高放噪声系数 $NF_1=3\text{dB}$。如要求加入高放后使整个接收机总噪声系数降低为加入前的 1/10，则高放的额定功率增益 G_{a1} 应为多少？高放和混频两级的等效噪声温度为多少？

解： 先将噪声系数分贝数进行转换，3dB、10dB、6dB 分别对应为 2、10、4。

因为未加高放时接收机噪声系数为

$$NF = NF_2 + \frac{NF_3 - 1}{G_{a2}} = 10 + \frac{4 - 1}{0.2} = 25$$

所以，加高放后接收机噪声系数应为

$$NF' = \frac{1}{10} NF = 2.5$$

又由于

$$NF' = NF_1 + \frac{NF_2 - 1}{G_{a1}} + \frac{NF_3 - 1}{G_{a1}G_{a2}}$$

因此有

$$G_{a1} = \frac{(NF_2 - 1) + (NF_3 - 1)/G_{a2}}{NF' - NF_1}$$

$$= \frac{(10 - 1) + (4 - 1)/0.2}{2.5 - 2} = 48 = 16.8\text{dB}$$

高放和混频两级的等效噪声温度为

$$T_e = (NF_1 - 1 + \frac{NF_2 - 1}{G_{a1}})T_0$$

$$= (2 - 1 + \frac{10 - 1}{48}) \times 290 = 344.375(\text{K})$$

由上可以看到，加入一级高放后使整个接收机噪声系数大幅度下降，其原因在于整个接收机的噪声系数并非只是各级噪声系数的简单叠加，而是各有一个不同的加权系数，这从式(1.36)很容易看出。未加高放前，原作为第一级的混频器噪声系数较大，额定功率增益小于 1；而加入高效后，第一级的高放噪声系数小，额定功率增益大。由此可见，第一级采用低噪声高增益电路是极其重要的。

1.3.3　非线性失真

实际上，在由各种有源器件构成的线性放大器中，由于有源器件的特性是非线性的，在放大过程中总会产生各种各样的失真，因此，必须限制信号的大小，使失真限制在允许的范围内，才能实现线性放大。但在诸如混频、调制和解调等频谱搬移电路中，有源器件的非线性又正是实现这些功能电路所必需的。本节将介绍有源器件的非线性特性的描述方法及其非线性特性的现象。

1. 非线性器件的描述方法

根据输入信号的大小，一般可以用三种逼近方法来描述非线性器件的特性。第一种方法是用解析函数来描述器件的伏安特性。如正向导通时的二极管伏安特性、双极型晶体管的集电极电流和输入电压间的关系都可以用指数函数来近似。第二种方法是当输入信号较大时，用分段折线来描述器件的非线性，如二极管伏安特性可用两段折线表示(第 3 章)。第三种方法是将器件的伏安特性在其工作点处用幂级数展开，则一个非线性电路系统的输入 $x(t)$ 和输出 $y(t)$ 可以描述成

$$y(t) = \alpha_0 + \alpha_1 x(t) + \alpha_2 x^2(t) + \alpha_3 x^3(t) + \cdots \tag{1.40}$$

式中，α_n 的值与工作点有关。一般来说，n 越大 α_n 越小，如果输入信号 x 变化幅度很小，那么式(1.40)中二次及以上的项就可以忽略而成为小信号的线性情况。在许多情况下，我们可以忽略三次以上的项。所取项数的多少取决于信号的大小和要求的精度。

下面基于输入和输出的幂级数描述，讨论有源器件非线性特性的现象及衡量性能的

指标。

2．谐波

当输入信号为 $x(t)=A\cos\omega t$ 时，输出信号为

$$y(t) = \alpha_0 + \alpha_1 A\cos\omega t + \alpha_2 A^2 \cos^2\omega t + \alpha_3 A^3 \cos^3\omega t + \cdots$$

$$= \alpha_0 + \alpha_1 A\cos\omega t + \frac{\alpha_2 A^2}{2}(1+\cos 2\omega t) + \frac{\alpha_3 A^3}{4}(3\cos\omega t + \cos 3\omega t) + \cdots \quad (1.41)$$

$$= \alpha_0 + \frac{\alpha_2 A^2}{2} + \left(\alpha_1 A + \frac{3\alpha_3 A^3}{4}\right)\cos\omega t + \frac{\alpha_2 A^2}{2}\cos 2\omega t + \frac{\alpha_3 A^3}{4}\cos 3\omega t + \cdots$$

在式(1.41)中，含输入频率 ω 的项称为"基频"，高阶项 $n\omega$ 称为"谐波"(Harmonics)。如果一个正弦信号作用于一个非线性系统，输出一般将包含输入信号频率的整数倍频。由式(1.41)可以得出两点：一是基波分量是由各奇次项产生的，二次谐波是由二次及二次以上的偶次项产生的，三次谐波是由三次及三次以上的奇次项产生的，等等；二是 n 次谐波的幅度由正比于 A^n 的项及其他正比于 A 的更高次幂的项组成。若对于较小的 A 忽略后者，我们可以认为 n 次谐波的幅度近似正比于 A^n。

3．增益压缩

一个电路的小信号增益一般是在忽略谐波的假设下得到的。例如在式(1.41)中若 $\alpha_1 A$ 远大于所有其他任何含 A 的系数，那么小信号增益就等于 α_1。当信号大到器件的高次项不能忽略时(设只考虑到三次项)，由式(1.41)可知输出基波信号为

$$y_1(t) = \left(\alpha_1 + \frac{3\alpha_3 A^2}{4}\right)A\cos\omega t = \left(\alpha_1 + \frac{3\alpha_3 A^2}{4}\right)x(t) \quad (1.42)$$

如果 α_1 和 α_3 的符号相反，则信号增益将随幅度 A 的增大而减小，此现象称为增益压缩。

在高频线性放大器电路中，常用 1dB 压缩点(1-dB compression point)来度量放大器的线性。它定义为系统实际功率增益低于理想线性功率增益 1dB(相当于减少了 21%)时对应的信号功率点(图 1.14 中 A 点)，相应的输入、输出信号功率分别用输入 P_{i1dB}、输出 P_{o1dB} 表示，单位均为 dBm。图 1.14 中虚线 P_{o1} 是理想输出信号功率线，若功率增益公式用分贝数表示，则有 $P_{\text{o1}}(\text{dBm})=P_{\text{i}}(\text{dBm})+G_{\text{p}}(\text{dB})$，是斜率为 1 的直线，实线 P_{o2} 是实际输出信号功率线。所以，A 点处的功率增益减小 1dB，也就是相当于实际输出功率比理想输出功率减小 1dBm。

要计算 1dB 压缩点，可以由式(1.42)得到

$$20\lg\left|\alpha_1 + \frac{3\alpha_3 A_{\text{1dB}}^2}{4}\right| = 20\lg|\alpha_1| - 1$$

$$A_{\text{1dB}} = \sqrt{0.145\left|\frac{\alpha_1}{\alpha_3}\right|} \quad (1.43)$$

A_{1dB} 与器件类型和放大器工作点有关，作为电路最大线性输入范围的一种度量，典型高频前端放大器的 1dB 压缩点发生在 $-25\sim20$dBm(对于 50Ω 系统，电压幅度为 17.8$\sim$36.6mV)。

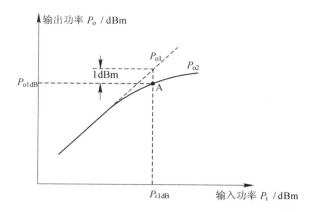

图 1.14 实际与理想输出信号功率线和 1dB 压缩点

4．大信号阻塞

如果非线性电路同时接收到一个有用信号 $A_1\cos\omega_1 t$ 和一个干扰信号 $A_2\cos\omega_2 t$，即

$$x(t) = A_1\cos\omega_1 t + A_2\cos\omega_2 t$$

则输出信号基波分量为

$$y_1(t) = \left(\alpha_1 A_1 + \frac{3}{4}\alpha_3 A_1^3 + \frac{3}{2}\alpha_3 A_1 A_2^2\right)\cos\omega_1 t$$

当 $A_2 >> A_1$ 时，上式可简化为

$$y_1(t) \approx \left(\alpha_1 + \frac{3}{2}\alpha_3 A_2^2\right)A_1\cos\omega_1 t$$

α_1 和 α_3 的符号相反时，有用信号所得到的增益 $\left(\alpha_1 + \frac{3}{2}\alpha_3 A_2^2\right)$ 将远小于 α_1，即有用信号被大干扰信号阻塞了，或者称为"减敏"（Desensitization），即放大器或接收器的灵敏度降低了。如果无线电话接收机位于相邻频道的发射机旁，则由于接收机的天线滤波器无法滤除频率靠得这么近的干扰大信号，就有可能出现接收信号被堵塞的情况。高频电路设计时，抗强信号堵塞是一个很重要的指标，通常要求引起射频接收机堵塞的信号比有用信号大 60～70dB。

5．交调失真

如果干扰信号含有调幅成分，即

$$A_2\cos\omega_2 t \rightarrow A_2(1 + m\cos\omega_m t)\cos\omega_2 t \qquad (m < 1,\ 调制指数)$$

那么干扰调幅信号会通过非线性转移到有用信号上：

$$y_1(t) = \alpha_1 A_1\cos\omega_1 t + 3\alpha_3 A_1\cos\omega_1 t\left[A_2(1 + m\cos\omega_m t)\cos\omega_2 t\right]^2 + \cdots$$

$$= \left[\alpha_1 A_1 + \frac{3}{2}\alpha_3 A_1 A_2^2\left(1 + \frac{m^2}{2} + \frac{m^2}{2}\cos 2\omega_m t + 2m\cos\omega_m t\right)\right]\cos\omega_1 t + \cdots$$

这就产生了交叉调制，使有用信号产生了失真。如果有用信号也为幅度调制信号，则解调后的信号含有干扰信号。交调失真是由非线性器件的三次方项产生的。

6. 互调失真

两个频率不同的正弦波通过非线性系统后的输出信号中，除了基波分量ω_1和ω_2外，还包含了它们的各种组合频率(不仅仅是谐波)，即输出信号的频率分量为$\omega_o=m\omega_1+n\omega_2$，$m$，$n=-\infty$，$\cdots$，$-1,0,1$，$\cdots$，$\infty$，$m$和$n$不为0时的频率分量相当于通过输入的两个基波分量$\omega_1$和$\omega_2$相互调制而产生，因此称为互调分量，由三次失真引起的互调分量称为三次互调分量(IM3)，如果ω_1和ω_2差别很小，需要重点考虑的是$2\omega_1-\omega_2$和$2\omega_2-\omega_1$这两项，因为它们就在基波分量附近，如图1.16(a)所示。

互调是高频系统中一个很让人讨厌的现象。如果一个弱的信号和两个较强的干扰信号一起经过三阶非线性调制，那么将有一个互调项落入我们感兴趣的频带内，它将破坏有用的成分。

由于两个邻近的干扰产生的三阶互调对信号的破坏是很普遍和很严重的，所以定义了一个性能指标来表征这一现象。用来衡量互调失真程度的参数主要是三阶互调截点IP$_3$(Third-order Intercept Point)。分析三阶互调时通常用等幅双频法，即两个输入信号的幅度相等$A_1=A_2=A$。三阶互调分量为

$$y_{\text{IP3}}(t)=\frac{3}{4}\alpha_3 A^3\left[\cos(2\omega_1-\omega_2)t+\cos(2\omega_2-\omega_1)t\right] \tag{1.44}$$

随着A的增加，基波与A成比例增加，而三阶互调项与A^3成比例增加，如图1.15(a)所示。画在对数坐标中如图1.15(b)所示，IM3项的幅度将以三倍于基波幅度增长的速度增长，随着信号幅度A的增大，输出信号中的基波分量与IM3分量理论上会在某一点处达到相同的幅度，这一点称为三阶互调截点IP$_3$，如图1.15(b)所示，对应的输入功率值称为IIP_3，而输出功率值则称为OIP_3。

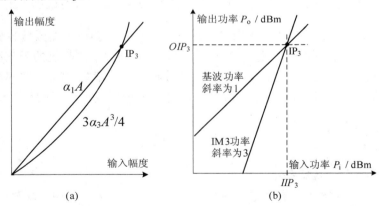

图1.15　三阶互调截点IP$_3$

当用对数形式(dBm)来表示输入、输出信号大小时，基波和IM3分量随输入信号的增加而上升的斜率分别为1和3，这个特点可以用于一些简单的估算。

令$|\alpha_1 A|=|3\alpha_3 A^3/4|$，可以解得三阶互调截点处的输入信号幅度为

$$A_{\text{IP3}}=\sqrt{\frac{4}{3}\left|\frac{\alpha_1}{\alpha_3}\right|} \tag{1.45}$$

求出 1dB 压缩点和三阶非线性输入 IP$_3$ 的关系很有启发性。从式(1.43)和式(1.45)可得到这两者间的关系为

$$\frac{A_{IP3}}{A_{1dB}} \approx 3.03 \approx 9.6\text{dB} \tag{1.46}$$

因此三阶互调截点会比 1dB 压缩点高 10dB 左右。

IIP_3 的简单测量：在测量中，当被测电路输入双频率信号功率为 P_{in}，而输出的基波分量与 IM3 分量功率分别为 P_{1o} 和 P_{3o}(见图 1.16(a))，它们之差为 ΔP，在对数坐标中，由图 1.16(b)可得

$$IIP_3 - P_{in} = OIP_3 - P_{1o} = \frac{P_{1o} - P_{3o}}{2} = \frac{\Delta P}{2} \tag{1.47}$$

那么电路的 IIP_3 为

$$IIP_3\big|_{dBm} = \frac{\Delta P\big|_{dBm}}{2} + P_{in}\big|_{dBm} \tag{1.48}$$

注意：测量时信号应尽量小，以避免产生增益压缩。

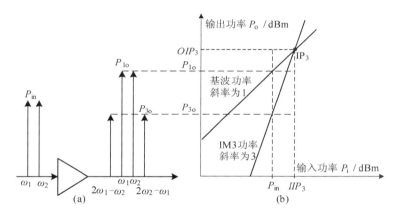

图 1.16 三阶互调截点 IIP$_3$ 的测量

级联电路的等效 IIP_3：式(1.47)是在对数(dBm)域中的表示，而在 W 或 mW 域中，有下面的表达式：

$$P_{3o} = P_{1o}\left(\frac{P_{in}}{IIP_3}\right)^2 \tag{1.49}$$

在图 1.17 所示的两级放大器中，G_{p1}、$IIP_{3,1}$ 和 G_{p2}、$IIP_{3,2}$ 分别是第一级和第二级的功率增益和输入三阶互调截点 IIP_3。最后(第二级)输出的 IM3 分量功率 P_{3o} 由两部分组成：第一级输出的 IM3 分量通过第二级直接放大的输出功率 P_{3o1}，第一级输出基波分量通过第二级非线性产生的 IM3 分量功率 P_{3o2}，它们分别为

$$\left.\begin{aligned}
P_{3o1} &= G_{p2}P_{1o1}\left(\frac{P_{in}}{IIP_{3,1}}\right)^2 = \frac{G_{p1}G_{p2}P_{in}^3}{IIP_{3,1}^2} \\
P_{3o2} &= P_{1o}\left(\frac{P_{1o1}}{IIP_{3,2}}\right)^2 = \frac{G_{p1}^3 G_{p2}P_{in}^3}{IIP_{3,2}^2}
\end{aligned}\right\} \tag{1.50}$$

式中，P_{in} 是第一级的基波输入功率；P_{1o1} 是第一级输出(或第二级输入)的基波分量功率，它们有关系 $P_{1o1}=G_{p1}P_{in}$，$P_{1o}=G_{p1}G_{p2}P_{in}$ 是最后(第二级)输出的基波分量功率。

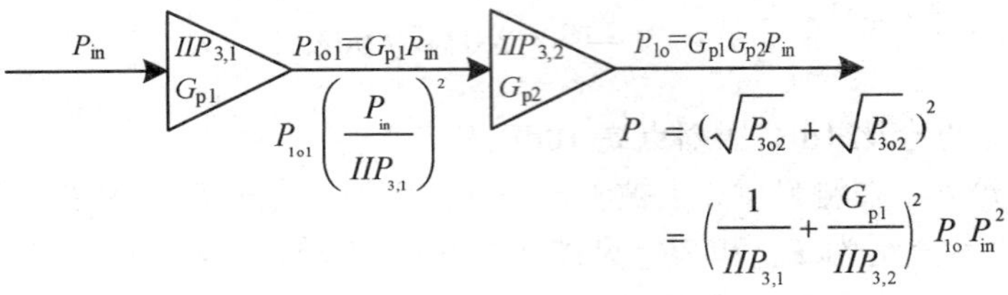

$$P_{in} \quad \begin{matrix} IIP_{3,1} \\ G_{p1} \end{matrix} \quad P_{1o1}=G_{p1}P_{in} \quad \begin{matrix} IIP_{3,2} \\ G_{p2} \end{matrix} \quad P_{1o}=G_{p1}G_{p2}P_{in}$$

$$P_{1o1}\left(\frac{P_{in}}{IIP_{3,1}}\right)^2 \qquad P = (\sqrt{P_{3o2}} + \sqrt{P_{3o2}})^2$$

$$= \left(\frac{1}{IIP_{3,1}} + \frac{G_{p1}}{IIP_{3,2}}\right)^2 P_{1o} P_{in}^2$$

图 1.17　两级放大器级联的基波分量与 IM3 分量

由于式(1.50)中的两部分是相关的，它们的幅度叠加产生总的 IM3 分量，故最后输出的 IM3 分量功率 P_{3o} 可表示为

$$P_{3o} = (\sqrt{P_{3o1}} + \sqrt{P_{3o2}})^2 = \left(\frac{1}{IIP_{3,1}} + \frac{G_{p1}}{IIP_{3,2}}\right)^2 G_{p1}G_{p2}P_{in}^3$$

$$= \left(\frac{1}{IIP_{3,1}} + \frac{G_{p1}}{IIP_{3,2}}\right)^2 P_{1o}P_{in}^2 \tag{1.51}$$

由式(1.49)和式(1.51)，得两级系统的 IIP_3 为

$$\frac{1}{IIP_3} = \frac{1}{P_{in}}\sqrt{\frac{P_{3o}}{P_{1o}}} = \frac{1}{IIP_{3,1}} + \frac{G_{p1}}{IIP_{3,2}} \tag{1.52}$$

注意：式(1.52)中的功率单位是 W 或 mW，而不是 dBm。式(1.52)的结论很容易推广到多级系统。

1.3.4　灵敏度与动态范围

前面分析了电子线路的噪声特性以及非线性特性和它们的量度，本节介绍通信电路的主要指标：接收机的灵敏度和动态范围。

1. 灵敏度

接收机的一个很重要的指标是灵敏度(Sensitivity)，它定义为：在给定要求的输出信噪比的条件下，接收机所能检测的最低输入信号电平。能够接收到的信号越微弱，灵敏度越高。可以看出，灵敏度与所要求的输出信号质量即输出信噪比有关，还与接收机本身的噪声大小有关。下面推导其定量的表达式。

设接收天线温度为 T_0，接收机输入信号功率为 P_{si}，则接收机输入端信噪比为 $\dfrac{P_{si}}{kT_0 \cdot BW}$，若正常工作时要求接收机输出最小额定信噪比为 $SNR_{o,min}$，则最低的可检测输入功率电平为

$$P_{si,min} = kT_0 \cdot BW \cdot NF \cdot SNR_{o,min} \tag{1.53}$$

在 T_0=290K 室温下，式(1.53)可用 dB 表示为

$$P_{si,min}\Big|_{dBm} = -174dBm/Hz + 10\lg BW\Big|_{Hz} + NF + SNR_{o,min}$$

$$= F_r + SNR_{o,min} \tag{1.54}$$

式中，$F_r = -174\text{dBm}/\text{Hz} + 10\lg BW\big|_{\text{Hz}} + NF$ 是系统总的累积噪声，有时被称作基底噪声 (Noise Floor)。基底噪声与所要求的输出信噪比共同决定了输入灵敏度。系统的基底噪声越大或者要求输出的信噪比越高(输出信号质量好)，为保证此输出质量所要输入的信号最低电平就越高，即灵敏度越低。如果令 $SNR_{\text{o,min}} = 1(0\text{dB})$，则 $P_{\text{si,min}}\big|_{\text{dBm}} = F_r$。因为 $P_{\text{si,min}}$ 是带宽的函数，窄带宽接收器的灵敏度较高，但这是以较低的数据率为代价的。

接收机灵敏度有时也用最小可检测输入信号电压幅度 $U_{\text{si,min}}$ 来表示，它与 $P_{\text{si,min}}$ 的关系为

$$U_{\text{si,min}} = \sqrt{4R_A P_{\text{si,min}}} \tag{1.55}$$

式中，R_A 为接收天线的等效电阻。

2. 动态范围

接收机(特别是移动着的接收机)所接收的信号强弱是变化的，通信系统的有效性取决于它的动态范围(Dynamic Range)，即高性能地工作所能承受的信号变化范围。动态范围的下限是灵敏度 $P_{\text{si,min}}$，它受到基底噪声的限制。但当输入信号太大时，由于系统的非线性而产生了失真，输出信噪比反而会下降，因此，动态范围的上限 $P_{\text{si,max}}$ 由最大可接受的信号失真决定。

接收机(或放大器)动态范围定义为

$$动态范围 = \frac{允许的最大输入电平}{允许的最小输入电平} = \frac{P_{\text{si,max}}}{P_{\text{si,min}}}$$

用 dB 表示，则可写为

$$动态范围(\text{dB}) = P_{\text{si,max}}(\text{dBm}) - P_{\text{si,min}}(\text{dBm})$$

$P_{\text{si,max}}$ 有两种不同的定义方法。

(1) $P_{\text{si,max}}$ 定义为产生 1dB 压缩点的输入信号电平 P_{i1dB}，对应的动态范围表示为(用 dB 来表示)

$$DR_l(\text{dB}) = P_{\text{i1dB}}(\text{dBm}) - P_{\text{si,min}}(\text{dBm}) \tag{1.56}$$

式中，DR_l 称为线性动态范围，常用于功率放大器。

(2) $P_{\text{si,max}}$ 定义为在输出端产生的三阶互调输出折合到输入端等于基底噪声的最大输入电平，即图 1.16(b)中 $P_{\text{in}} = P_{\text{si,max}}$ 时，$P_{\text{3o}} = F_r + G_p$，而 $P_{\text{1o}} = P_{\text{si,max}} + G_p$，由式(1.47)可得

$$P_{\text{si,max}} = \frac{2IIP_3 + F_r}{3} \tag{1.57}$$

对应的动态范围表示为(用 dB 来表示)

$$\begin{aligned} DR_f &= P_{\text{si,max}} - P_{\text{si,min}} = \frac{2IIP_3 + F_r}{3} - \left(F_r + SNR_{\text{o,min}}\right) \\ &= \frac{2\left(IIP_3 - F_r\right)}{3} - SNR_{\text{o,min}} \end{aligned} \tag{1.58}$$

式中，DR_f 称为无杂散动态范围 (Spurious-free Dynamic Range)，对于低噪声放大器或混频器，常采用此概念。

【例 1.2】　如果一个接收器的 $NF = 9\text{dB}$，$IIP_3 = -15\text{dBm}$，且 $BW = 200\text{kHz}$，若要求

$SNR_{o,min}=12dB$，那么它的无杂散动态范围 DR_f 为多少？

解：$F_r = -174 + 10\lg 200000 + 9 = -112(dBm)$

由式(1.58)，它的 DR_f 约为53dB。

本 章 小 结

人们按频率或波长对电磁波进行分段，分别称为频段或波段。长波信号以地波绕射为主；中波和短波信号可以以地波和天波两种方式传播，前者以地波传播为主，后者以天波(反射与折射)为主；超短波以上频段的电波大多以直射方式传播。不同频段电波的传播方式和能力不同，因而它们的应用范围也不同。对于无线通信系统，一般都要将要传输的基带信号调制到高频(射频)，原因是高频适于天线辐射和无线传播。无线通信系统由工作频率的高低可分为射频级、中频级和基带级三级电路。射频级和中频级属本书高频电路的研究范畴，它们的基本功能电路包括滤波器、放大器、高频振荡器、混频或变频器和调制与解调器。各功能电路由各种有源器件、无源元件构成。实际电阻器、电容器和电感器在高频工作的实际性质表现出与它们的标称不同的特性，频率越高差别越大，这是由于实际器件存在杂散寄生的不良电容、电感和电阻。有源器件主要是半导体二极管、三极管和集成电路，它们本质上都属于非线性元件，在高频电路中完成信号的放大、非线性变换等功能。许多高频功能电路(如调制、解调及混频等电路)是依赖有源器件的非线性特性实现的。在小信号的条件下，常用线性电路模型来分析电路。当信号增大时，由于二极管和晶体管的非线性特性，会产生增益压缩、交叉调制和互相调制等一系列非线性失真。接收机所能接收的最低信号电平受其固有噪声的限制，而它能接收的最高电平受非线性失真的限制。增益、噪声、非线性、灵敏度和动态范围是描述高频电路最常用的指标，应理解与它们相关的各种单位和参数(dB、dBm、dBµV、噪声系数、1dB 压缩点、三阶互调截点)的意义和计算。

思 考 与 练 习

1．无线电信号的频段或波段是如何划分的？各个频段的传播特性如何？列举五种常见用途的电波频率。

2．无线电波的传播有哪几种方式？

3．无线电频率资源有哪些特点？为什么要进行无线电管理？

4．已知一无线电波的频率是 433MHz，求其波长。试问这种无线电波能利用其电离层反射实现远距离传输吗？

5．要实现地面与空间站的无线通信，应选用哪个频段？

6．无线电广播中的中波段，其电波是依靠什么方式传播的？

7．给出调制的定义。什么是载波？无线通信为什么要用高频载波信号？给出两种理由。

8．画出无线通信收发信机的原理框图，并说出各部分的功用。

9．试举例说明无线收发系统在无线遥控、数据传输和音像信号传输方面的应用。

10．已知图 1.18 是一个无源元件的频率/阻抗响应曲线，判断该元件是电阻器、电感线圈还是电容器？试画出该元件的等效电路。

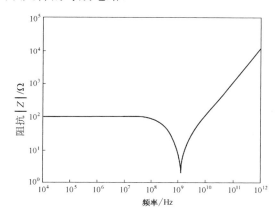

图 1.18　题 1.10 图

11．已知某电视机高放管的 f_T =1000MHz，β_0=100，假定要求放大频率分别是 1MHz、10MHz、100MHz、200MHz、500MH 的信号，求高放管相应的 $|\beta|$ 值。

12．将下列功率：3W、10mW、20μW 转换为 dBm 值。如果上述功率是负载阻抗 50Ω 系统的输出功率，它们对应的电压分别为多少？转换为 dBμV 值又分别为多少？

13．将下列对数值功率增益：3dB、100dB、−20dB 转换为非对数值。将下列电压增益：2、1000、0.2 转换为对数值。

14．试计算 510kΩ 电阻的均方值噪声电压和均方值噪声电流。若并联 250kΩ 电阻后，总均方值噪声电压又为多少(设 T=290K，噪声带宽 BW=10^5Hz)。

15．试求图 1.19 所示虚线框内电阻网络的噪声系数。

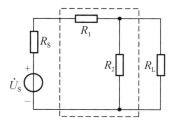

图 1.19　题 1.15 图

16．接收机等效噪声带宽近似为信号带宽，约 10kHz，输出信噪比为 12dB，要求接收机的灵敏度为 1pW，问接收机的噪声系数应为多大？

17．某卫星接收机的线性部分如图 1.20 所示，为满足输出端信噪比为 20dB 的要求，高放 I 输入端信噪比应为多少？

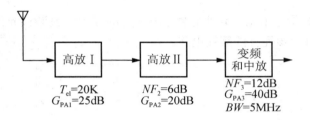

图 1.20　题 1.17 图

18. 设接收机输入端与天线匹配，接收机的灵敏度为 $1.0\mu V$，接收机的输入阻抗为 50Ω，解调器要求输入功率为 0dBm，求接收机在解调器之前的净增益。若高频部分的增益为 20dB，求中频增益。

19. 接收机带宽为 30kHz，噪声系数为 8dB，解调器输入要求的最低信噪比 $(S/N)_{min}=15.5$，接收天线的等效噪声温度为 900K。求接收机最低输入信号功率应为多少？接收机的总增益应为多少？

20. 接收机带宽为 3kHz，输入阻抗为 70Ω，噪声系数为 6dB，用一总衰减为 6dB、噪声系数为 3dB 的电缆连接到天线。设各接口均已匹配，则为使接收机输出信噪比为 10dB，其最小输入信号应为多少？如果天线噪声温度为 3000K，若仍要获得相同的输出信噪比，其最小输入信号又该为多少？

21. 已知放大器和混频器连接如图 1.21 所示，低噪放的增益是 $G_{p1}=20dB$，对应三阶互调截点的输出功率是 $OIP_3=22dBm$，混频器的变频损耗是 $G_{p2}=-6dB$，对应三阶互调截点的输入功率是 $IIP_3=13dBm$，求系统的三阶互调截点输出功率 OIP_3。

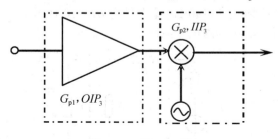

图 1.21　题 1.20 图

22. 将图 1.21 的放大器和混频器位置互换，再求整个系统的三阶互调截点输出功率 OIP_3。

23. 图 1.22 为 38GHz 点对点的无线通信接收机前端框图。已知：38GHz 波导插入损耗 $L_1=1dB$；低噪声放大器 (LNA) 的增益 $G_{pLNA}=20dB$，三阶互调截点输入功率 $IIP_{3LNA}=15dBm$；38GHz 带通滤波器 (BPF) 的插入损耗 $L_2=4dB$；变频器的混频损耗 $L_M=7dB$，三阶互调截点输入功率 $IIP_{3M}=10dBm$；1.8GHz 中频 (IF) 放大器的增益 $G_{pIF}=13dB$，三阶互调截点输入功率 $IIP_{3IF}=25dBm$。计算此接收机前端的总增益 G_p 及三阶互调截点输入功率 IIP_3。

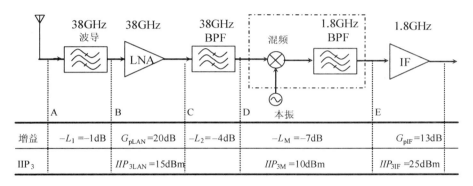

图 1.22 题 1.22 图

24. 放大器的噪声带宽为 100kHz，$NF=3$dB，求基底噪声。若 1dB 压缩点的输入功率为 -10dBm，要求输出信噪比 $SNR_{o,min}=20$dB，此接收机的线性动态范围是多少？

25. 接收机噪声系数是 7dB，增益为 40dB，对应增益 1dB 压缩点的输出功率是 25dBm，对应三阶互调截点的输出功率是 35dBm，接收机采用等效噪声温度 $T_e=150$K 的天线。设接收机带宽为 100MHz，若要求输出信噪比为 10dB，求接收机的线性动态范围和无杂散动态范围。

第2章 小信号选频放大电路

本章导读

- 小信号选频放大电路处于接收机什么位置？起何作用？
- 小信号选频放大电路如何构成？有哪些类型？
- 如何分析小信号选频放大电路？如何计算增益、带宽等参数？

知识要点

- LC 串、并联谐振电路的谐振特性，谐振频率、Q 值、通频带、矩形系数。
- 单调谐回路谐振放大器的构成与 Y 参数等效电路模型。
- 集中选频滤波器。

小信号选频放大电路广泛应用于广播、电视、通信、测量仪器等设备中，主要用作接收机的高频放大器和中频放大器。小信号选频放大电路需要具有从接收端的信号中选出有用信号并加以放大，并滤除无用的干扰信号的能力，即集选频、放大于一体。

小信号选频放大器可分为两类：一类是以调谐回路为负载的调谐放大器，另一类是以滤波器为负载的集中选频放大器。调谐放大器常由晶体管等放大器件与 LC 并联谐振回路或耦合谐振回路构成。集中选频放大器把放大和选频两种功能分开，放大作用由宽频带放大器承担，选频作用由晶体滤波器、陶瓷滤波器和声表面波滤波器等承担。

小信号选频放大器的主要性能指标有，谐振增益、通频带、选择性及噪声系数等。

2.1 LC 谐振与阻抗变换电路

2.1.1 阻抗的串、并联变换

为了分析的方便，常需完成串联阻抗电路与并联阻抗电路之间的互换，如图 2.1 所示。

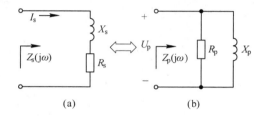

(a)　　　　　　　　　　　(b)

图 2.1 串、并联阻抗的等效变换

图 2.1 中 R_s 为串联阻抗电路的总电阻，X_s 为串联阻抗电路的总电抗，R_p 为等效变换后并联阻抗电路的总电阻，X_p 为等效变换后并联阻抗电路的总电抗。等效变换的原则是等效变换前的电路与等效变换后的电路阻抗相等，即

$$R_s + jX_s = \frac{R_p\left(jX_p\right)}{R_p + jX_p} = \frac{R_pX_p^2}{R_p^2 + X_p^2} + j\frac{R_p^2X_p}{R_p^2 + X_p^2} \tag{2.1}$$

并联阻抗电路变为串联阻抗电路的公式为

$$R_s = \frac{R_pX_p^2}{R_p^2 + X_p^2} = \frac{X_p^2}{R_p^2 + X_p^2}R_p \tag{2.2}$$

$$X_s = \frac{X_pR_p^2}{R_p^2 + X_p^2} = \frac{R_p^2}{R_p^2 + X_p^2}X_p \tag{2.3}$$

同理可得，串联阻抗电路变为并联阻抗电路的公式为

$$R_p = \frac{R_s^2 + X_s^2}{R_s} \tag{2.4}$$

$$X_p = \frac{R_s^2 + X_s^2}{X_s} \tag{2.5}$$

串联电路的品质因数为

$$Q_s = \frac{无功功率}{有功功率} = \frac{I_s^2\left|X_s\right|}{I_s^2 R_s} = \frac{\left|X_s\right|}{R_s}$$

并联电路的品质因数为

$$Q_p = \frac{无功功率}{有功功率} = \frac{\dfrac{U_p^2}{\left|X_p\right|}}{\dfrac{U_p^2}{R_p}} = \frac{R_p}{\left|X_p\right|}$$

由于等效变换前后回路的品质因数应该相等，即

$$\frac{\left|X_s\right|}{R_s} = \frac{R_p}{\left|X_p\right|} = Q \tag{2.6}$$

因此，式(2.2)～式(2.5)可以变换成

$$R_s = \frac{R_p}{1 + Q^2} \tag{2.7}$$

$$X_s = \frac{Q^2}{1 + Q^2}X_p \tag{2.8}$$

$$R_p = \left(1 + Q^2\right)R_s \tag{2.9}$$

$$X_p = \left(1 + \frac{1}{Q^2}\right)X_s \tag{2.10}$$

当 Q 值较大(>10)时，式(2.9)和式(2.10)可近似为

$$R_p \approx Q^2R_s, \quad X_p \approx X_s \tag{2.11}$$

式(2.11)结果表明：串联电路变换成等效的并联电路后，X_p 与 X_s 性质相同，大小基本

不变，而 R_p 是 R_s 的 Q^2 倍。

2.1.2 串、并联谐振回路的基本特性

LC 谐振回路的主要特点就是具有选频作用。所谓选频，就是由多种频率分量组成的输入信号，经过谐振回路，只选出某些频率分量，而对其他的频率分量有不同程度的抑制作用。LC 谐振回路由电感和电容组成，根据连接方式不同可以分为串联谐振回路和并联谐振回路两种。LC 谐振回路是构成高频谐振放大器、正弦波振荡器及各种选频电路的基础电路。下面我们就对 LC 谐振回路的基本特性进行分析。

1．串联谐振回路

图 2.2 为最简单的串联谐振回路。图中，电感 L 和电容 C 串联形成回路，r_L 为电感线圈的损耗电阻，电容损耗可以忽略。

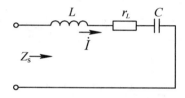

图 2.2　串联谐振回路

1) 串联谐振回路阻抗的谐振特性

由图 2.1 可知串联谐振回路的等效阻抗为

$$Z_s = r_L + j\left(\omega L - \frac{1}{\omega C}\right) \tag{2.12}$$

若在串联谐振回路两端加电压源 $\dot{U}_s$，则回路的电流为

$$\dot{I} = \frac{\dot{U}_s}{Z_s} = \frac{\dot{U}_s}{r_L + j\left(\omega L - \frac{1}{\omega C}\right)} \tag{2.13}$$

当外加信号频率 ω_0 使得 LC 谐振回路的总电抗为 $X(\omega_0) = \omega_0 L - \dfrac{1}{\omega_0 C} = 0$ 时，我们称此时回路发生了谐振。此时的频率 ω_0 称为谐振回路的谐振频率，即 LC 串联谐振回路的谐振频率为

$$\omega_0 = \frac{1}{\sqrt{LC}} \quad 或 \quad f_0 = \frac{1}{2\pi\sqrt{LC}} \tag{2.14}$$

在实际应用中，外加信号的频率往往是确定的，此时可以通过改变回路电感 L 或电容 C，使回路达到谐振。这就是回路对外加电压的频率调谐，此时的回路称为调谐回路。

谐振时，回路阻抗达最小值 $Z_s\big|_{min} = r_L$，回路有最大的电流 $\dot{I}_{max} = \dfrac{\dot{U}_s}{r_L}$。此时电容和电感上的电压为

$$\dot{U}_C = \dot{I}_{max} \frac{1}{j\omega_0 C} = \frac{\dot{U}_s}{j\omega_0 C r_L} = -jQ\dot{U}_s$$

$$\dot{U}_L = \dot{I}_{max} j\omega_0 L = j\frac{\omega_0 L \dot{U}_s}{r_L} = jQ\dot{U}_s \tag{2.15}$$

式中，Q 称为回路的品质因数，是串联回路谐振时感抗(或容抗)与回路的串联损耗电阻 r_L 之比，即

$$Q = \frac{\omega_0 L}{r_L} = \frac{1}{\omega_0 C r_L} = \frac{1}{r_L}\sqrt{\frac{L}{C}} \tag{2.16}$$

一般谐振回路的 Q 值较大(几十至几百)，式(2.15)表示串联回路谐振时，电容和电感上的电压比端电压大很多(大 Q 倍)。

从式(2.12)中可以看出，串联谐振回路的等效阻抗是随输入信号频率 ω 变化的。信号频率的不同会影响回路的阻抗，则式(2.12)可另写为

$$Z_s = r_L\left[1 + j\frac{\omega_0 L}{r_L}\left(\frac{\omega}{\omega_0} - \frac{\omega_0}{\omega}\right)\right] = r_L\left[1 + jQ\left(\frac{\omega}{\omega_0} - \frac{\omega_0}{\omega}\right)\right] \tag{2.17}$$

在实际应用中，我们将输入信号频率 ω 与回路的谐振频率 ω_0 之差表示频率偏离谐振的程度，称为失调或失谐，记为 $\Delta\omega = \omega - \omega_0$。由于 LC 谐振回路在正常工作时 ω 与 ω_0 相差不大，因此 $\dfrac{\omega}{\omega_0} - \dfrac{\omega_0}{\omega} = \dfrac{(\omega+\omega_0)(\omega-\omega_0)}{\omega_0\omega} \approx \dfrac{2\Delta\omega}{\omega_0}$，式(2.17)可简化为

$$Z_s \approx r_L\left(1 + jQ\frac{2\Delta\omega}{\omega_0}\right) = r_L(1 + j\xi) = |Z_s|e^{\varphi_s} \tag{2.18}$$

式中，$\xi = Q\dfrac{2\Delta\omega}{\omega_0}$ 称为广义失谐。对应回路阻抗的模和相角分别为

$$|Z_s| = r_L\sqrt{1+\xi^2}, \quad \varphi_s = \arctan\xi \tag{2.19}$$

由式(2.19)可以绘出图 2.3 所示的串联谐振回路的阻抗频率特性曲线。由图可见，相频特性曲线斜率为正，在谐振频率点的阻抗最小。

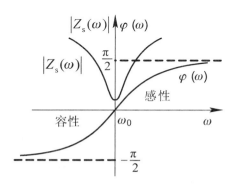

图 2.3　串联谐振回路的阻抗频率特性曲线

当 $\omega < \omega_0$ 时，回路呈容性(相角为负值)；

当 $\omega > \omega_0$ 时，回路呈感性(相角为正值)；

当 $\omega = \omega_0$ 时，回路阻抗最小并呈纯电阻性，即

$$Z_s\big|_{min} = r_L = \frac{1}{Q}\sqrt{\frac{L}{C}} \tag{2.20}$$

2）串联谐振回路的谐振曲线与通频带

我们把回路电流幅值与外加电压频率之间的关系曲线称为谐振曲线。实际应用时我们一般研究归一化的谐振曲线，即回路电流与谐振时的最大幅值之比的曲线，由式(2.13)可推导出

$$\frac{\dot{I}}{\dot{I}_{max}} = \frac{1}{1 + jQ\left(\dfrac{\omega}{\omega_0} - \dfrac{\omega_0}{\omega}\right)} \approx \frac{1}{1 + j\xi} \tag{2.21}$$

归一化电流的模为

$$\frac{I}{I_{max}} = \left|\frac{\dot{I}}{\dot{I}_{max}}\right| = \frac{1}{\sqrt{1 + \xi^2}} \tag{2.22}$$

电流的相角为

$$\varphi = -\arctan\xi \tag{2.23}$$

根据式(2.22)可绘出图 2.4 所示的串联谐振回路的电流谐振曲线。Q 值越高，曲线越尖锐，偏离谐振的信号衰减越大。

信号偏离谐振回路的谐振频率 f_0 时，谐振回路的幅频特性下降为最大值的 $1/\sqrt{2}\ (\approx 0.7)$ 时对应的频率范围，称为通频带，用 $BW_{0.7}$ 表示。由 $\dfrac{1}{\sqrt{1+\xi^2}} = 1/\sqrt{2}$，可推得 $\xi = \pm 1$，从而可得带宽为

$$BW_{0.7} = 2\Delta f_{0.7} = \frac{f_0}{Q} \tag{2.24}$$

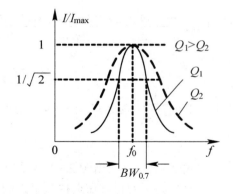

图 2.4　串联谐振回路的电流谐振曲线

由式(2.24)可见，通频带与回路 Q 值成反比。因此，谐振回路的品质因数越大，通频带越窄。

2．并联谐振回路

图 2.5(a)为最简单的并联谐振回路。图中，电感 L 和电容 C 并联形成回路，r_L 为电感线圈的损耗电阻，电容损耗可以忽略。由 2.1.1 节所述串、并联阻抗变换关系，可以将图 2.5(a)转换为图 2.5(b)。r_p 称为回路并联谐振电阻，由式(2.11)可得 $r_p = Q^2 r_L$。

并联谐振回路的导纳和电压与串联谐振回路的阻抗和电流存在对偶关系，应用前面的结果容易给出并联谐振回路的主要基本参数。

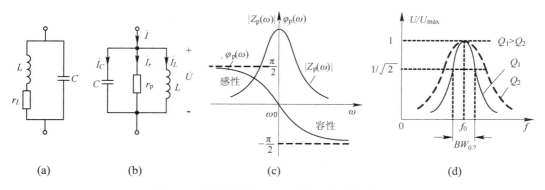

图 2.5　并联谐振回路、阻抗与电压谐振曲线

1)　并联谐振回路导纳与阻抗的谐振特性

由图 2.5(b)可知并联谐振回路的等效导纳为

$$Y_p = \frac{1}{Z_p} = \frac{1}{r_p} + j\left(\omega C - \frac{1}{\omega L}\right) = \frac{1}{r_p}\left[1 + j\frac{r_p}{\omega_0 L}\left(\frac{\omega}{\omega_0} - \frac{\omega_0}{\omega}\right)\right]$$

$$\approx \frac{1}{r_p}\left(1 + jQ\frac{2\Delta\omega}{\omega_0}\right) = \frac{1}{r_p}(1 + j\xi) \tag{2.25}$$

式中，ω_0 和 Q 分别是并联谐振回路的谐振频率与品质因素；$\xi = Q\dfrac{2\Delta\omega}{\omega_0}$ 为广义失谐。并联谐振回路的谐振条件是总电纳(导纳虚部)为零，表达式与串联谐振回路一样：

$$\omega_0 = \frac{1}{\sqrt{LC}} \quad , \quad f_0 = \frac{1}{2\pi\sqrt{LC}} \tag{2.26}$$

并联谐振回路的 Q 值是谐振时回路并联谐振电阻 r_p 与回路感抗(或容抗)之比，即

$$Q = \frac{r_p}{\omega_0 L} = \omega_0 C r_p = r_p\sqrt{\frac{C}{L}} \tag{2.27}$$

由式(2.25)可得并联谐振回路阻抗的模和相角分别为

$$\left|Z_p\right| = \frac{r_p}{\sqrt{1 + \xi^2}}, \quad \varphi_p = -\arctan\xi \tag{2.28}$$

根据式(2.28)，可绘出如图 2.5(c)所示的并联谐振回路阻抗谐振曲线。由图可见，并联谐振回路阻抗相频特性曲线斜率为负，在谐振频率点的阻抗最大。

当 $\omega > \omega_0$ 时，回路呈容性(相角为负值)；

当 $\omega < \omega_0$ 时，回路呈感性(相角为正值)；

当 $\omega = \omega_0$ 时，回路阻抗最大并呈纯电阻性，即

$$Z_p\big|_{\max} = r_p = Q\sqrt{\frac{L}{C}} \tag{2.29}$$

2)　并联谐振回路的谐振曲线与通频带

端接恒流源 $\dot{I}_s$ 时，并联谐振回路两端的电压为 $\dot{U} = \dot{I}_s Z_p$，谐振时端电压达最大值 $\dot{U}_{\max} = \dot{I}_s r_p$，而电容和电感中的电流为

$$\dot{I}_C = j\omega_0 C\dot{U}_{\max} = j\omega_0 Cr_p\dot{I}_s = jQ\dot{I}_s$$

$$\dot{I}_L = \frac{\dot{U}_{\max}}{j\omega_0 L} = -j\frac{r_p}{\omega_0 L}\dot{I}_s = -jQ\dot{I}_s \tag{2.30}$$

式(2.30)表示：谐振时，并联谐振回路电容和电感中的电流幅度比端口电流大 Q 倍。

根据式(2.28)，可导出并联谐振回路两端的归一化电压幅度频率特性，即

$$\frac{U}{U_{\max}} = \frac{1}{\sqrt{1+\xi^2}} \tag{2.31}$$

式(2.31)与串联谐振回路的电流频率特性相同，电压谐振曲线如图 2.5(d)所示。通频带表达式也相同：

$$BW_{0.7} = \frac{f_0}{Q} \tag{2.32}$$

同样，Q 值越高，谐振曲线越尖锐，通频带越窄。

串联回路在谐振时，通过电流最大；并联回路在谐振时，两端电压最大。在实际选频应用时，串联回路适合与信号源和负载串联连接，使有用信号通过回路有效地传送给负载；并联回路适合与信号源和负载并联连接，使有用信号在负载上的电压振幅最大。

考虑信号源内阻 R_s 和负载电阻 R_L 后，并联谐振回路的电路如图 2.6 所示。

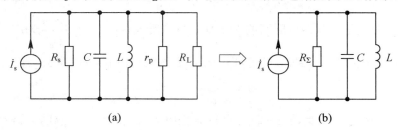

(a)　　　　　　　　　　(b)

图 2.6　并联谐振回路与信号源和负载的连接

回路的空载 Q 值为

$$Q_0 = \frac{r_p}{\omega_0 L} \tag{2.33}$$

而回路的有载 Q 值为

$$Q_L = \frac{R_\Sigma}{\omega_0 L} \tag{2.34}$$

此时的通频带为

$$BW_{0.7} = \frac{f_0}{Q_L} \tag{2.35}$$

其中，回路总电阻 $R_\Sigma = R_s /\!/ R_L /\!/ r_p$，可见，$R_\Sigma < r_p$，$Q_L < Q_0$，通频带变宽。并联接入的 R_s 和 R_L 越小，则 Q_L 越小，回路选择性越差。另外，谐振电压 $\dot{U}_{\max} = \dot{I}_s R_\Sigma$ 也将随着谐振回路总电阻的减小而减小。实际上，信号源内阻和负载电阻不一定是纯电阻，可能还包括电抗分量。如要考虑信号源输出电容和负载电容，由于它们与回路电容 C 并联，所以总电容为三者之和，这样还将影响回路的谐振频率。因此，必须设法尽量减小接入信号源和负载对回路的影响。

2.1.3 回路的部分接入与阻抗变换

信号源内阻或负载电阻直接并联在回路两端，将对回路的 Q 值、谐振频率影响较大，为解决这个问题，可用部分接入的阻抗变换电路，将它们折算到回路两端，以改善对回路的影响。

1. 变压器部分接入的并联谐振回路

如图 2.7(a)所示，该电路可以将信号源内阻和负载电阻折合到谐振回路中，折合后的等效电路如图 2.7(b)所示，r_p 是变压器线圈损耗的等效并联电阻，R'_s 和 R'_L 是 R_s 和 R_L 折合到谐振回路后的电阻，$\dot{i}'_s$ 是等效电流源。图 2.7(a)中 13 端线圈(匝数 N_{13})与 12 端线圈(匝数 N_{12})构成自耦变压器，13 端线圈与 45 端线圈(匝数 N_{45})构成互感变压器。

设变压器损耗可以忽略，根据变换前后回路元件功率相等的原则，则有

$$\frac{U_{12}^2}{R_s} = \frac{U_{13}^2}{R'_s}, \quad \frac{U_{45}^2}{R_L} = \frac{U_{13}^2}{R'_L}, \quad I_s U_{12} = I'_s U_{13} \tag{2.36}$$

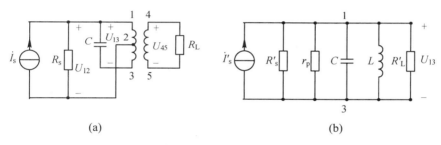

$$(a) \qquad\qquad\qquad\qquad (b)$$

图 2.7 变压器部分接入的并联谐振回路

定义接入系数为

$$p_1 = \frac{U_{12}}{U_{13}} = \frac{N_{12}}{N_{13}}, \quad p_2 = \frac{U_{45}}{U_{13}} = \frac{N_{45}}{N_{13}} \tag{2.37}$$

由式(2.36)和式(2.37)，可得折合到谐振回路后的电阻和电流源可表示为

$$R'_s = \frac{1}{p_1^2} R_s, \quad R'_L = \frac{1}{p_2^2} R_L \tag{2.38}$$

$$\dot{i}'_s = p_1 \dot{i}_s$$

2. 电容、电感抽头的部分接入并联谐振回路

在图 2.8(a)所示电路中，信号源通过电容抽头接入回路，负载通过电感抽头接入回路(它与自耦变压器阻抗变换电路的区别在于电感 L_1 与 L_2 是各自屏蔽的，没有互感耦合作用)。图 2.8(b)是信号源和负载等效到回路后的等效电路，图中 $C = \dfrac{C_1 C_2}{C_1 + C_2}$ 是 C_1 与 C_2 的串联等效电容，$L = L_1 + L_2$ 是 L_1 与 L_2 的串联等效电感，r_p 是电感损耗的等效并联电阻，R'_s 和 R'_L 是 R_s 和 R_L 折合到谐振回路后的电阻，$\dot{i}'_s$ 是等效电流源。

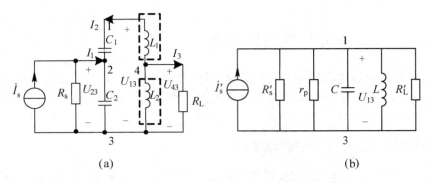

图 2.8　抽头接入并联谐振回路

根据变换前后回路元件功率相等的原则，有

$$\frac{U_{23}^2}{R_s} = \frac{U_{13}^2}{R_s'}, \quad \frac{U_{43}^2}{R_L} = \frac{U_{13}^2}{R_L'}, \quad I_s U_{23} = I_s' U_{13} \tag{2.39}$$

定义接入系数为

$$p_1 = \frac{U_{23}}{U_{13}}, \quad p_2 = \frac{U_{43}}{U_{13}} \tag{2.40}$$

由式(2.39)和式(2.40)，折合到谐振回路后的电阻和电流源可表示为

$$R_s' = \frac{1}{p_1^2} R_s, \quad R_L' = \frac{1}{p_2^2} R_L, \quad \dot{I}_s' = p_1 \dot{I}_s \tag{2.41}$$

当回路处于谐振或失谐不大，外电路分流很小可以忽略的情况下(即图 2.8(a)中的电流存在：$I_2 \gg I_1$，$I_2 \gg I_3$)，接入系数近似计算为

$$p_1 = \frac{U_{23}}{U_{13}} = \frac{I_2 \dfrac{1}{\omega_0 C_2}}{I_2 \left(\dfrac{1}{\omega_0 C_1} + \dfrac{1}{\omega_0 C_2}\right)} = \frac{C_1}{C_1 + C_2} \tag{2.42}$$

$$p_2 = \frac{U_{43}}{U_{13}} = \frac{I_2 \omega_0 L_2}{I_2 \omega_0 (L_1 + L_2)} = \frac{L_2}{L_1 + L_2}$$

p_1、p_2 总是小于 1。

上述给出了四种部分接入的方式，它们都有一个调节参数，称为接入系数(抽头系数)，记为 p，通过调节该参数，可以改变等效电阻值。接入系数越小，则等效阻值越大，对回路的影响越小。接入系数的大小反映了外部接入负载(包括电阻负载与电抗负载)对回路影响大小的程度。接入系数 p 可按下面的两种方式之一计算：

$$p = \frac{外接电路两端的电压}{回路两端的电压} = \frac{与外电路相连的那部分电抗}{回路参与分压的同性质总电抗}$$

假设回路外部部分接入的阻抗为 Z(导纳为 Y)，等效到回路两端的等效阻抗为 Z'(导纳为 Y')，则它们的变换关系为

$$Z' = \frac{1}{p^2} Z \quad 或 \quad Y' = p^2 Y \tag{2.43}$$

需要注意的是，在实际应用中，除了需要折合阻抗外，信号源有时也需要进行折合。

电流源为 $I_s' = pI_s$，电压源为 $U_s' = \dfrac{1}{p}U_s$。

【例2.1】 图2.9(a)所示为 LC 并联谐振回路的应用原理图。信号源和负载以变压器方式接入回路。已知线圈绕组的匝数分别为 $N_{12}=10$，$N_{13}=50$，$N_{45}=5$，$L_{13}=10\mu H$，回路固有品质因数 $Q_0=100$，$C=100pF$，$R_s=10k\Omega$，$I_s=1mA$，$C_s=100pF$，$R_L=2k\Omega$。试求实际回路的品质因数 Q_L、通频带 $BW_{0.7}$ 和谐振时的输出电压 U_o。

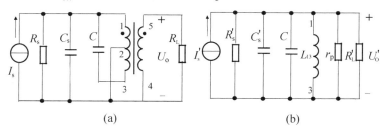

图2.9 例2.1图

解： 将图2.9(a)等效为图2.9(b)，各等效元件的参数计算如下。

令 $p_1 = \dfrac{N_{12}}{N_{13}} = \dfrac{1}{5}$，$p_2 = \dfrac{N_{45}}{N_{13}} = \dfrac{1}{10}$

因为 $Y_s' = p_1^2 Y_s \Rightarrow \dfrac{1}{R_s'} + j\omega C_s' = p_1^2 \left(\dfrac{1}{R_s} + j\omega C_s\right)$

所以 $R_s' = \dfrac{R_s}{p_1^2} = 5^2 \times 10 = 250(k\Omega)$

$$C_s' = p_1^2 C_s = \dfrac{100}{5^2} = 4(pF)$$

同理 $R_L' = \dfrac{R_L}{p_2^2} = 10^2 \times 2 = 200(k\Omega)$

回路的等效总电感不变仍为 L_{13}，而回路的等效总电容 C_Σ 为
$$C_\Sigma = C + C_s' = 100 + 4 = 104(pF)$$

回路的实际谐振频率为
$$f_0 = \dfrac{1}{2\pi\sqrt{L_{13}C_\Sigma}} = \dfrac{1}{2\pi\sqrt{10\times 10^{-6}\times 104\times 10^{-12}}} = 4.935(MHz)$$

回路电感本身的等效损耗并联电阻为
$$r_p = Q_0\omega_0 L = 100 \times 2 \times \pi \times 4.935 \times 10^6 \times 10 \times 10^{-6} = 31000(\Omega)$$

等效后的回路谐振电阻用 R_Σ 表示，则有
$$R_\Sigma = R_s' /\!/ R_L' /\!/ r_p = 250 /\!/ 200 /\!/ 31 = 24.24(k\Omega)$$

此时，回路的等效品质因数，即实际品质因数称为有载品质因数，用 Q_L 表示，则有
$$Q_L = \dfrac{R_\Sigma}{\omega_0 L_{13}} = \dfrac{24.24\times 10^3}{2\pi\times 4.935\times 10^6\times 10\times 10^{-6}} = 78.2$$

实际回路的通频带为

$$BW_{0.7} = \frac{f_0}{Q_L} = \frac{4.935 \times 10^6}{78.2} = 63.11\text{kHz}$$

谐振时的输出电压为

$$U_o = p_2 U_o' = p_2 I_s' R_\Sigma = p_2 p_1 I_s R_\Sigma = \frac{1 \times 10^{-3}}{5 \times 10} \times 24.24 \times 10^3 = 0.485(\text{V})$$

通过本例分析可知，当 LC 并联谐振回路接入信号源和负载后，信号源的内阻抗和负载阻抗会对谐振回路的性能产生影响，使回路的实际等效谐振电阻变小、回路的实际品质因数下降和回路的谐振频率发生变化等。但经过阻抗变换电路后再接入，则只要适当选择接入系数(如本例中的 p_1 和 p_2)，就能降低这种影响，满足设计要求。

【例 2.2】 某接收机输入回路的简化电路如图 2.10 所示。已知 C_1=5pF，C_2=15pF，R_s=75Ω，R_L=300 Ω。为了使电路匹配，即负载 R_L 等效到 LC 回路输入端的电阻 R_L'=R_s，线圈初、次级匝数比 N_1/N_2 应该是多少？

解: 由图可见，这是自耦变压器电路与电容抽头式电路的级联。

等效到 L 两端的电阻为

$$R_L'' = \frac{1}{p_2^2} R_L = \left(\frac{C_1 + C_2}{C_1}\right)^2 R_L = 16R_L$$

R_L'' 等效到输入端的电阻为

$$R_L' = p_1^2 R_L'' = \left(\frac{N_1}{N_2}\right)^2 R_L'' = 16\left(\frac{N_1}{N_2}\right)^2 R_L$$

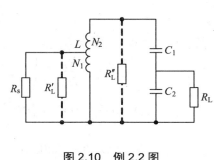

图 2.10　例 2.2 图

如要求 R_L'=R_s，则 $16\left(\dfrac{N_1}{N_2}\right)^2 R_L = R_s$，所以有

$$\frac{N_1}{N_2} = \sqrt{\frac{R_s}{16R_L}} = 0.125$$

2.2　小信号谐振放大器

2.2.1　晶体管的 Y 参数等效电路

把晶体管看作是一个有源四端网络，如图 2.11 所示。根据电路分析的知识可知，描述四端网络的方程有多种，为了测量和使用方便，这里我们选择 Y 参数等效电路。

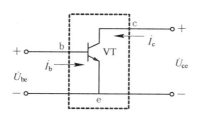

图 2.11　晶体管共发射极电路

以电压 $\dot{U}_{\text{be}}$ 和 $\dot{U}_{\text{ce}}$ 作为自变量，电流 $\dot{I}_{\text{b}}$ 和 $\dot{I}_{\text{c}}$ 作为因变量，可以得到晶体管的 Y 参数网络方程，为

$$\left.\begin{array}{l} \dot{I}_{\text{b}} = Y_{\text{ie}} \dot{U}_{\text{be}} + Y_{\text{re}} \dot{U}_{\text{ce}} \\[2mm] \dot{I}_{\text{c}} = Y_{\text{fe}} \dot{U}_{\text{be}} + Y_{\text{oe}} \dot{U}_{\text{ce}} \end{array}\right\} \tag{2.44}$$

由网络方程可以得到晶体管的 Y 参数等效电路，如图 2.12(a)所示。

令 $\dot{U}_{\text{ce}} = 0$，即使得网络输出端交流短路，有

$$Y_{\text{ie}} = \left. \frac{\dot{I}_{\text{b}}}{\dot{U}_{\text{be}}} \right|_{\dot{U}_{\text{ce}}=0}$$，Y_{ie} 称为晶体管输出端交流短路时的输入导纳(下标 i 表示输入，e 表示

共射组态)，反映了晶体管放大器输入电压对输入电流的控制作用，其倒数是电路的输入阻抗。Y_{ie} 参数是复数，可表示为 $Y_{\text{ie}} = g_{\text{ie}} + j\omega C_{\text{ie}}$，其中 g_{ie}、C_{ie} 分别称为晶体管的输入电导和输入电容，如图 2.12(b)所示。

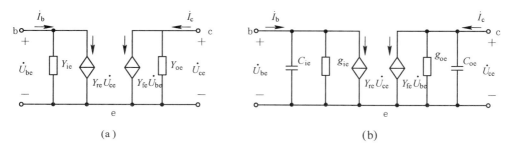

(a)　　　　　　　　　　　　　　(b)

图 2.12　晶体管的 Y 参数等效电路

$$Y_{\text{fe}} = \left. \frac{\dot{I}_{\text{c}}}{\dot{U}_{\text{be}}} \right|_{\dot{U}_{\text{ce}}=0}$$，Y_{fe} 称为晶体管输出端交流短路时的正向传输导纳，反映了输入电压对

输出电流的控制作用。该参数体现了晶体管的放大能力。Y_{fe} 越大，晶体管的放大能力越强。

同理，令 $\dot{U}_{\text{be}} = 0$，使得网络输入端交流短路，有

$$Y_{\text{re}} = \left. \frac{\dot{I}_{\text{b}}}{\dot{U}_{\text{ce}}} \right|_{\dot{U}_{\text{be}}=0}$$，Y_{re} 称为晶体管输入端交流短路时的反向传输导纳(下标 r 表示反向)，反

映了晶体管输出电压对输入电流的影响，即晶体管内部的反馈作用，是引起调谐放大器自激的原因。所以，Y_{re} 越小越有利于放大器的稳定。

$$Y_{oe} = \frac{\dot{I}_c}{\dot{U}_{ce}}\bigg|_{\dot{U}_{be}=0}$$

，Y_{oe} 称为晶体管输入端交流短路时的输出导纳(下标 o 表示输出)，反映了晶体管输出电压对输出电流的作用，其倒数是电路的输出阻抗。Y_{oe} 参数是复数，可表示为 $Y_{oe}=g_{oe}+j\omega C_{oe}$，其中 g_{oe}、C_{oe} 分别称为晶体管的输出电导和输出电容，如图 2.12(b)所示。

晶体管的 Y 参数可以通过仪器直接测量得到，也可以通过查阅晶体管手册得到。

2.2.2 单调谐回路谐振放大器

单调谐回路谐振放大器是由单调谐回路作为交流负载的放大器。图 2.13(a)所示为共发射极单调谐回路谐振放大器。图中，R_1、R_2 和 R_e 构成分压式电流反馈直流偏置电路，起稳定晶体管工作点的作用。C_1、C_e 分别为高频旁路电容，为中频信号提供通路。Tr_1、Tr_2 为高频变压器，其中 Tr_2 的初级电感 L 和电容 C 组成并联谐振回路作为放大器集电极的负载。输入电路通过抽头部分接入并联谐振回路，外接负载导纳通过变压器与并联谐振回路相连，使得电路的稳定性提高。图 2.13 (b)给出了该电路的交流通路。

根据 2.2.1 节，谐振回路的晶体管用 Y 参数等效电路代替。Y_{re} 体现了晶体管内部的反馈作用，该参数越小越好。这里我们为了简便起见，忽略其影响，取 $Y_{re}=0$。这样得到等效电路如图 2.13(c)和图 2.13(d)所示。

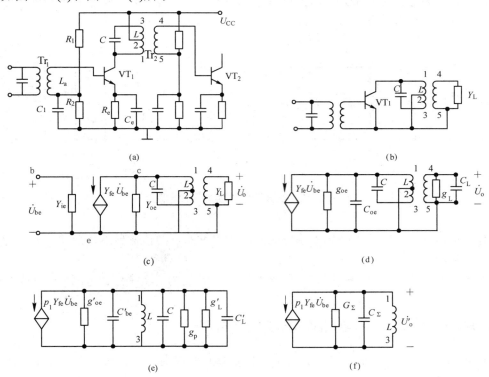

图 2.13　单调谐回路谐振放大器及其等效电路

设线圈 12 之间的匝数为 N_{12}，13 之间的匝数为 N_{13}，45 之间的匝数为 N_{45}。晶体管的输出部分接入谐振回路，接入系数 $p_1 = \dfrac{N_{12}}{N_{13}}$；输出负载通过变压器阻抗变换电路与谐振回路相连，接入系数 $p_2 = \dfrac{N_{45}}{N_{13}}$。

电感线圈的等效并联损耗电导用 g_p 表示；将信号源 $Y_{\mathrm{fe}}\dot{U}_\mathrm{i}$、信号源的导纳 Y_{oe} 以及负载导纳 Y_L 折合回谐振回路(见图 2.13(e))，相应的参数进行折合运算如下：

$$(Y_{\mathrm{fe}}\dot{U}_\mathrm{i})' = p_1 Y_{\mathrm{fe}}\dot{U}_\mathrm{i}$$

$$Y_{\mathrm{oe}}' = g_{\mathrm{oe}}' + \mathrm{j}\omega C_{\mathrm{oe}}' = p_1^2 Y_{\mathrm{oe}} = p_1^2 g_{\mathrm{oe}} + \mathrm{j}\omega p_1^2 C_{\mathrm{oe}}$$

$$Y_\mathrm{L}' = g_\mathrm{L}' + \mathrm{j}\omega C_\mathrm{L}' = p_2^2 Y_\mathrm{L} = p_2^2 g_\mathrm{L} + \mathrm{j}\omega p_2^2 C_\mathrm{L}$$

将图 2.13(e)中同性质的元件合并后，有图 2.13(f)所示的等效电路，合并后的并联谐振电导和电容分别为

$$G_\Sigma = g_\mathrm{p} + g_{\mathrm{oe}}' + g_\mathrm{L}' = g_\mathrm{p} + p_1^2 g_{\mathrm{oe}} + p_2^2 g_\mathrm{L} \tag{2.45}$$

$$C_\Sigma = C_\mathrm{p} + C_{\mathrm{oe}}' + C_\mathrm{L}' = C_\mathrm{p} + p_1^2 C_{\mathrm{oe}} + p_2^2 C_\mathrm{L} \tag{2.46}$$

图 2.13(f)端电压与放大器输出电压有下面的关系：

$$\dot{U}_\mathrm{o} = p_2 \dot{U}_\mathrm{o}' \tag{2.47}$$

基于上面的结果，下面对放大器的相关性能参数进行分析。

1. 电压增益 $\dot{A}_u$ 与谐振电压增益 $\dot{A}_{u0}$

由图 2.13(f)所示的等效电路可得

$$\dot{U}_\mathrm{o}' = \frac{-p_1 Y_{\mathrm{fe}}\dot{U}_\mathrm{i}}{G_\Sigma + \dfrac{1}{\mathrm{j}\omega L} + \mathrm{j}\omega C_\Sigma} \tag{2.48}$$

$$\dot{U}_\mathrm{o} = p_2 \dot{U}_\mathrm{o}' = \frac{-p_1 p_2 Y_{\mathrm{fe}}\dot{U}_\mathrm{i}}{G_\Sigma + \dfrac{1}{\mathrm{j}\omega L} + \mathrm{j}\omega C_\Sigma} = \frac{-p_1 p_2 Y_{\mathrm{fe}}\dot{U}_\mathrm{i}}{G_\Sigma\left[1 + \mathrm{j}\left(\omega C_\Sigma - \dfrac{1}{\omega L}\right)\Big/ G_\Sigma\right]}$$

$$\tag{2.49}$$

$$\approx \frac{-p_1 p_2 Y_{\mathrm{fe}}\dot{U}_\mathrm{i}}{G_\Sigma\left(1 + \mathrm{j}Q_\Sigma\dfrac{2\Delta f}{f_0}\right)}$$

式中
$$Q_\Sigma = \frac{1}{G_\Sigma \omega_0 L} = G_\Sigma \omega_0 C_\Sigma \quad \text{(回路的有载品质因数)}$$

$$f_0 = \frac{1}{2\pi\sqrt{LC_\Sigma}} = \frac{1}{2\pi\sqrt{L(C + p_1^2 C_{\mathrm{oe}} + p_2^2 C_\mathrm{L})}} \quad \text{(谐振频率)}$$

$$\Delta f = f - f_0 \quad \text{(信号频率与谐振频率之差)}$$

由式(2.49)可得放大器的电压增益为

$$\dot{A}_u = \frac{\dot{U}_o}{\dot{U}_i} = \frac{-p_1 p_2 Y_{fe}}{G_\Sigma (1 + jQ_\Sigma \frac{2\Delta f}{f_0})} \tag{2.50}$$

当输入信号频率等于回路的谐振频率时 $\Delta f = f - f_0 = 0$，谐振放大器的谐振电压增益 $\dot{A}_{u0}$ 为

$$\dot{A}_{u0} = \frac{-p_1 p_2 Y_{fe}}{G_\Sigma}$$

$$A_{u0} = |\dot{A}_{u0}| = \frac{p_1 p_2 |Y_{fe}|}{G_\Sigma} \tag{2.51}$$

式(2.50)和式(2.51)中负号表示放大器的输出电压与输入电压之间反相，但由于 Y_{fe} 是复数，有一个相角 $\angle\varphi_{fe}$，因此，一般来说，图 2.13 所示放大器输出电压与输入电压之间的相位并非正好相差 180°。另外，由上述公式可知，为了增大电压增益，应选取 $|Y_{fe}|$ 大的晶体管，同时要求回路总谐振电导 $G_\Sigma = g_p + p_1^2 g_{oe} + p_2^2 g_L$ 小(即回路电感损耗等效并联电导、晶体管输出电导和负载电导都要尽可能小)。电压增益还与接入系数 p_1、p_2 有关，但不是单调递增或单调递减关系，由于 p_1、p_2 还会影响回路有载 Q 值 Q_Σ，而 Q_Σ 又将影响通频带，所以 p_1、p_2 的选择应全面考虑，选取最佳值。

2．放大器的通频带

由式(2.50)和式(2.51)可得相对电压增益 $\dot{A}_u / \dot{A}_{u0}$ 为

$$\frac{\dot{A}_u}{\dot{A}_{u0}} = \frac{1}{1 + jQ_\Sigma \frac{2\Delta f}{f_0}} \tag{2.52}$$

其中幅频特性为

$$\left|\frac{\dot{A}_u}{\dot{A}_{u0}}\right| = \frac{1}{\sqrt{1 + (Q_\Sigma \frac{2\Delta f}{f_0})^2}} \tag{2.53}$$

通频带是指式(2.53)= $1/\sqrt{2}$ 时，所对应的频率范围，用 $BW_{0.7}$(或 $2\Delta f_{0.7}$)表示，单位为 Hz。容易求得

$$BW_{0.7} = 2\Delta f_{0.7} = \frac{f_0}{Q_\Sigma} \tag{2.54}$$

在单级单调谐放大器中，选频功能由单个并联谐振回路完成，式(2.53)与并联谐振回路电压谐振曲线一样，如图 2.5(d)所示。但通频带则由于受晶体管输出阻抗和负载的影响，比单个并联谐振回路要宽(因为有载 Q_Σ 值小于空载 Q_0 值)。

3．矩形系数

谐振放大器的选择性是指从不同频率信号中选出有用信号并抑制干扰的能力。理想的谐振放大器的谐振曲线应该是矩形，即对频率在通频带范围内的信号完全放大，对频率在通频带范围外的信号完全抑制。为了衡量实际谐振放大器的谐振曲线与理想矩形之间的差

别，我们使用矩形系数这个指标，定义为

$$K_{0.1} = \frac{BW_{0.1}}{BW_{0.7}} \tag{2.55}$$

式中，$BW_{0.7}$ 为放大器的通频带，$BW_{0.1}$ 是指放大器的电压增益衰减至谐振电压增益的 0.1 时的频带范围。理想的矩形系数为 1。而在实际应用中，矩形系数的数值越接近 1，表示放大器的谐振曲线越接近矩形，因此放大器的选择性越好。

令式(2.53)=0.1 得 $BW_{0.1} = 2\Delta f_{0.1} = \sqrt{99}\, f_0/Q_\Sigma$，因而，单调谐谐振放大器的矩形系数为

$$K_{0.1} = \frac{BW_{0.1}}{BW_{0.7}} = \sqrt{99} \approx 10 \tag{2.56}$$

矩形系数远大于 1，说明谐振曲线与矩形相差很大，由此可见单调谐谐振放大器的选择性较差。

实际放大器的设计是要在满足通频带和选择性的前提下，尽可能提高电压增益。

【例 2.3】 单调谐放大器如图 2.13 所示，下级采用与本级相同的电路，放大器的中心频率 f_0=465kHz，通频带 $BW_{0.7}$=15kHz。已知晶体管在中心频率及工作点上的 Y 参数为：g_{ie}=0.4mS，C_{ie}=142pF，g_{oe}=55μS，C_{oe}=18pF，Y_{fe}=36.8mS，略去 Y_{re} 的影响；调谐回路的电感线圈 N_{13}=120 匝，L_{13}=586 μH，Q_0=150。试确定回路其他参数并计算放大器的增益。

解： 1) 确定回路参数

(1) 确定回路有载品质因数、总电导值和电感损耗等效并联电导值。

因为 $Q_\Sigma = \dfrac{f_0}{BW_{0.7}} = \dfrac{465 \times 10^3}{15 \times 10^3} = 31$

所以 $G_\Sigma = \dfrac{1}{Q_\Sigma \omega_0 L} = \dfrac{1}{31 \times 2\pi \times 465 \times 10^3 \times 586 \times 10^{-6}} = 18.9(\mu\text{S})$

$g_p = \dfrac{1}{Q_0 \omega_0 L} = \dfrac{1}{150 \times 2\pi \times 465 \times 10^3 \times 586 \times 10^{-6}} = 3.9(\mu\text{S})$

(2) 确定接入系数 p_1 和 p_2，为了使输出功率尽量高，则要求电路满足匹配条件 $p_1^2 g_{oe} = p_2^2 g_{ie} + g_p$，则有

$G_\Sigma = 2p_1^2 g_{oe} = 2(p_2^2 g_{ie} + g_p)$

$p_1 = \sqrt{\dfrac{G_\Sigma}{2g_{oe}}} = 0.41 \Rightarrow N_{12} = N_{13} p_1 = 120 \times 0.41 = 49$

$p_2 = \sqrt{\dfrac{G_\Sigma - 2g_p}{2g_{ie}}} \approx 0.12 \Rightarrow N_{45} = N_{13} p_2 = 120 \times 0.12 = 14$

(3) 确定回路外接电容 C，有

$C_\Sigma = \dfrac{1}{(2\pi f_0)^2 L} = \dfrac{1}{(2\pi \times 465 \times 10^3)^2 \times 586 \times 10^{-6}} = 200(\text{pF})$

因为 $C'_{oe} = p_1^2 C_{oe} = 0.41^2 \times 18 = 3(\text{pF})$，$C'_{ie} = p_2^2 C_{ie} = 0.15^2 \times 142 = 3(\text{pF})$

所以 $C = C_\Sigma - C'_{oe} - C'_{ie} = 200 - 3 - 3 = 194(\text{pF})$

2) 计算放大器的增益

$$|A_{u0}| = \frac{p_1 p_2 |Y_{fe}|}{G_\Sigma} = \frac{0.41 \times 0.12 \times 36.8 \times 10^{-3}}{18.9 \times 10^{-6}} \approx 96$$

2.2.3 多级单调谐回路谐振放大器

在实际应用中，单级单调谐回路谐振放大器的电压增益往往不够大，这时需要通过放大器级联的方式来实现较高的电压增益。下面讨论多级单调谐回路谐振放大器的主要性能指标。

1. 电压增益

若放大器由 n 级单调谐放大器级联而成，各级的谐振频率保持一致，放大器各级的电压增益分别为 $\dot{A}_{u1}$、$\dot{A}_{u2}$、$\cdots$、$\dot{A}_{un}$，则放大器总的电压增益是各级电压增益的乘积，即

$$\dot{A}_n = \dot{A}_{u1} \cdot \dot{A}_{u2} \cdots \cdot \dot{A}_{un} \tag{2.57}$$

如果每一级放大器的参数结构均相同，根据式(2.50)，则总电压增益幅度为

$$A_n = (A_{u1})^n = \frac{(p_1 p_2)^n |Y_{fe}|^n}{\left[G_\Sigma \sqrt{1 + \left(\frac{2\Delta f Q_\Sigma}{f_0} \right)^2} \right]^n} \tag{2.58}$$

谐振时总的电压增益幅度为

$$A_{n0} = \left(\frac{p_1 p_2}{G_\Sigma} \right)^n |Y_{fe}|^n \tag{2.59}$$

2. 通频带

由式(2.58)和式(2.59)可得相对电压增益 A_n / A_{n0} 为

$$\frac{A_n}{A_{n0}} = \frac{1}{\left[1 + \left(\frac{2\Delta f Q_\Sigma}{f_0} \right)^2 \right]^{\frac{n}{2}}} \tag{2.60}$$

令式(2.60)等于 $1/\sqrt{2}$，可得 n 级相同的单调谐谐振放大器级联后的总通频带为

$$BW_n = \sqrt{2^{\frac{1}{n}} - 1} \cdot \frac{f_0}{Q_\Sigma} = \sqrt{2^{\frac{1}{n}} - 1} \cdot BW_1 \tag{2.61}$$

式中，$BW_1 = \frac{f_0}{Q_\Sigma}$ 是单级单调谐谐振放大器的通频带；$\sqrt{2^{\frac{1}{n}} - 1}$ 是频带缩减因子。表 2.1 给出了几种不同级数 n 值对应的缩减因子的值。

表 2.1 不同级数 n 值对应的缩减因子的值

级数 n	1	2	3	4	5
$\sqrt{2^{\frac{1}{n}} - 1}$	1	0.64	0.51	0.43	0.39

由上述可知，多级放大器级联后，随着级数的增加，增益越来越高，但通频带越来越窄。换句话说，多级放大器的频带确定以后，级数越多，则要求其中每一级放大器的频带越宽。因此，增益和通频带的矛盾是一个严重的问题，特别是对于要求高增益宽频带的放大器来说，这个问题更为突出。

3. 选择性

令式(2.60)等于 0.1，得 $BW_{n0.1} = \sqrt{100^{1/n} - 1}\, f_0 / Q_\Sigma$。因而，$n$ 级单调谐谐振放大器的矩形系数为

$$K_{n0.1} = \frac{BW_{n0.1}}{BW_n} = \frac{\sqrt{100^{1/n} - 1}}{\sqrt{2^{1/n} - 1}} \tag{2.62}$$

表 2.2 给出了 n 级相同的单调谐谐振放大器级联后，不同 n 值对应的矩形系数的大小。

表 2.2　不同 n 值对应的矩形系数的大小

级数 n	1	2	3	4	5	6	∞
$K_{n0.1}$	9.95	4.66	3.74	3.38	3.19	3.07	2.56

从表 2.2 中可以看出，选择性随着级数的增加而提高，但是当级数大于 3 时，选择性改善的幅度不明显了，最小不会低于 2.56。

总之，采用级联的方法可以增加电压增益，提高选择性。若要求级联后总的通频带与单级时一致，需要降低每级回路的有载品质因数 Q_Σ 的值，来拓展每级的通频带，保证其比总的通频带宽。

2.2.4　调谐放大器的稳定性

1. 影响调谐放大器稳定性的因素

调谐放大器的稳定与否，直接影响到放大器的性能，而影响调谐放大器稳定性的主要因素是晶体管内部反馈及负载变化。下面我们先分析放大器的输入导纳 Y_i。

由图 2.14 分析得知，放大器输入导纳 Y_i 为

$$Y_i = \frac{\dot{I}_b}{\dot{U}_b} = Y_{ie} - Y_{re}\frac{Y_{fe}}{Y_{oe} + Y_L'} = Y_{ie} - Y_i' \tag{2.63}$$

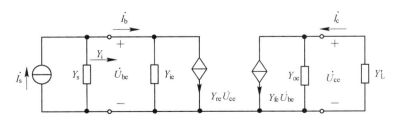

图 2.14　计算 Y_i 的调谐放大器等效电路

式中，$Y_i' = Y_{re} \dfrac{Y_{fe}}{Y_{oe} + Y_L'}$ 是输出电路通过 Y_{re} 反馈引起的输入导纳，称为反馈等效导纳。

当反向传输导纳 $Y_{re} = 0$ 时，反馈等效导纳 $Y_i' = 0$，放大器的输入导纳等于晶体管的输入导纳，即 $Y_i = Y_{ie}$，此时，输出电压不影响输入电流，放大器输出电路中的晶体管参数 Y_{fe}、Y_{oe} 和集电极负载导纳 Y_L' 对放大器输入导纳没有影响。

当反向传输导纳 $Y_{re} \neq 0$ 时，反馈等效导纳 $Y_i' \neq 0$，放大器的输入导纳不等于晶体管的输入导纳。输出电压影响输入电流，放大器输出电路中的晶体管参数 Y_{fe}、Y_{oe} 和集电极负载导纳 Y_L' 均对放大器输入导纳有影响。在条件合适时，放大器的输出电压通过 Y_{re} 将一部分信号反馈回输入端，形成自激振荡。

2. 提高调谐放大器稳定性的方法

从上面的分析可看出，晶体管的内部参数 Y_{re} 对放大器的稳定性起着不良影响，要设法尽量减小或消除这种影响。一方面从晶体管本身入手，减小 Y_{re} 的值。由于 Y_{re} 值的大小主要取决于集电极与基极之间的结电容 $C_{b'c}$，所以制作时应尽量使 $C_{b'c}$ 减小，使反馈容抗增大，反馈作用减弱。另一方面从电路上设法消除晶体管的反向作用，使之单向化，常用方法有失配法和中和法。

1) 失配法

失配是指信号源内阻与晶体管输入阻抗不匹配，晶体管输出端负载阻抗与本级晶体管的输出阻抗不匹配。

失配法的典型电路是"共发-共基"组态级联的放大器。图 2.15 为共发-共基组合电路原理图。该电路利用共基电路输入导纳很大的特点，使得 VT_1、VT_2 之间严重失配，来减小 $C_{b'c}$ 的影响，以达到稳定电路的目的。因为当负载导纳 Y_L' 很大时，则有

$$Y_i = Y_{ie} - Y_{re} \frac{Y_{fe}}{Y_{oe} + Y_L'} \approx Y_{ie} \tag{2.64}$$

这样可以认为输出电路对输入电路没有影响，从而削弱了 Y_{re} 的作用。即使 Y_L 有一点变化，但对 Y_i 的影响也是很小的。因此，放大器的稳定性得到了提高。

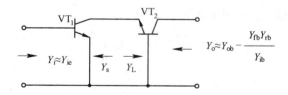

图 2.15　共发-共基组合电路原理图

对于共发-共基组合电路，共发电路虽在负载导纳很大的情况下电压增益很小，但电流增益仍比较大；共基电路虽电流增益小于 1，但电压增益较大。因此，它们互相补充，可使整个级联放大电路有较高的功率增益，且该级联放大电路的上限频率很高。

2) 中和法

中和法是指通过在晶体管的输出端与输入端之间引入一个附加的外部反馈电路(称为中和电路)来抵消晶体管内部参数 Y_{re} 的反馈作用。实际电路常用一个中和电容 G_N 来抵消

$C_{b'c}$ 的反馈作用。图 2.16 给出了中和法消除内部反馈的电路图。

从集电极回路取一与 $\dot{U}_c$ 反相的电压 $\dot{U}_c$，通过 C_N 反馈到输入端。根据电桥平衡有

$$\omega L_1 \times \frac{1}{\omega C_N} = \omega L_2 \times \frac{1}{\omega C_{b'c}}$$

即中和电容为

$$C_N = \frac{L_1}{L_2} C_{b'c} = \frac{N_1}{N_2} C_{b'c} \tag{2.65}$$

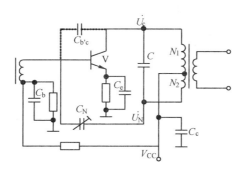

图 2.16　中和法消除内部反馈的电路图

实际上，Y_{re} 是一个频率的函数，中和电容 C_N 往往只能在某一个频率点起到完全中和的作用，对于其他频率只能有部分中和作用。若再考虑到分布参数的作用和温度变化等因素的影响，中和电路实际应用较少。

3) 中和法与失配法的比较

(1) 中和法的优缺点如下。

优点：简单，增益高。

缺点：① 只能在一个频率上完全中和，不适合宽带。

② 晶体管离散性大，实际调整麻烦，不适于批量生产。

③ 放大器由于温度等原因引起各种参数变化时，中和法的效果会变差。

(2) 失配法的优缺点如下。

优点：① 性能稳定，能改善各种参数变化的影响。

② 频带宽，适合宽带放大，适于波段工作。

③ 生产过程中无须调整，适于大量生产。

缺点：增益低。

2.3　集中选频放大器

2.2 节介绍的几种调谐放大器，虽然在线路和性能上各有不同，但是仍有一些共同的特点。在电路组成上，放大器的每一级都包含有晶体管和调谐回路，实现放大和选频。在要求放大器的频带宽、增益高时，往往会采用多级调谐放大器，此时电路元器件多，每一级都需要调谐，调整非常麻烦，工作点也不容易稳定。随着电子技术的不断发展，出现了采

用集中放大和滤波的集中选频放大器，可以在较方便获得高增益的同时获得良好的选频特性。

集中选频放大器由两部分组成，即宽频带放大器和集中选频滤波器，如图 2.17 所示。在图 2.17(a)中，集中选频滤波器接于宽频带放大器的后面，图 2.17(b)是另一种接法。

宽频带放大器一般由线性集成电路构成，当工作频率较高时，也可用其他分立元件宽频带放大器构成。集中选频滤波器则可以由多个电感、电容串并联回路构成的 *LC* 滤波器，也可以由石英晶体滤波器、陶瓷滤波器和声表面波滤波器构成。由于这些滤波器可以根据系统性能要求进行精确的设计，而且与放大器连接时也可以设置良好的阻抗匹配电路，使得选频特性可以接近理想的要求。下面简单介绍常用的陶瓷滤波器和声表面波滤波器，然后列举几个集中选频放大器的应用电路。

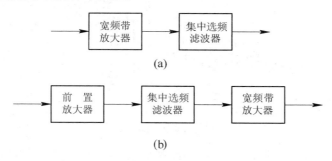

图 2.17　集中选频放大器组成示意图

2.3.1　集中选频滤波器

1. 陶瓷滤波器

陶瓷滤波器在通信、广播等接收设备中有着广泛的应用。陶瓷滤波器就是利用某些具有压电效应的陶瓷材料构成的滤波器，如锆钛酸铅($PbZrTiO_3$)材料。

在制造时，陶瓷片的两面涂以银浆(一种氧化银)，加高温后还原成银，且牢固地附着在陶瓷片上，形成两个电极；再经过直流高压极化后，便具有压电效应，类似于石英晶体。因此，它可用来代替石英晶体作滤波器用。陶瓷滤波器的等效品质因数可达几百，比 *LC* 滤波器的高，比石英晶体滤波器的低。因此，陶瓷滤波器的选择性比 *LC* 滤波器好，比石英晶体滤波器差；其通频带比石英晶体滤波器宽，比 *LC* 滤波器窄。

所谓压电效应是指，当陶瓷片受机械力作用而发生形变时，陶瓷片内将产生一定的电场，且它的两面出现与形变大小成正比的、符号相反、数量相等的电荷；反之，若在陶瓷片两面之间加一电场，就会产生与电场强度成正比的机械形变。因此，如果在陶瓷片的两面加一高频交流电压，就会产生机械形变振动，同时机械形变振动又会产生交变电场，即同时产生机械振动和电振荡。若外加高频电压信号的频率等于陶瓷片的固有振动频率时，此时机械振动最大，相应的陶瓷片两面所产生的电荷量最大，此时外电路中的交流电流最大，于是产生了谐振。

图 2.18 给出了压电陶瓷片等效电路和图形符号。在图 2.18(a)中，C_0 为压电陶瓷片的

固定电容值，L_q、C_q、r_q 分别相当于机械振动时的等效质量、等效弹性系数和等效阻尼。压电陶瓷片的厚度、半径等尺寸不同时，其等效电路参数也就不同。

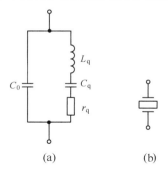

(a)　　　　　　(b)

图 2.18　压电陶瓷片等效电路和图形符号

由图 2.18 可知，陶瓷片有两个谐振频率，一个是串联谐振频率 f_s，另一个是并联谐振频率 f_p，计算公式分别为

$$f_s = \frac{1}{2\pi\sqrt{L_q C_q}} \tag{2.66}$$

$$f_p = \frac{1}{2\pi\sqrt{L_q \dfrac{C_0 C_q}{C_0 + C_q}}} \tag{2.67}$$

串联谐振时，陶瓷片的等效阻抗最小；并联谐振时，陶瓷片的等效阻抗最大。其阻抗频率特性如图 2.19 所示。

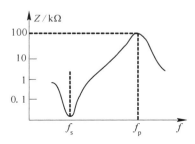

图 2.19　压电陶瓷片阻抗频率特性

性能较好的陶瓷滤波器通常是将多个陶瓷滤波器接成梯形网络而构成。图 2.20 给出了四端陶瓷滤波器的构成和图形符号。图 2.20(a)为由两个陶瓷片组成的四端陶瓷滤波器，图 2.20(b)为由五个陶瓷片组成的四端陶瓷滤波器。谐振子数目越多，滤波器的性能越好。

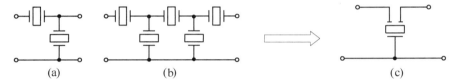

(a)　　　　　　　(b)　　　　　　　　　　　　(c)

图 2.20　四端陶瓷滤波器的构成和图形符号

陶瓷滤波器容易焙烧，可制成各种形状，且耐热耐湿性好。陶瓷滤波器具有体积小、

易制作、稳定性好、无须调整等优点，现广泛应用于接收机和电子仪器电路中。

2．声表面波滤波器

声表面波滤波器(Surface Acoustic Wave Filter，SAWF)具有体积小、重量轻、性能稳定、中心频率很高、相对带宽较宽、接近理想的矩形选频特性、特性一致性好，无须调整等特点，广泛应用于电视接收机中。

声表面波滤波器结构示意图和图形符号如图 2.21 所示，它以铌酸锂、锆钛酸铅或石英等压电材料为基片，利用真空蒸镀法，在抛光过的基片表面形成厚度约 $10\mu m$ 的铅膜或金膜电极，称之为叉指电极。与信号源连接的叉指电极为发端换能器，与负载连接的叉指电极为收端换能器。

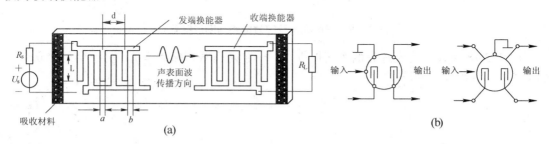

图 2.21　声表面波滤波器结构示意图和图形符号

声表面波滤波器的工作原理为：当输入信号加到发端换能器两电极上时，压电晶体基片的表面将产生振动，形成与外加信号同频率的横向表面波，这种表面波沿垂直于电极方向的左、右两个方向传播。向左侧方向传播的声表面波被吸声材料吸收，向右侧方向传播的声表面波传送到收端换能器，再通过压电作用，在收端换能器的叉指电极对之间产生电信号，并传送给负载。

声表面波滤波器的中心频率、通频带等性能与基片材料以及叉指电极的几何尺寸和形状有关。图 2.21(a)中所示是一种叉指长度 L、宽度 a 以及指距 b 均为一定值的结构，称之为均匀叉指。假如声表面波传播的速度是 v，可得 $f_0 = v/\lambda_0$，即换能器的频率为 f_0 时，声表面波的波长是 λ_0，它等于换能器周期段长 d，$d = 2(a + b)$。

当输入信号的频率 f 等于换能器的频率 f_0 时，各节所激发的声表面波同相叠加，振幅最大，可写成

$$A_s = nA_0 \tag{2.68}$$

式中，A_0 是每节所激发的声波强度振幅值；n 是叉指条数(有 $N=n/2$ 个周期段)；A_s 是总振幅值。f_0 称为换能器的谐振频率。当信号频率偏离 f_0 时，换能器各节电极所激发出的声波强度振幅值基本不变，但相位变化。这时振幅–频率特性曲线如图 2.22 所示。

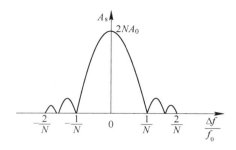

图 2.22　均匀叉指换能器幅频特性曲线

声表面波滤波器的主要缺点是损耗较大，主要包括插入损耗、失配损耗、传播损耗、散射损耗等。为了补偿这些损耗，一般将信号进行预放大，或者采用具有特殊结构的低损耗声表面波滤波器。

声表面波滤波器具有下列优点。

(1) 工作频率高，中心频率在 10MHz～1GHz 之间，且频带宽，相对带宽为 0.5%～25%。

(2) 尺寸小，重量轻；动态范围大，可达 100dB。

(3) 由于利用晶体表面的弹性波传送，不涉及电子的迁移过程，所以抗辐射能力强。

(4) 温度稳定性好。

(5) 选择性好，矩形系数可达 1.2。

2.3.2　小信号选频放大器举例

1．二级中频放大器

图 2.23 所示为国产某调幅通信机接收部分所采用的二级中频放大器电路。

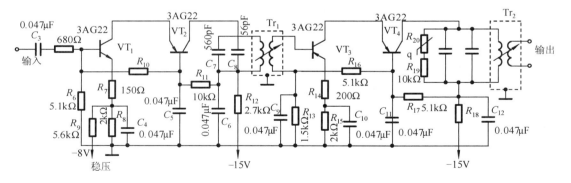

图 2.23　二级中频放大器电路

2．MC1590 构成的选频放大器

图 2.24 是由 MC1590 构成的选频放大器，集成放大器件 MC1590 具有工作频率高、不易自激的特点，并带有自动增益控制的功能。其内部结构为一个双端输入、双端输出的全差动式电路。放大器件的输入和输出各有一个单谐振回路。输入信号 u_i 通过隔直流电容 C_4 加到输入端的①脚，另一输入端的③脚通过电容 C_3 交流接地，输出端的⑥脚连接电源正端，

并通过电容 C_5 交流接地，故电路是单端输入、单端输出。由 L_3 和 C_6 构成去耦滤波器，减小输出级信号通过供电电源对输入级的寄生反馈。

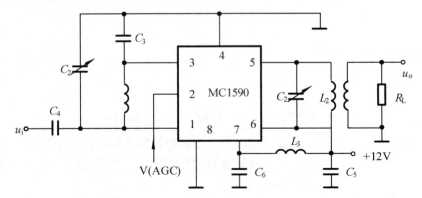

图 2.24　MC1590 构成的选频放大器

3．彩电图像中频放大电路

日本东芝公司的单片集成电路 TA7680AP 是两片式集成电路彩色电视机中的图像、伴音通道芯片。该芯片包括中频放大、视频检波、伴音鉴频等部分。图 2.25 给出了外接前置中放、SAWF 和 TA7680AP 内部中频放大部分的电路图。从电视机高频调谐器送来的图像、伴音中频信号(载频为 38MHz，带宽为 8MHz)，由分立元件组成的前置宽带放大器进行预放大后，进入声表面波滤波器 SAWF(作为一个带通滤波器)，然后由 TA7680AP 的⑦、⑧脚双端输入，经三级相同的具有 AGC 特性的高增益宽频带放大器之后，送入 TA7680AP 内的检波电路。这是一个集中选频放大电路。彩电图像中频放大电路与外接前置电路如图 2.26 所示。

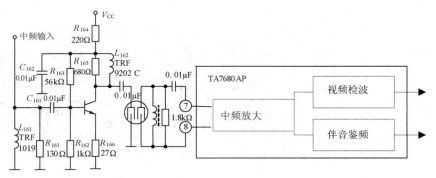

图 2.25　彩电图像中频放大电路与外接前置电路

本 章 小 结

各种形式的选频网络在通信电子线路中得到广泛的应用。它能选出我们需要的频率分量并滤除不需要的频率分量，因此掌握各种选频网络的特性及分析方法是很重要的。

选频网络可分为两大类：第一类是由电感和电容元件组成的谐振回路；第二类是各种滤波器，主要有 LC 集中选频滤波器、陶瓷滤波器和声表面波滤波器等。

串联谐振回路是指电感、电容、信号源三者串联；并联谐振回路是指电感、电容、信号源三者并联。

串、并联谐振回路的共同点如下。

(1) 谐振频率均为 $f_0 = \dfrac{1}{2\pi\sqrt{LC}}$，$\omega_0 = \dfrac{1}{\sqrt{LC}}$。

(2) 通频带均可表示为 $BW_{0.7} = \dfrac{f_0}{Q}$。

串、并联谐振回路的不同点如下。

(1) 品质因数的表示形式不同，即

在串联谐振回路中有

$$Q_0 = \frac{\omega_0 L}{r_L}, \quad Q_\Sigma = \frac{\omega_0 L}{R_\Sigma}$$

在并联谐振回路中有

$$Q_0 = \frac{r_p}{\omega_0 L} = \frac{1}{\omega_0 L g_p}, \quad Q_\Sigma = \frac{R_\Sigma}{\omega_0 L} = \frac{1}{\omega_0 L G_\Sigma} = Q_0 \frac{g_p}{G_\Sigma}$$

(2) 串联谐振回路谐振时，其电感和电容上的电压为信号源电压的 Q 倍，称为电压谐振；并联谐振回路谐振时，其电感和电容上的电流为信号源电流的 Q 倍，称为电流谐振。

(3) 串联谐振回路失谐时，当 $f > f_0$ 时回路呈感性，当 $f < f_0$ 时回路呈容性；并联谐振回路失谐时，当 $f > f_0$ 时回路呈容性，当 $f < f_0$ 时回路呈感性。

串、并联阻抗等效互换时：$X_{串} = X_{并}$，$R_{并} = Q^2 R_{串}$（Q 较大时）。

回路采用抽头接入的目的是为了减少负载和信号源内阻对回路的影响，由低抽头折合到回路的高端时，等效电阻提高了 $1/p^2$ 倍，等效导纳减小了 p^2 倍，即采用抽头接入时，回路 Q 值提高了。

选择性滤波器主要有 LC 集中选频滤波器、石英晶体滤波器、陶瓷滤波器和声表面波滤波器。根据其各自特点应用到不同场合，其中陶瓷滤波器和声表面波滤波器广泛用于通信设备中。

高频小信号放大器通常分为谐振放大器和非谐振放大器，谐振放大器的负载为串、并联谐振回路。

小信号谐振放大器的选频性能可由通频带和选择性两个质量指标来衡量。用矩形系数可以衡量实际幅频特性接近理想幅频特性的程度，矩形系数越接近于 1，则谐振放大器的选择性越好。

高频小信号放大器由于信号小，可以认为它工作在半导体的线性范围内，常采用有源线性四端网络进行分析。Y 参数等效电路和混合 π 等效电路是描述晶体管工作状况的重要模型。Y 参数不仅与静态工作点有关，而且是工作频率的函数。

单级单调谐放大器是小信号放大器的基本电路，其电压增益主要取决于晶体管的参数、信号源和负载，为了提高电压增益，谐振回路与信号源和负载的连接常采用部分接入方式。

由于晶体管内部存在反向传输导纳 Y_{re}，使晶体管成为双向器件，在一定频率下使回路的总电导为零，这时放大器会产生自激。为了克服自激常采用中和法和失配法使晶体管单向化。

非调谐式放大器由各种滤波器和线性放大器组成，它的选择性主要取决于滤波器，这类放大器的稳定性较好。

集成电路谐振放大器体积小、工作稳定可靠、调整方便，其有通用集成电路放大器和专用集成电路放大器，也可和其他功能电路集成在一起。

思考与练习

1．对于收音机的中频放大器，其中心频率 f_0=465kHz，$BW_{0.7}$=8kHz，回路电容 C=200pF，试计算回路电感和 Q_L 值。若电感线圈的 Q_0=100，问在回路上应并联多大的电阻才能满足要求？

2．图 2.26 为波段内调谐用的并联振荡回路，可变电容 C 的变化范围为 12～260pF，C_t 为微调电容，要求此回路的调谐范围为 535～1605kHz，求回路电感 L 和 C_t 的值，并要求 C 的最大和最小值与波段的最低和最高频率对应。

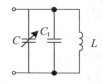

图 2.26 题 2.2 图

3．给定串联谐振回路的 $f_0 = 1.5\text{MHz}$，$C_0 = 100\text{pF}$，谐振时电阻 $R = 5\Omega$，试求 Q_0 和 L_0。又若信号源电压振幅 $U_{ms} = 1\text{mV}$，求谐振时回路中的电流 I_0 以及回路上的电感电压振幅 U_{Lom} 和电容电压振幅 U_{Com}。

4．在图 2.27 所示电路中，已知回路谐振频率 $f_0 = 465\text{kHz}$，$Q_0 = 100$，$N = 160$ 匝，$N_1 = 40$ 匝，$N_2 = 10$ 匝，$C = 200\text{pF}$，$R_s = 16\text{k}\Omega$，$R_L = 1\text{k}\Omega$。试求回路电感 L、有载 Q 值和通频带 BW。

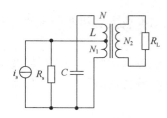

图 2.27 题 2.4 图

5．并联谐振回路与负载间采用部分接入方式，如图 2.28 所示，已知 $L_1 = 4\mu\text{H}$，$L_2 = 4\mu\text{H}$（L_1、L_2 间互感可以忽略），$C = 500\text{pF}$，空载品质因数 $Q_0 = 100$，负载电阻 $R_L = 1\text{k}\Omega$，负载电容 $C_L = 10\text{pF}$。计算谐振频率 f_0 及通频带 BW。

图 2.28 题 2.5 图

6．试证明单级单调谐回路谐振放大器的电压增益与带宽积为 $A_{u0} \cdot BW_{0.7} = \dfrac{p_1 p_2 |Y_{fe}|}{2\pi C_\Sigma}$ ；若一单级单调谐回路谐振放大器的电压增益与带宽为 $A_{u0} = 60\text{dB}$ ， $BW_{0.7} = 2\text{MHz}$ 。现谐振频率不变，用同样的管子、电容和电感设计一带宽为 4MHz 的谐振放大器，其电压增益可达多少 dB？

7．在图 2.29 所示的调谐放大器中，工作频率 $f_0 = 10.7\text{MHz}$ ， $L_{13} = 4\mu\text{H}$ ， $Q_0 = 100$ ， $N_{13} = 20$ 匝， $N_{23} = 50$ 匝， $N_{45} = 5$ 匝。晶体管 3DG39 在 $I_E = 2\text{mA}$ 、 $f_0 = 10.7\text{MHz}$ 时测得 $g_{ie} = 2860\mu\text{S}$ ， $C_{ie} = 18\text{pF}$ ， $g_{oe} = 200\mu\text{S}$ ， $C_{oe} = 7\text{pF}$ ， $|Y_{fe}| = 45\text{mS}$ ， $|Y_{re}| = 0$ 。画出用 Y 参数表示的放大器等效电路，试求放大器电压增益 A_{u0} 和通频带 BW 。

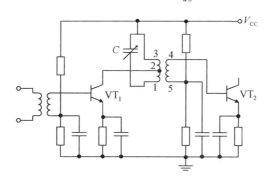

图 2.29 题 2.7 图

8．在三级单调谐放大器中，工作频率为 465kHz，每级 LC 回路的 $Q_L = 40$ ，试问总的通频带是多少？如果要使总的通频带为 10kHz，则允许最大 Q_L 为多少？

9．设有一级单调谐回路中频放大器，其通频带 $BW = 4\text{MHz}$ ， $A_{u0} = 10$ ，如果再用一级完全相同的放大器与之级联，这时两级中放总增益和通频带各为多少？若要求级联后的总频带宽度为 4MHz，问每级放大器应如何改变？改变后的总增益是多少？

10．在高频谐振放大器中，造成工作不稳定的主要因素是什么？它有哪些不良影响？为使放大器稳定工作，可以采取哪些措施？

11．集中选频放大器和谐振式放大器相比，有什么优点？设计集中选频放大器时，主要任务是什么？

第 3 章　高频功率放大电路

本章导读

- 高频功率放大电路在系统中起何作用？
- 功率放大电路的工作状态和分析方法与小信号放大电路有何不同？
- 高频功率放大器的输出功率和效率与哪些因素有关？
- 如何提高效率？高效率功率放大器的类型有哪些？它们工作特点是什么？

知识要点

- 丙(C)类谐振功率放大器的工作原理、特性及理论上的分析方法。
- 丙(C)类谐振功率放大器的欠压、临界、过压三种工作状态。
- 丙(C)类谐振功率放大器的负载特性、放大特性、集电极和基极调制特性。
- 滤波匹配网络的设计。
- 直流电路的串馈和并馈两种形式。

在通信系统中，高频功率放大电路是各种无线电发射机的重要组成部分，用于将高频已调信号进行功率放大，然后经过天线将其有效地辐射到空间。与低频功率放大电路一样，输出功率和效率是其非常重要的指标。由于低频功率放大电路的工作频率低，相对带宽较宽，故低频功率放大电路可工作于甲(A)类、甲乙(AB)类或者乙(B)类(推挽电路)状态；而高频功率放大电路的工作频率较高，相对带宽较窄，为了提高效率，可以工作在丙(C)类状态。为了滤除放大器在丙类工作时产生的高次谐波分量，常采用 LC 谐振回路作为选频网络。为了获得大的输出功率，高频功率放大电路的输入端与输出端以及多级功率放大电路的级间耦合要采用倒 L 形、T 形和 Π 型匹配网络。

由于丙(C)类高频功率放大电路属于非线性电路，因此不能够用线性电路的分析方法来分析。对非线性电路的分析方法一般有两类：一类是图解法，利用电子元器件的特性曲线来对它的工作状态进行分析，其优点是计算结果比较准确，但对工作状态的分析不是很方便；另一类是解析近似分析法，是将电子元器件的特性曲线用近似解析法来表示，然后对放大器的工作状态进行分析计算。最常用的解析近似分析方法是用折线段来表示电子无器件的特性曲线，称为折线法。折线法的优点是物理概念清晰，分析工作状态方便，但分析结果有一定的误差。为了让读者理解工作状态的概念，本章主要采用折线法进行高频功率放大电路的分析。

本章还对 D、E 类功率放大器的工作原理进行了简要介绍，并对于常用集成射频功率放大器的选型以及应用方面作了一些介绍。

3.1 丙(C)类谐振功率放大器的工作原理

3.1.1 电路组成及工作原理

　　谐振功率放大电路的原理图如图 3.1 所示。图中，高频功率放大器常采用平面工艺制造的 NPN 高频大功率晶体管，它能承受高电压和大电流，并有较高的特征频率 f_T。为了使高频功率放大器高效率地输出大功率，常工作在丙类状态。其中，V_{CC}、V_{BB} 分别是集电极与基极的直流电源电压，为了使晶体管工作在丙类状态，V_{BB} 应设置在晶体管的截止区内，一般为负值，即静态时发射极为反偏。输入激励信号为大信号，一般在 0.5V 以上，可达 1~2V，甚至更大。因此晶体管工作在截止与导通两种状态，则基极电流 i_B 与集电极电流 i_C 均为余弦尖顶脉冲。高频功率放大器选用 LC 谐振回路作为负载，一方面是为了选出集电极电流中与输入信号频率一样的基波信号，滤除谐波分量和其他频率分量；另一方面是起阻抗匹配作用，使高频功率大器以高效率输出大功率。LC 回路中的 R_Σ 包括外接负载电阻、LC 选频网络的损耗在内的所有阻抗的总和，这里将其称为等效负载。

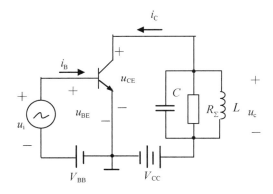

图 3.1 谐振功率放大电路原理图

　　由于功率放大器是在大信号工作，而在大信号工作时必须考虑晶体管的非线性特性，这将使分析比较复杂。为了研究谐振功率放大器的输出功率、管耗、效率和它们的变化规律，可采用近似估算的方法。即将晶体管的转移特性曲线与输出特性曲线进行折线化处理，然后根据折线化后的晶体管特性来分析电路的性能，这种分析方法称为折线近似分析方法。图 3.2(a)、(b) 分别为晶体管的转移特性曲线以及晶体管的输出特性曲线。在图 3.2(a) 中，实线是晶体管的实际转移特性曲线，虚线是折线化后的转移特性曲线，其可以表征为

$$i_C = \begin{cases} g(u_{BE} - U_{on}) & u_{BE} \geqslant U_{on} \\ 0 & u_{BE} < U_{on} \end{cases} \tag{3.1}$$

式中，U_{on} 为晶体管的开启电压。

　　在图 3.2(b) 中，实线是晶体管的输出特性曲线，虚线是折线化后的输出特性曲线，其中斜率为 g_{cr} 的直线称为临界饱和线，将临界饱和线以右的区域定义为欠压区，将临界饱和线以左的区域定义为过压区。

设输入信号是频率ω的单频余弦信号，即

$$u_{\text{i}} = U_{\text{im}} \cos \omega t \tag{3.2}$$

则由图 3.1 可得基极回路电压为

$$u_{\text{BE}} = V_{\text{BB}} + u_{\text{i}} = V_{\text{BB}} + U_{\text{im}} \cos \omega t \tag{3.3}$$

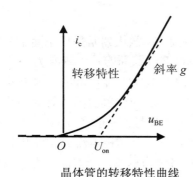

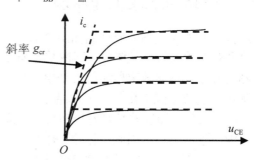

图 3.2　晶体管特性曲线

图 3.3 是谐振功率放大器的转移特性曲线与输入电压、输出电流的波形，当基极回路电压 u_{BE} 大于晶体管的开启电压 U_{on} 时，晶体管导通，有输出电流 i_{c}；当基极回路电压 u_{BE} 小于晶体管的开启电压 U_{on} 时，晶体管截止，输出电流 i_{c} 为零。将输入信号在一个周期内的导通情况用对应的导通角 2θ 来表示，将 θ 称为导通角，如图 3.3 所示。晶体管输出电流 i_{c} 为周期脉冲形状，将其命名为集电极余弦脉冲电流，用傅里叶级数展开为

$$I = I_{\text{c0}} + I_{\text{c1m}} \cos \omega t + I_{\text{c2m}} \cos 2\omega t + \cdots + I_{\text{cnm}} \cos n\omega t \tag{3.4}$$

式中，I_{c0} 为集电极余弦电流脉冲的直流分量，I_{c1m} 为集电极余弦电流脉冲的基波分量振幅，I_{c2m}、$\cdots$、I_{cnm} 分别为集电极余弦电流脉冲的二次谐波分量振幅以及各高次谐波分量振幅。

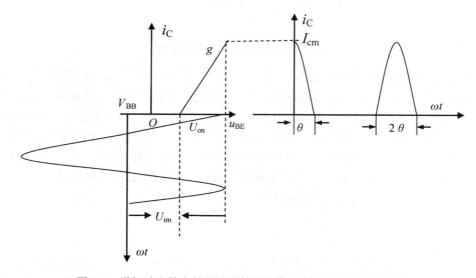

图 3.3　谐振功率放大器的转移特性与输入电压、输出电流波形

当集电极 LC 并联回路调谐在输入信号频率 ω 上时，集电极余弦电流脉冲 i_{C} 的基波分量

产生较大的压降；LC 回路的电感 L 对直流呈现很小的阻抗并且可以看作短路，各高次谐波对 LC 回路呈现的阻抗很小并且可以看作短路，因此直流分量、各高次谐波分量不会在 LC 回路两端产生压降。故包含有直流、基波以及各高次谐波的集电极余弦电流脉冲 i_C 通过 LC 谐振回路后，输出为与输入信号频率一样的、不失真的高频电压信号。由图 3.1 可得集电极回路电压为

$$u_{CE} = V_{CC} + u_c = V_{CC} - I_{c1m}R_\Sigma \cos\omega t = V_{CC} - U_{cm}\cos\omega t \tag{3.5}$$

式中，$U_{cm} = I_{c1m}R_\Sigma$ 是输出电压的振幅。

3.1.2　集电极余弦电流脉冲的分解

在晶体管导通时，将式(3.3)代入式(3.1)可得

$$i_C = g(V_{BB} + U_{im}\cos\omega t - U_{on}) \tag{3.6}$$

由图 3.3 可知，当 $\omega t = \theta$ 时，$i_C = 0$，由式(3.6)可得

$$\cos\theta = \frac{U_{on} - V_{BB}}{U_{im}} \tag{3.7}$$

当 $\omega t=0$ 时，$i_C = I_{cm}$，由式(3.6)和式(3.7)可得

$$I_{cm} = g(V_{BB} + U_{im} - U_{on}) = gU_{im}(1 - \cos\theta) \tag{3.8}$$

将式(3.7)代入式(3.6)，得

$$i_C = gU_{im}\left(\cos\omega t - \frac{V_{BB} - U_{on}}{U_{im}}\right) = gU_{im}(\cos\omega t - \cos\theta) \tag{3.9}$$

将式(3.8)代入式(3.9)，可得集电极余弦电流脉冲表示式为

$$i_C = I_{cm}\frac{\cos\omega t - \cos\theta}{1 - \cos\theta} \tag{3.10}$$

式(3.10)中的余弦电流脉冲，利用傅里叶级数可展开为

$$i_C = I_{c0} + \sum_{n=1}^{\infty} I_{cnm}\cos n\omega t \tag{3.11}$$

在式(3.11)中，利用傅里叶级数系数的计算公式，将 I_{c0}、I_{c1m}、I_{cnm} 分别表示为

$$\left.\begin{aligned}
I_{c0} &= \frac{1}{2\pi}\int_{-\pi}^{\pi} i_C \mathrm{d}(\omega t) = I_{cm}\frac{\sin\theta - \theta\cos\theta}{\pi(1-\cos\theta)} = I_{cm}\alpha_0(\theta) \\
I_{c1m} &= \frac{1}{2\pi}\int_{-\pi}^{\pi} i_C\cos\omega t\mathrm{d}(\omega t) = I_{cm}\frac{\theta - \sin\theta\cos\theta}{\pi(1-\cos\theta)} = I_{cm}\alpha_1(\theta) \\
&\vdots \\
I_{cnm} &= \frac{1}{2\pi}\int_{-\pi}^{\pi} i_C\cos n\omega t\mathrm{d}(\omega t) = I_{cm}\frac{2\sin n\theta\cos\theta - 2n\sin\theta\cos n\theta}{n\pi(n^2-1)(1-\cos\theta)} = I_{cm}\alpha_n(\theta)
\end{aligned}\right\} \tag{3.12}$$

式中，$\alpha_0(\theta)$、$\alpha_1(\theta)$、$\cdots$、$\alpha_n(\theta)$ 分别称为余弦电流脉冲的直流分解系数、一次谐波分解系数以及 n 次谐波分解系数，其大小是导通角 θ 的函数。

定义波形系数为

$$g_1(\theta) = \frac{\alpha_1(\theta)}{\alpha_0(\theta)} \tag{3.13}$$

波形系数是表征输出基波电流分量与直流电流的比值关系。图 3.4(a)、(b)分别作出了

直流、基波以及二次谐波、三次谐波电流分解系数 $\alpha_0(\theta)$、$\alpha_1(\theta)$、$\alpha_2(\theta)$、$\alpha_3(\theta)$ 以及波形系数 $g_0(\theta)$ 的曲线图，在已知导通角 θ 大小的情况下可以通过曲线查到所需谐波分解系数以及波形系数的大小。

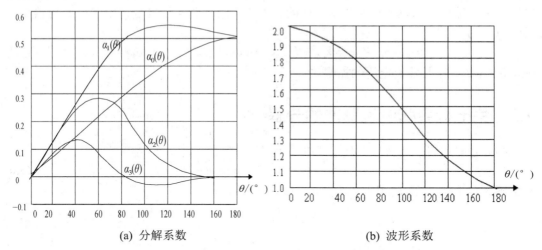

(a) 分解系数　　　　　　　　　　　(b) 波形系数

图 3.4　尖顶余弦脉冲的分解系数 $\alpha(\theta)$ 与波形系数 $g_1(\theta)$

3.1.3　输出功率与效率

由于输出回路调谐在集电极电流的基波频率上，而集电极电流中的高次谐波处于失谐状态，其阻抗很小，所产生的输出电压很小，因此这里只研究基波输出功率以及直流功率。

放大器的输出功率 P_o 等于集电极电流的基波分量在负载 P_Σ 上的平均功率，即

$$P_o = \frac{1}{2} U_{cm} I_{c1m} = \frac{1}{2} \frac{U_{cm}^2}{R_\Sigma} = \frac{1}{2} I_{c1m}^2 R_\Sigma = \frac{1}{2} I_{cm}^2 \alpha_1(\theta)^2 R_\Sigma \tag{3.14}$$

集电极电源提供的直流功率 P_D 为电源电压 V_{CC} 与集电极电流直流分量 I_{c0} 的乘积，即

$$P_D = V_{CC} I_{c0} \tag{3.15}$$

集电极耗散功率 P_C 等于直流电源提供的直流功率 P_D 与输出功率 P_o 之差，即

$$P_C = P_D - P_o \tag{3.16}$$

放大器的集电极效率 η_C 为输出功率 P_o 与直流电源提供的直流功率 P_D 之比，即

$$\eta_C = \frac{P_o}{P_D} = \frac{1}{2} \frac{I_{c1m} U_{cm}}{I_{c0} V_{CC}} \tag{3.17}$$

定义集电极利用系数，其为集电极输出电压振幅与电源电压之比

$$\xi = \frac{U_{cm}}{V_{CC}} \tag{3.18}$$

将式(3.13)、式(3.18)代入式(3.17)中，则集电极效率可以表示为

$$\eta_C = \frac{1}{2} g_1(\theta) \xi \tag{3.19}$$

由式(3.14)可知，为了提高输出功率，需增大基波电流分解系数 $\alpha_1(\theta)$ 的值，由图 3.4(a) 可知，当导通角 $\theta = 120°$ 时，$\alpha_1(\theta)$ 达到最大值，此时工作在甲乙类工作状态。因此在丙类工作状态时，放大器并不是输出功率最大。

由式(3.19)可知，增大波形系数 $g_1(\theta)$ 和集电极电压利用系数 ξ 是提高效率的两个措施。由式(3.18)与式(3.5)可知，增大等效负载可提高集电极电压利用系数。从导通角的角度看，导通角 θ 越小，波形系数 $g_1(\theta)$ 越大，则效率越高。结合图 3.4(a)、(b)可以发现，增大 $g_1(\theta)$ 与增大 $\alpha_1(\theta)$ 是矛盾的。为了兼顾输出功率与效率，需要选择合适的导通角。忽略集电极饱和压降，设集电极利用系数 ξ 为 1，当 $\theta = 70°$ 时，此时的集电极效率可达到 85.9%，而 $\theta = 120°$ 时的效率只能达到 64% 左右。一般将 $\theta = 70°$ 称为最佳导通角，可以同时兼顾输出功率与效率两个指标。

当集电极利用系数 ξ 为 1 时，由式(3.17)以及图 3.4(b)可以分别求得不同工作状态下的效率如下。

甲类工作状态：$\theta = 180°$，$g_1(\theta)=1$，$\eta_C = 50\%$。

乙类工作状态：$\theta = 90°$，$g_1(\theta)=1.57$，$\eta_C = 78.5\%$。

丙类(设 $\theta = 60°$)工作状态：$\theta = 60°$，$g_1(\theta)=1.8$，$\eta_C = 90\%$。

【例 3.1】 谐振功率放大器的晶体管转移特性斜率 $g = 1S$，开启电压 $U_{on} = 0.6V$，该放大器的 $V_{CC} = 18V$，$V_{BB} = 0.3V$，$U_{im} = 0.9V$，谐振回路的等效负载 $R_\Sigma = 60\Omega$。求：

(1) 导通角 θ、I_{cm}、I_{c1m}、I_{c0} 以及 U_{cm}。

(2) P_o、P_D 以及 η_C。

解： (1) 由 $\cos\theta = \dfrac{U_{on} - V_{BB}}{U_{im}} = \dfrac{0.6 - 0.3}{0.9} = 0.33$，得 $\theta = 70.7°$

而 $I_{cm} = gU_{im}(1 - \cos\theta) = 0.9 \times (1 - 0.33) = 0.6(A)$

由式(3.12)或图 3.4，得 $\alpha_0(70.7°) = 0.255$，$\alpha_1(70.7°) = 0.439$，则有

$I_{c0} = I_{cm}\alpha_0(70.7°) = 0.6 \times 0.255 = 0.153(A)$

$I_{c1m} = I_{cm}\alpha_1(70.7°) = 0.6 \times 0.439 = 0.263(A)$

$U_{cm} = I_{c1m}R_\Sigma = 60 \times 0.263 = 15.8(V)$

(2) $P_o = \dfrac{1}{2}U_{cm}I_{c1m} = \dfrac{1}{2} \times 15.8 \times 0.263 = 2.08(W)$

$P_D = V_{CC}I_{c0} = 18 \times 0.153 = 2.75(W)$

$\eta_C = \dfrac{P_o}{P_D} = \dfrac{2.08}{2.75} = 75.6\%$

3.1.4 丙(C)类倍频器

倍频电路是一种输出信号频率为输入信号频率整数倍的变化电路。晶体管倍频器的电路与图 3.1 所示的谐振功率放大器的电路基本相同，区别是倍频电路谐振回路的中心频率不是调谐在输入信号的频率 ω 上，而是调谐在输入信号的高次谐波频率 $n\omega$ 上。

根据 3.1.2 节对谐振功率放大器的分析，集电极电流中 n 次谐波分量 I_{cnm} 与尖顶余弦脉冲的分解系数 $\alpha_n(\theta)$ 成正比，即有

$$I_{cnm} = I_{cm}\alpha_n(\theta)$$

则输出 n 次谐波的功率表达式为

$$P_{no} = \frac{1}{2}U_{cnm}I_{cnm} = \frac{1}{2}U_{cnm}I_{cm}\alpha_n(\theta) \tag{3.20}$$

由式(3.20)可知,当 $\alpha_n(\theta)$ 为最大时输出功率最大。由图 3.4(a),当作为谐振功率放大器时,其导通角 $\theta = 120°$ 时输出功率最大;当作为二次倍频电路使用时,其导通角 $\theta = 60°$ 时输出功率最大;当作为三次倍频电路使用时,其导通角 $\theta = 40°$ 时输出功率最大。由式(3.12)分别计算出 $\alpha_n(\theta)$ 的值为

$$\alpha_1(120°) = 0.536,\quad \alpha_2(6°) = 0.276,\quad \alpha_3(40°) = 0.185$$

若保持集电极电流的最大值相同,则作为二倍频和三倍频使用时,其获得的最大电流振幅分别为基波电流振幅的 1/2 和 1/3。故在相同的情况下,倍频次数越高,获得的输出电流、输出电压以及输出功率越小。所以,丙类倍频器的倍频次数不能太大,一般为 2~3 次,如果需要更高次数多倍频,可采用多个倍频器级联的方式。

由于晶体管在丙类工作时,输出集电极电流中的基波分量振幅最大,谐波次数越高,对应的振幅越小。因此 n 倍频器要滤除小于 n 的各次谐波分量比较困难。可以选用选择性好的带通滤波器的方法,如多个 LC 串、并联谐振回路组成的 Π 形滤波网络。

倍频电路在通信系统以及其他电子系统中有广泛的应用,例如:

(1) 对振荡器进行倍频,可得到更高频率的输出频率。

为了得到高的频率稳定度,通常发射机的主振频率是由石英晶体振荡器构成的。在第 4 章会讨论,石英晶体受条件的限制不可能工作在太高的频率,通过倍频器满足了发射机工作频率的要求。

(2) 在调频发射系统中使用倍频电路和混频电路可以扩展调频信号的最大线性频偏,这一点会在第 6 章进行讨论。

3.2   谐振功率放大器的动态特性分析

谐振功率放大器的输出功率、效率以及集电极功耗都与集电极负载回路的等效阻抗、输入信号的幅度、基极偏置电压以及集电极电源电压的大小有关,下面就分别予以讨论。

3.2.1   谐振功率放大器的动态特性

动态特性是指加上激励信号以及接上负载时,晶体管的集电极电流 i_C 与集电极电压 u_{CE} 的关系曲线,其在 i_C - u_{CE} 坐标系中是一条曲线。小信号放大器是纯电阻负载,由于信号很小,晶体管可以近似为线性元件,故小信号放大器的动态特性曲线即为负载线,是一条直线。而谐振功率放大器工作在非线性状态,在对其折线化处理后,可用几条直线对其进行表示。

在图 3.5 中，若放大器工作在欠压状态，此时放大器工作在放大与截止两种工作状态，故此时的动态线即为放大区的 AB 直线与截止区的 BC 直线。对于动态线 AB 的作法可用以下步骤求得。

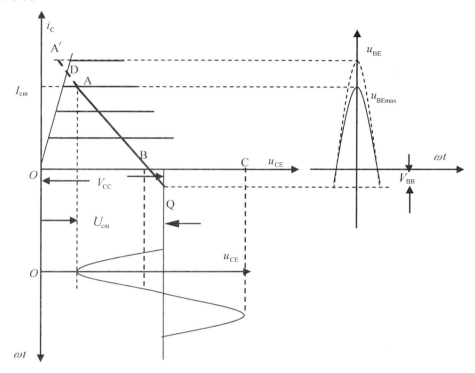

图 3.5　谐振功率放大器的动态特性曲线图

由 $\begin{cases} u_{BE} = V_{BB} + u_i = V_{BB} + U_{im}\cos\omega t \\ u_{CE} = V_{CC} - u_c = V_{CC} - U_{cm}\cos\omega t \end{cases}$

(1) 当 $\omega t = 0$ 时，$\begin{cases} u_{BE} = V_{BB} + U_{im} \\ u_{CE} = V_{CC} - U_{cm} \end{cases}$，得到 A 点；

(2) 当 $\omega t = \dfrac{\pi}{2}$ 时，$\begin{cases} u_{BE} = V_{BB} \\ u_{CE} = V_{CC} \end{cases}$，得到 Q 点；

(3) 当 $\omega t = \pi$ 时，$\begin{cases} u_{BE} = V_{BB} - U_{im} \\ u_{CE} = V_{CC} + U_{cm} \end{cases}$，得到 C 点。

连接 A、Q 点，其与横轴相交于 B 点，则 A、B、C 三点连线即为动态特性曲线。

如果 A 点进入饱和区，如图 3.5 虚线所示，与临界饱和线相交于 D 点，进入饱和区的线用临界饱和线代替，则动态特性曲线为 O、D、B、C 四点连线。

由图 3.5 可知，临界饱和线、截止区的动态线都是确定的，对于放大区内动态线 AB 的斜率可以表示为

$$g_d = \frac{I_{cm}}{U_{cm}(1-\cos\theta)} = \frac{1}{R_E\alpha_1(\theta)(1-\cos\theta)} \tag{3.21}$$

因此，在放大区内的动态特性曲线与等效负载 R_E 以及导通角 θ 有关。

在图 3.5 中，当放大器工作在临界状态时，其临界饱和线 OD 的斜率为

$$g_{cr} = \frac{I_{cm}}{V_{CC} - U_{cm}} \qquad (3.22)$$

3.2.2　谐振功率放大器的负载特性与三种工作状态

高频功率放大器只能在一定的条件下对其性能进行估算，要达到设计要求还需要对高频功率放大器进行调整来实现。为了准确地使用和调整，需要了解高频功率放大器随放大器的等效负载 R_E、集电极偏置电压 V_{CC}、基极偏置电压 V_{BB} 以及激励电压 u_i 对放大器性能的影响。下面首先对负载特性予以分析。

集电极偏置电压 V_{CC}、基极偏置电压 V_{BB} 以及激励电压 u_i 固定不变，放大器的集电极电流 I_{c0}、I_{c1m}、回路电压 U_{cm}、输出功率 P_o、效率 η_C 随负载电阻变化的特性称为放大器的负载特性，它是高频功率放大器的重要特性之一。

图 3.6 表示在三种不同负载电阻时，根据折线法作出三条在放大区的动态特性线 A_1B_1、A_2B_2、A_3B_3，以及相应的集电极电流脉冲波形、输出电压波形。

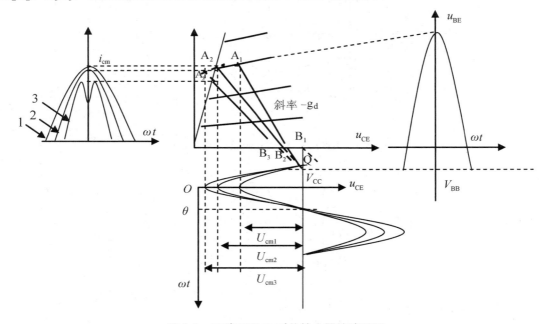

图 3.6　三种不同 R_Σ 时的放大器的波形图

动态特性线 A_1B_1 代表 R_Σ 较小则动态线斜率较大，因而 U_{cm} 也较小的情形，称为欠压工作状态。它与静态曲线交点 A_1 决定了集电极电流脉冲的高度，此时电流波形为尖顶余弦脉冲如图 3.6 集电极电流波形曲线 1 所示。在欠压区至临界线的范围内，当 R_Σ 逐渐增大时，集电极电流脉冲的振幅 I_{cm} 以及导通角的变化都不大。R_Σ 增加，仅仅使 I_{cm} 略有减少。因此，在欠压区内的 I_{c0} 与 I_{c1m} 几乎维持常数，紧随 R_Σ 的增加而略有下降，因而可以把欠压状态的放大器当作一个恒流源。

随着 R_Σ 的增加，动态特性线斜率逐渐减小，输出电压 U_{cm} 也逐渐增加。直到它与临界

线交于一点 A_2 时，放大器工作于临界状态，此时电流波形仍为尖顶余弦脉冲如图 3.6 集电极电流波形曲线 2 所示，在放大区的动态特性曲线为 A_2B_2。

负载电阻 R_Σ 继续增加，输出电压进一步增大，称为过压工作状态，在放大区的动态特性曲线为 A_3B_3。进入过压区后，集电极电流脉冲开始下凹如图 3.6 集电极电流波形曲线 3 所示，其凹陷程度随着 R_Σ 的增大而急剧加深，致使 I_{c0} 与 I_{c1m} 也急剧下降。再由 $U_{cm}=I_{c1m}R_\Sigma$ 的关系式得出，在欠压区由于 I_{c1m} 变化很小，因此 U_{cm} 随 R_Σ 的增加而线性上升。进入过压区后，由于 I_{c1m} 随 R_Σ 的增加而显著下降，因此 U_{cm} 随 R_Σ 的增加而很缓慢地上升，因此可以近似地把过压状态的放大器当作一个恒压源。I_{c0}、I_{c1m} 及 U_{cm} 随 R_Σ 的变化如图 3.7(a)所示。

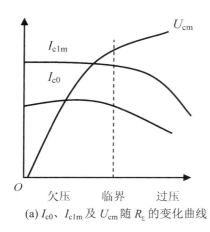 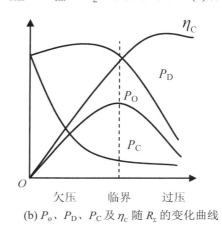

(a) I_{c0}、I_{c1m} 及 U_{cm} 随 R_Σ 的变化曲线　　　(b) P_o、P_D、P_C 及 η_C 随 R_Σ 的变化曲线

图 3.7　谐振功率放大器的负载特性曲线

下面讨论 P_o、P_D、P_C 及 η_C 随 R_Σ 的变化关系：

直流输入功率 $P_D=V_{CC}I_{c0}$。由于 V_{CC} 不变，因此与曲线 I_{c0} 形状相同；

交流输出功率 $P_o=1/2U_{cm}I_{c1m}$，因此曲线可以从 U_{cm} 与 I_{c1m} 两条曲线相乘求出。

P_o、P_D、P_C 及 η_C 随 R_Σ 的变化曲线如图 3.7(b)所示。

由图 3.7(b)可以看出，在临界状态，P_o 达到最大值。因此在设计高频功率放大器时，如果希望输出功率最大，就应使之工作在临界状态。

集电极功耗 $P_C=P_D-P_o$，在欠压区内，当 R_Σ 减小时，P_C 上升很快；当 $R_\Sigma=0$ 时，P_C 达到最大值，可能使晶体管烧坏，必须避免发生这种情况。

效率 $\eta_C=P_o/P_D$，在欠压时，P_D 变化很小，所以 η_C 随 P_o 的增加而增加；到达临界状态，开始时 P_o 的下降没有 P_D 下降快，因而 η_C 继续增加，但增加缓慢。随着 η_C 的继续增加，P_o 因 I_{c1m} 的急剧下降而下降，因而 η_C 略有减小。由此可知，在靠近临界的弱过压状态出现 η_C 的最大值。

利用负载特性所反映的电流、电压和功率的变化关系，可以帮助我们认识功率放大器的不同特点。并且根据不同工作状态的特点，使放大器得到合理的运用，并能更好地满足高频设备提出的要求。

现将三种工作状态的优缺点综合如下。

(1) 作为末级功率放大器，要求输出足够大的功率和具有较高的效率，采用临界工作状态是合理的。

(2) 过压状态具有较高的效率，并具有恒压性质，因此它较适合用于中间级。这时它能向后级提供比较稳定的激励电压。欠压状态的输出功率与效率都比较低，而且集电极耗散功率大，输出电压又不够稳定，一般不选择在此状态工作。但在某些场合，例如线性功率放大器等则必须工作在欠压状态才能得到非线性失真为最小的有用输出信号。

3.2.3　谐振功率放大器的调制特性

在高频功率放大器中，有时通过改变它的某一电极直流电压来改变高频信号的振幅，从而实现振幅调制的目的。高频功率放大器的调制特性分为集电极调制特性与基极调制特性。

1. 集电极调制特性

通常，V_{CC} 保持不变，但在集电极调幅电路中，则是依靠改变 V_{CC} 来实现调幅过程。在集电极调制特性讨论时，负载 R_Σ、基极偏置电压 V_{BB}、输入信号振幅 U_{im} 保持不变，即动态线斜率与 U_{im} 的值都不变。集电极调制特性的波形如图 3.8 所示。

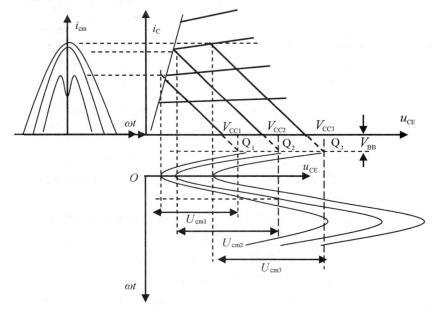

图 3.8　集电极电压变化的波形图

当 V_{CC} 较小即为图 3.8 的 V_{CC1} 时，放大器工作于过压工作状态。在过压区，集电极电流为有凹陷的尖顶余弦脉冲，随着 V_{CC} 增加时，Q 点向右移动，相当于动态线沿 V_{CC} 增加的方向平移，则过压程度降低，I_{c1m}、I_{c0} 增加，由于负载电阻 R_Σ 保持不变，此时 U_{cm} 与 I_{c1m}、I_{c0} 的变化规律一致。

增加 V_{CC} 直到 V_{CC2}，此时放大器工作在临界状态，集电极电流为尖顶余弦脉冲。

在临界状态，进一步增加 V_{CC}，此时放大器工作在欠压状态，集电极电流为尖顶余弦脉冲。在欠压状态，I_{c1m}、I_{c0} 几乎保持不变，U_{cm} 也保持不变。

根据上面的讨论，I_{c1m}、I_{c0} 与 U_{cm} 随 V_{CC} 的变化关系如图 3.9 所示。要实现振幅调制，就必须选择输出高频信号的振幅与集电极电压 V_{CC} 呈现线性关系。在图 3.9 中，要实现集电极调制，则必须工作在过压工作状态。

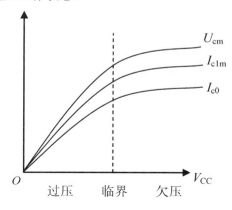

图 3.9　集电极调制特性

2. 基极调制特性

基极调制特性是指仅改变基极偏置电压 V_{BB} 时，放大器的电流、电压等的变化特性，其波形如图 3.10 所示。

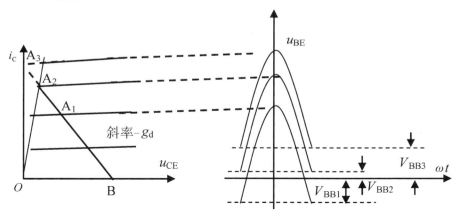

图 3.10　基极电压变化的波形图

当基极偏置电压较小时，此时工作在欠压状态，集电极电流为尖顶余弦脉冲，电流 I_{c1m}、I_{c0} 随着 V_{BB} 的增加而增加；当基极偏置电压增加时到 V_{BB2} 时，放大器工作在临界状态，此时集电极电流为尖顶余弦脉冲；在临界状态进一步增大 V_{BB}，则放大器工作在过压状态，集电极电流出现了凹陷，随着 V_{BB} 的增加，电流 I_{c1m}、I_{c0} 基本保持不变。I_{c1m}、I_{c0} 与 U_{cm} 随 V_{BB} 的变化关系如图 3.11 所示。要实现振幅调制，就必须选择输出高频信号的振幅与基极电压 V_{BB} 呈线性关系。在图 3.11 中，要实现基极调制，则必须工作在欠压工作状态。

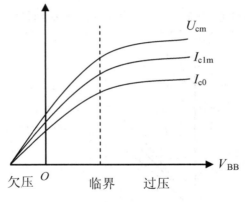

图 3.11　基极调制特性

3.2.4　谐振功率放大器的放大特性

谐振功率放大器的放大特性是指仅改变输入信号振幅时，放大器的电流、电压等的变化特性，其分析过程与基极偏置电压 V_{BB} 类似。当 U_{im} 较小时，此时放大器工作在欠压工作状态，集电极电流为尖顶余弦脉冲，I_{c1m}、I_{c0} 随 U_{im} 的增加而增加；当 U_{im} 增大到过压区时，集电极电流出现了凹陷，I_{c1m}、I_{c0} 基本保持不变。I_{c1m}、I_{c0} 与 U_{cm} 随 U_{im} 的变化关系如图 3.12 所示。

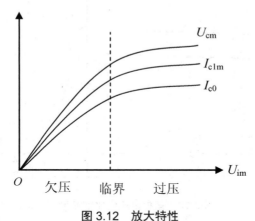

图 3.12　放大特性

3.2.5　谐振功率放大器的调谐特性

在前面分析谐振功率放大器的各种特性时，都是假定负载回路调谐于输入信号频率，因而呈现一纯电阻，且阻值最大。在实际的谐振功率放大器使用过程中，需要通过回路电容 C 对其进行调谐。谐振功率放大器的电流 I_{c1m}、I_{c0} 与 U_{cm} 随回路电容 C 的变化特性称为调谐特性，利用调谐特性指示放大器是否工作于谐振状态。

当回路失谐时，回路呈现感性或者容性，称为感性失谐或者容性失谐。在失谐时，回路等效阻抗的模值减小，工作状态会相应的发生变化。现假设谐振功率放大器原先工作在临界状态，当回路失谐时，根据谐振功率放大器的负载特性，此时工作在欠压状态，则电流 I_{c1m}、I_{c0} 基本不变，而输出电压 U_{cm} 随等效阻抗的模值减小而减小，如图 3.13 所示。因此可以利用输出电压 U_{cm} 来指示放大器的调谐。由于放大器在失谐时，输出电压下降，而电流 I_{c1m}、I_{c0} 基本不变，就导致了直流功耗不变而输出功率降低，则集电极功耗将增加，因此高频功率放大器必须保持在谐振状态。在调谐的过程中，调谐时间要迅速，在实际中可通过降低集电极电压 V_{CC} 或者减小输入信号幅度等措施以避免损坏晶体管。

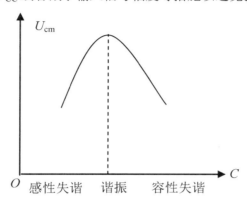

图 3.13　高频功率放大器的调谐特性

　　【例 3.2】一高频功率放大器工作在临界状态，其电源电压 $V_{CC}=18V$，临界饱和线斜率为 $g_{cr}=0.6\text{A}/\text{V}$，导通角 $\theta=60^\circ$，集电极电流 $I_{cm}=0.45A$，求等效负载 R_Σ、输出功率 P_o、直流功率 P_D 以及集电极效率 η_C。

　　解：由，$g_{cr}=\dfrac{I_{cm}}{V_{CC}-U_{cm}}=0.6\text{(A/V)}$

得 $U_{cm}=V_{CC}-\dfrac{I_{cm}}{g_{cr}}=18-\dfrac{0.45}{0.6}=17.25\text{(V)}$

　　而 $\alpha_0(60^\circ)=0.22$，$\alpha_1(60^\circ)=0.38$

则 $R_\Sigma=\dfrac{U_{cm}}{I_{c1m}}=\dfrac{U_{cm}}{I_{cm}\alpha_1(60^\circ)}=\dfrac{17.25}{0.45\times0.38}=100(\Omega)$

$P_o=\dfrac{1}{2}U_{cm}I_{c1m}=\dfrac{1}{2}U_{cm}I_{cm}\alpha_1(60^\circ)=\dfrac{1}{2}\times17.25\times0.45\times0.38=1.47\text{(W)}$

$P_D=U_V I_{c0}=U_V I_{cm}\alpha_0(60^\circ)=18\times0.45\times0.22=1.78\text{(W)}$

$\eta_C=\dfrac{P_o}{P_D}=\dfrac{1.47}{1.78}=82\%$

3.3　谐振功率放大器电路

　　高频功率放大器与其他放大器一样，其输入端和输出端的外电路由直流馈电电路和匹配网络所组成。由于工作场合以及工作频率的不同，电路组成形式也不相同，下面对常用的电路形式予以讨论。

3.3.1　直流馈电电路

直流馈电电路包括集电极和基极馈电电路。直流馈电电路的作用是：一方面需在高频谐振功率放大器的输入回路与输出回路加上合适的直流偏压，以使放大器正常的工作；另一方面由于电源是作为一个系统的公共部分，要求高频信号不能通过直流电源以免对其他的单元电路产生干扰。

1. 集电极直流馈电电路

对于集电极电路，由于其电流是脉冲形状，包含各种频率成分，电路的组成原则如下。

(1) 由于直流 I_{c0} 是产生直流功率的，I_{c0} 由 V_{CC} 经过外电路提供给集电极，应该是除了晶体管的内阻外，没有其他电阻消耗能量。因此，要求外电路对直流 I_{c0} 的等效电路如图 3.14(a)所示。

(2) 基波分量 I_{c1m} 应通过负载电路，以产生所需要的高频输出功率。因此，I_{c1m} 只应在负载回路产生电压降，其余部分对于 I_{c1m} 来说，都应该是短路的。所以对于 I_{c1m} 的等效电路如图 3.14(b)所示。

(3) 外电路对高次谐波 I_{cnm} 为短路到地，如图 3.14(c)所示。

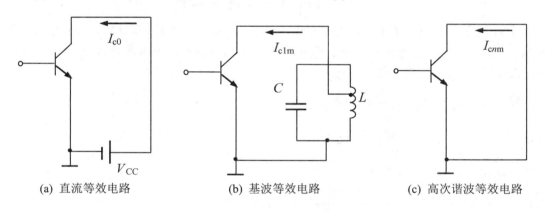

(a) 直流等效电路　　　　　　　(b) 基波等效电路　　　　　　　(c) 高次谐波等效电路

图 3.14　集电极电路对不同频率电流的等效电路

要满足以上几条原则，可以采用串联馈电电路与并联馈电电路两种电路，简称串馈与并馈。串馈是指直流电源、晶体管以及谐振负载回路三者之间是串联连接的，如图 3.15(a)所示。并馈是将上述三部分并联连接，如图 3.15(b)所示。

在图 3.15 中，L_c 是大电感，称为高频扼流圈，其对高频电流呈现很大的阻抗，阻止高频电流通过，近似为断路；C_{c1}、C_{c2} 是大电容，分别称为高频旁路电容和耦合电容，其对高频电流呈现很小的阻抗，近似为短路。L_c 与 C_{c1} 构成电源滤波电路，用以避免高频信号通过直流电源而产生寄生干扰影响其他电路的正常工作。不管是并馈还是串馈，交流电压与直流电压都是串联叠加在一起的，满足 $u_{CE} = V_{CC} - U_{cm}\cos\omega t$。

在串馈电路中，电源、L_c 和 C_{c1} 处于高频地电位，分布电容不容易影响回路，其缺点是谐振回路处于直流高电位上，谐振回路元件不能直接接地；在并馈电路中，耦合电容 C_{c2} 隔断直流，谐振回路处于直流低电位上，谐振回路元件可以直接接地，因而电路的安装比串馈方便。但 L_c 和 C_{c2} 并联在谐振回路上，其参数会影响谐振回路的调谐。

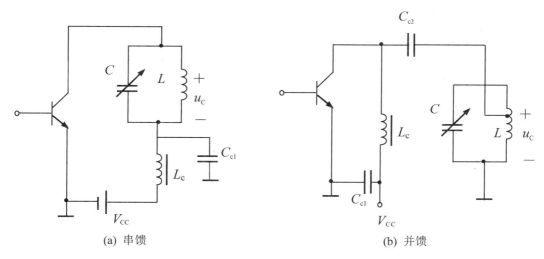

(a) 串馈 (b) 并馈

图 3.15　集电极馈电电路

2. 基极直流馈电电路

要使放大器工作在丙类，功率管基极应加反向偏置电压或小于导通开启电压 U_{on} 的正向偏置电压。当基极的偏置电压通过外加电压方式实现的，称为固定偏压方式；由基极直流电流或发射极电流流过电阻而产生的偏压，称为自给偏压方式。常见的自给偏压方式如图 3.16 所示。

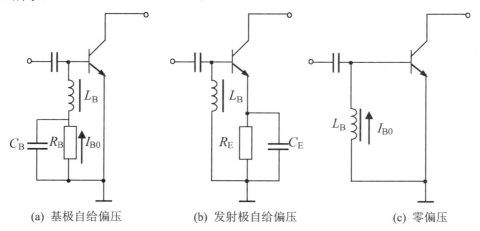

(a) 基极自给偏压 (b) 发射极自给偏压 (c) 零偏压

图 3.16　自给偏压电路

图 3.16(a)是利用基极电流脉冲 i_B 中直流分量 I_{B0} 经 R_B 产生偏置电压，根据 I_{B0} 的流向，则该偏置电压给基极加了一个反向偏置电压。高频旁路电容 C_B 使 i_B 的基波以及各次谐波电流到地而不经过 R_B，从而使 R_B 上产生稳定的直流压降。通过改变 R_B 的大小可以调节反向偏置电压的大小。

图 3.16(b)利用发射极电流的直流分量 I_{E0} 在发射极偏置电阻 R_E 上产生所需要的 V_{BB}。

其分析方法与图 3.16(a)的分析类似，都是直流负反馈电路，R_B、R_E 都是负反馈电阻，可以稳定输出电压振幅。当输入信号振幅增大时，集电极电流增大，集电极电流中包含的直流分量也增大，使 be 结偏压向负值方向增大，则使集电极电流减小。反之依然，因此图 3.16(a)、(b)的优点是可以自动维持放大器的工作稳定。

图 3.16(c)是利用高频扼流圈 L_B 中固有的直流电阻以及晶体管基区体电阻 $R_{bb'}$ 对基极实现一个较小的反向偏置，其优点是简单、元件用得少；缺点是数值较小且不够稳定，因而一般只在需要小的 V_{BB} 时才采用这种电路。

3.3.2　滤波匹配网络

高频功率放大器中都采用一定形式的回路，以使它的输出功率能有效地传输到负载。一般来说，放大器与负载之间所用的回路可以用图 3.17 所示的四端网络来表示。

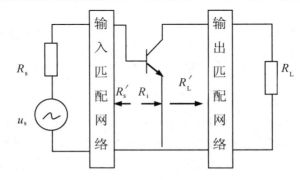

图 3.17　放大器的匹配网络

这里需要说明的是：由于高频功率放大器工作于非线性状态，因此线性电路的阻抗匹配(负载阻抗与电源内阻相等)概念已不适用。因为在非线性工作时，电子器件的内阻变动剧烈：导通时，内阻很小；截止时，内阻近于无穷大。因此，输出电阻不是常数。所谓匹配时内阻等于外阻，也就失去了意义。因此高频功率放大器的阻抗匹配的概念是：在给定的电路条件下，改变负载回路的可调元件，使电子器件送出额定的输出功率 P_o 至负载。这就叫达到了匹配状态。

对于理想的阻抗变换，即在频率很窄的范围内实现阻抗变换，一般可采用 LC 选频匹配网络。LC 选频匹配网络有倒 L 形、T 形以及 Π 形等形式，下面对其阻抗变换特性予以讨论。

1. 倒 L 形选频匹配网络

倒 L 形选频匹配网络是由两个异性电抗元件接成倒 L 形结构的阻抗变换网络，是最简单的阻抗变换电路，有两种连接方式，可分别将低阻抗变为高阻抗以及高阻抗变为低阻抗。

图 3.18(a)所示电路为低阻抗变为高阻抗的选频匹配网络。其中 X_1、X_2 为两个异性质的电抗元件，R_L 是负载电阻，R_E 是二端网络在工作频率处的等效输入电阻。

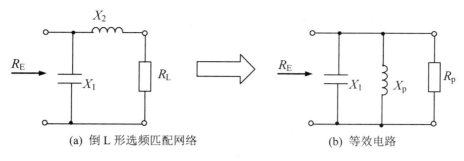

(a) 倒 L 形选频匹配网络　　　　　　(b) 等效电路

图 3.18　低阻抗变高阻抗倒 L 形阻抗选频匹配网络

将图 3.18(a)中的 X_2 和 R_L 的串联电路用并联电路来等效，得到图 3.18(b)所示电路。由串联-并联电路阻抗变换关系有

$$\left.\begin{array}{l} R_p = (1 + Q_e^{\,2})R_L \\[2mm] X_p = \left(\dfrac{1}{1 + Q_e^{\,2}}\right)X_2 \end{array}\right\} \tag{3.23}$$

在式(3.23)中，Q_e 是回路的品质因数。在工作频率上，图 3.18(b)所示电路发生并联谐振，有

$$\left.\begin{array}{l} X_1 = X_p \\[2mm] R_E = R_p \end{array}\right\} \tag{3.24}$$

由于 $Q_e > 1$，由式(3.23)可知，$R_E = R_p > R_L$，即图 3.18(a)所示的倒 L 形选频匹配网络能将低阻抗负载变换为高阻抗负载，其变换倍数取决于品质因数 Q_e 的大小。为了实现阻抗匹配，在已知负载 R_L 和等效负载 R_E 的情况下，品质因数 Q_e 可由式(3.23)得到，即

$$Q_e = \sqrt{\frac{R_E}{R_L} - 1} \tag{3.25}$$

根据品质因数的定义，并将式(3.25)代入，得到两个异性质电抗元件为

$$\left.\begin{array}{l} |X_2| = Q_e R_L = \sqrt{R_L(R_E - R_L)} \\[2mm] |X_1| = \dfrac{R_p}{Q_e} = \dfrac{R_E}{Q_e} = R_E\sqrt{\dfrac{R_L}{R_E - R_L}} \end{array}\right\} \tag{3.26}$$

如果外接负载 R_L 较大，而放大器所要求的负载电阻 R_E 较小，可采用图 3.19(a)所示电路。将 X_2 与 R_L 并联形式等效变换为 X_s 与 R_s 的串联形式，如图 3.19(b)所示。

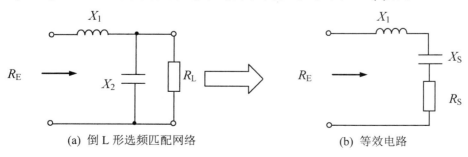

(a) 倒 L 形选频匹配网络　　　　　　(b) 等效电路

图 3.19　高阻抗变低阻抗倒 L 形阻抗选频匹配网络

由串联–并联电路阻抗变换关系有

$$\left.\begin{array}{l} R_s = \dfrac{R_L}{1+Q_e^2} \\[3mm] X_s = (1+\dfrac{1}{Q_e^2})X_2 \end{array}\right\} \qquad (3.27)$$

在工作频率上，图 3.19(b)所示电路发生串联谐振，有

$$\left.\begin{array}{l} X_1 = X_s \\ R_E = R_s \end{array}\right\} \qquad (3.28)$$

由式(3.27)可得品质因数为

$$Q_e = \sqrt{\dfrac{R_L}{R_E}-1} \qquad (3.29)$$

根据品质因数的定义并将式(3.29)代入，得到两个异性质电抗元件为

$$\left.\begin{array}{l} |X_2| = \dfrac{R_L}{Q_e} = R_L\sqrt{\dfrac{R_E}{(R_L-R_E)}} \\[4mm] |X_1| = |X_s| = Q_e R_E = \sqrt{R_E(R_L-R_E)} \end{array}\right\} \qquad (3.30)$$

【例 3.3】 已知一谐振功率放大器，其工作频率 $f=20\text{MHz}$，该放大器工作在临界状态所需要的等效阻抗为 $R_E=50\Omega$，试求：

(1) 当负载电阻 $R_L=10\Omega$，设计该选频匹配网络；

(2) 若该负载为感性负载，由 10Ω 电阻和 $0.2\mu\text{H}$ 电感串联组成，此选频匹配网络该如何设计？

解： (1) 由题意可知，匹配网络应该使负载值增大，故采用图 3.18(a)所示的倒 L 形网络。

$$\left\{\begin{array}{l} |X_2| = \sqrt{R_L(R_E-R_L)} = \sqrt{10(50-10)} = 20(\Omega) \\[3mm] |X_1| = R_E\sqrt{\dfrac{R_L}{R_E-R_L}} = 50\sqrt{\dfrac{10}{50-10}} = 25(\Omega) \end{array}\right.$$

因此有 $\left\{\begin{array}{l} L_2 = \dfrac{|X_2|}{\omega} = \dfrac{20}{2\pi\times 20\times 10^6} \approx 0.16\times 10^{-6}(\text{H}) \\[4mm] C_1 = \dfrac{1}{\omega|X_1|} = \dfrac{1}{2\pi\times 20\times 10^6\times 25} \approx 318\times 10^{-12}(\text{F}) \end{array}\right.$

由 $0.16\mu\text{H}$ 电感和 318pF 电容组成的倒 L 形匹配网络如图 3.20(a)所示。

(2) 当负载为 10Ω 电阻和 $0.2\mu\text{H}$ 电感串联组成时，则有

$0.2\mu\text{H}$ 电感在 20MHz 时的电抗值为

$$X_L = \omega L = 2\pi\times 20\times 10^6\times 0.2\times 10^{-6} = 25.1(\Omega)$$

$$X_2 - X_L = 20 - 25.1 = -5.1(\Omega)$$

因此有 $C_2 = \dfrac{1}{\omega|X_2-X_L|} = \dfrac{1}{2\pi\times 20\times 10^6\times 5.1} \approx 1560\times 10^{-12}(\text{F})$

由 1560pF 和 318pF 两个电容组成的倒 L 形匹配网络如图 3.20(b)所示。为设计所要求的匹配网络，即当负载为感性负载时，由电容 C_2 与负载电感 L 的串联部分的等效阻抗等效

为图 3.20(a)所示的 L_2 的电抗。

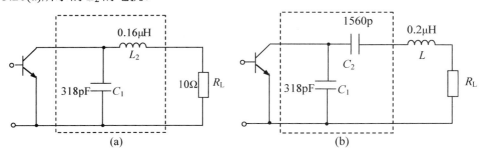

图 3.20   例 3.3 图

2．T 形、Ⅱ形选频匹配网络

倒 L 形网络电路简单，但由于只有两个元件可以选择，因此在满足阻抗匹配关系时，回路的 Q 值就确定了，其变换关系为 $1+Q_e^2$，当要求变换的倍数不高时，回路的 Q 值低，则滤波效果不好。为了克服这一矛盾，可采用 T 形或者Ⅱ形选频匹配网络，分别如图 3.21(a)、(b)所示。

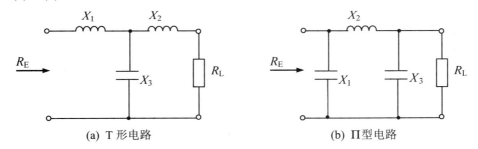

(a) T 形电路   (b) Ⅱ型电路

图 3.21   T 形和Ⅱ形选频匹配网络

下面就以 T 形选频匹配网络为例，说明 T 形和Ⅱ形选频匹配网络的工作原理以及相关参数的求取。

将图 3.21(a)所示的 T 形选频匹配网络分解为两个倒 L 形网络的组合，如图 3.22 虚线框所示，图中 $X_3 = X_{31} + X_{32}$。设 Q_{e1}、Q_{e2} 分别为右、左两个倒 L 形网络的品质因数，R_{E1} 为右边选频匹配网络的等效阻抗。由网络结构可知，在工作频率处，右网络可以增大负载阻抗的等效值，而左网络可以减小右网络等效阻抗的等效值。

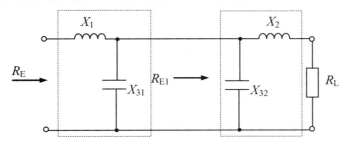

图 3.22   T 形拆成两个倒 L 形电路

分别由式(3.25)、(3.29)可得

$$Q_{e1} = \sqrt{\frac{R_{E1}}{R_L} - 1} \ , \quad Q_{e2} = \sqrt{\frac{R_{E1}}{R_E} - 1} \tag{3.31}$$

则有

$$R_{E1} = R_L(Q_{e1}{}^2 + 1) = R_E(Q_{e2}{}^2 + 1) \tag{3.32}$$

由式(3.26)可得

$$\left.\begin{array}{l} |X_2| = Q_{e1}R_L = \sqrt{R_L(R_{E1} - R_L)} \\ |X_{32}| = \dfrac{R_{E1}}{Q_{E1}} = R_{E1}\sqrt{\dfrac{R_L}{R_{E1} - R_L}} \end{array}\right\} \tag{3.33}$$

由式(3.30)可得

$$\left.\begin{array}{l} |X_{31}| = \dfrac{R_{E1}}{Q_{e2}} = R_{E1}\sqrt{\dfrac{R_E}{(R_{E1} - R_E)}} \\ |X_1| = Q_{e2}R_E = \sqrt{R_E(R_{E1} - R_E)} \end{array}\right\} \tag{3.34}$$

通过两个倒 L 形网络品质因数的恰当选择，就可以兼顾到滤波和阻抗匹配的要求。

3.3.3　谐振功率放大器电路举例

图 3.23 所示是频率为 160MHz 的谐振功率放大器电路，该电路通过高频扼流圈 L_b 给基极提供自给偏压电路，集电极馈电采用并馈方式，电源 V_{CC} 通过高频扼流圈 L_c 给集电极供电，电容 C_c 为高频旁路电容，滤除高次谐波以免其通过电源形成寄生干扰。

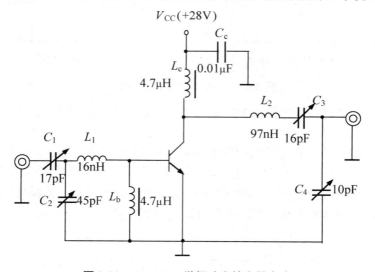

图 3.23　160 MHz 谐振功率放大器电路

在高频功率放大器的输入端采用由 C_1、C_2、L_1 组成的 T 形匹配网络，通过调谐使该网络的谐振频率为 160MHz，一方面起滤波的作用，滤除 160MHz 以外信号的进入；另一方面起阻抗变换的作用，即将放大器的输入阻抗变换为与前级阻抗相匹配。

高频功率放大器的输出端由 C_3、C_4、L_1 组成的倒 L 形匹配网络，通过调整 C_3、C_4 使该网络的谐振频率为 160MHz，一方面滤除放大器工作在非线性状态所产生的高次谐波；

另一方面进行阻抗变换，将负载变换为放大器所要求的最佳阻抗。

3.4　D、E 类功率放大器概念

高频功率放大器的主要指标是如何尽可能地提高其输出功率与效率。丙类放大器是采取减小电流导通角θ以减小集电极电流中的直流分量的方法来提高其效率。但是导通角θ的减小是有一定限制的，因为导通角θ减小，为了使输出功率符合要求，就必须增大输入信号的振幅，这样就给前级放大器增加了负担。

放大器集电极效率为

$$\eta_{C} = \frac{P_{o}}{P_{D}} = \frac{P_{o}}{P_{o} + P_{C}} \tag{3.35}$$

式(3.35)中，P_C 为晶体管集电极耗散功率，要提高放大器集电极效率，需要尽可能地减小集电极耗散功率 P_C，而

$$P_{C} = \frac{1}{2\pi} \int_{-\theta}^{\theta} i_{C} u_{CE} d(\omega t) \tag{3.36}$$

可见，要减小集电极耗散功率 P_C，一种方法是减小 P_C 的积分区间，即减小电流导通角θ，这就是丙类放大器所采用的方法；另一种方法就是减小 i_C 与 u_{CE} 的乘积，即电流导通角θ固定为 $90°$，放大器工作在开关状态：当 u_{CE} 处于高电压时，使流过的电流 i_C 很小；当通过器件的电流很大时，使器件两端电压很低。这样，在理想情况下，i_C 与 u_{CE} 的乘积接近于零，其效率接近 100%。

3.4.1　D 类功率放大器

D 类、E 类放大器有电压开关型和电流开关型两种电路，下面就以电压开关型电路为例，介绍 D 类谐振功率放大器的工作原理。

图 3.24(a)所示为电压开关型 D 类功率放大器原理图。图中输入信号电压 u_i 是角频率为 ω_i 的正弦信号，而且幅度足够大。该输入信号通过变压器 Tr 在次级产生两个极性相反的推动电压 u_{b1} 和 u_{b2}，分别加到两个相同型号的同类放大器 VT_1 和 VT_2 的输入端，使得当其中一管从导通到饱和状态时，另一管截止。负载电阻 R_L 和 L、C 构成串联谐振回路，调谐频率为输入信号的频率。忽略 VT_1 和 VT_2 的饱和压降 U_{UES}，当在输入信号的正半周时，VT_1 饱和，VT_2 截止，则 VT_2 的集电极对地电压 U_{CE2} 为电源电压 V_{CC}；当在输入信号的负半周时，VT_1 截止，VT_2 饱和，则 VT_1 的集电极对地电压 U_{CE1} 为电源电压 V_{CC}。因此，VT_2 输出端的电压在 $0 \sim V_{CC}$ 之间轮流变化。VT_1、VT_2 的集电极电流 i_{C1}、i_{C2} 为高频余弦脉冲。当串联谐振回路调谐在输入信号频率上，且回路等效品质因数 Q_e 足够高时，通过回路的是 U_{CE2} 方波电压的基波分量，这样在负载 R_L 上得到与输入信号频率相同的正弦信号。U_{CE2}、i_{C2}、i_{C2} 以及输出电压 u_o 如图 3.24(b)所示。

由图 3.24(b)可知，在理想情况下 $U_{CE2} i_{C2} = U_{CE1} i_{C1} = 0$，两管的集电极损耗都为 0，故理想的集电极效率可达 100%。

实际上，由于晶体管结电容的存在，在高频工作时，晶体管 VT_1、VT_2 的开关转换速

度不够高，电压 U_{CE2} 会有一定的上升沿和下降沿，如图 3.24(b)虚线所示，这样会导致两管在瞬间同时导通或断开，将使晶体管的耗散功率增大，放大器的实际效率降低，这种现象会随输入信号频率的增加而更严重。为了克服上述缺点，在 D 类放大器的基础上采用特殊输出回路，提出了 E 类功率放大器。

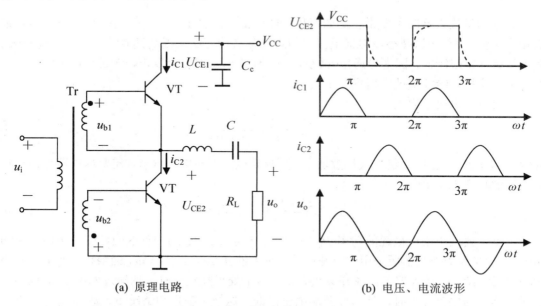

(a) 原理电路   (b) 电压、电流波形

图 3.24   D 类放大器原理图及电压、电流波形

3.4.2   E 类功率放大器

E 类高频功率放大器的电路原理图与等效电路图分别如图 3.25(a)、3.25(b)所示，其是单管工作在开关状态，电容 C_0 为晶体管的结电容和外加补充电容；L 与 C 为串联谐振回路，调谐于输入信号的频率上；L_1 是激励电感，jX 是补偿电抗，用以校正输出电压相位，以获得高的集电极效率。

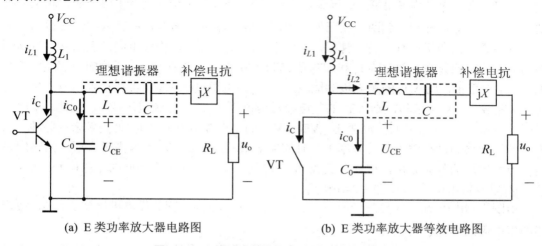

(a) E 类功率放大器电路图   (b) E 类功率放大器等效电路图

图 3.25   E 类功率放大器电路图及等效电路图

E 类功率放大器在信号一个周期的工作过程如下。

(1) 当在信号的正半周时，此时开关闭合，输出电压 $U_{CE} = 0$，电容 C_0 的电流 $i_{C0} = 0$，i_C 将随输入信号的变换规律而进行变换。

(2) 当在信号的负半周时，此时开关断开，则 i_C 突变为 0，i_{L1} 开始向电容 C_0 充电，充电不久后电容 C_0 又给负载放电，得到输出电压 U_{CE} 的波形，如图 3.26 所示。

由图 3.26 可知，在 E 类功率放大电路中，当 U_{CE}=0 时才有集电极电流，克服了 D 类在开关转换过程中的集电极功耗，故其效率很高。

电流 i_{L1} 通过由 LC 所组成的理想滤波器，在负载 R_L 上得到一个与输入信号频率一致的正弦信号，如图 3.26 所示。

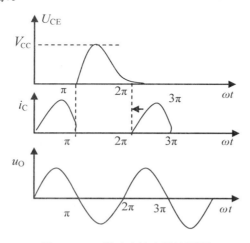

图 3.26　E 类功率放大器波形图

3.5　集成射频功率放大器及其应用简介

在射频和非线性状态下的射频功率放大器和各种功能部件的设计是很复杂的，通常需要通过大量的调整、测试工作，才能使它们的性能达到设计要求。目前，国内外的制造厂商制造了大量的射频模块放大器，这种射频模块放大器组件可完成振荡、混频、调制、功率合成与分配等各种功能。这些组件体积小，可靠性高，输出功率一般在几瓦至几十瓦之间。下面以日本三菱公司的 M57704 系列介绍其结构与工作原理。

三菱公司的 M57704 系列高频功率放大器是一种厚膜混合集成电路，包含有多个型号，频率范围为 335～512MHz，各种型号的工作频率如表 3.1 所示。

表 3.1　三菱公司 M57704 系列的工作频率

型　　号	工作频率/MHz	型　　号	工作频率/MHz
M57704EL	335～360	M57704M	430～450
M57704SL	360～380	M57704H	450～470
M57704UL	380～400	M57704UH	470～490
M57704L	400～420	M57704SH	490～512

图 3.27(a)是 M57704 系列的外形图，3.27(b)是其等效电路图，包括三级放大电路，匹配网络由微带线和 LC 元件混合组成。①脚为信号输入端，②、③、④脚分别为三级放大器的集电极电源输入端，⑤脚为信号输出端，⑥脚为接地端。

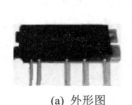

(a) 外形图　　　　　　　　　　　　　　　(b) 内部结构图

图 3.27　M57704 系列功率放大器外形和内部结构

图 3.28 是 TW-42 超短波电台中发信机高频功率放大器部分电路图，此电路采用的三菱公司的 M57704H 作为高频功率放大器，其工作频率为 457.7～458MHz，发射功率为 5W。调频信号通过 M57704H 的①脚输入，通过 M57704H 功率放大器输出，一路经微带线匹配滤波后，通过 V_{115} 送到多节Ⅱ形 LC 匹配网络，然后通过天线发射出去；另一路经过 V_{113}、V_{114} 检波，取出与 M57704H 输出平均功率大小成正比的低频电压分量，通过 V_{104}、V_{105} 直流放大后，送给 V_{103} 调整管，然后作为控制电压从 M57704H 的②脚输入，调节第一级功率放大器的集电极电源，以稳定这个集成功率放大器的输出功率。第二、第三级功率放大器的集电极电源是固定的 13.8V。

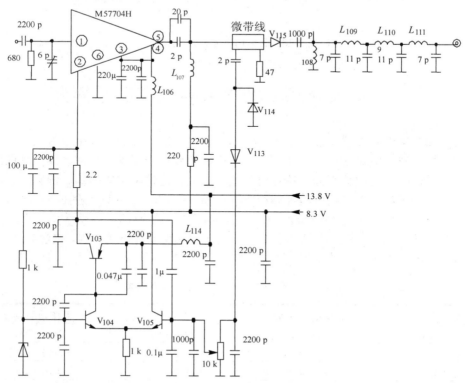

图 3.28　TW-42 超短波电台发射机高频功率放大器部分电路图

本 章 小 结

高频谐振功率放大器可以工作在甲类、乙类或丙类状态。相比之下，丙类谐振功率放大器的输出功率虽不及甲类和乙类大，但效率高，节约能源，所以是高频功率放大器中经常选用的一种电路形式。丙类谐振功率放大器效率高的原因在于导通角θ小，集电极功耗减小，但此时放大器的集电极电流波形失真。采用 LC 谐振网络作为放大器的负载，可克服工作在丙类时产生的失真。由于 LC 谐振网络的带宽较窄，因此丙类谐振功率放大器一般放大窄带高频信号。

在丙类谐振功率放大器中，为了提高谐振功率放大器的效率，采用减小导通角 θ 的方法，但导通角θ越小，将导致输出功率越小。所以选择合适的θ角，是丙类谐振功率放大器在兼顾效率和输出功率两个指标时的一个重要考虑。

由于高频功率放大器是工作在大信号的输入信号状态下，则在工程上常采用折线分析法对其进行分析。利用折线分析法可以对丙类谐振功率放大器进行性能分析，得出它的负载特性、放大特性和调制特性。若丙类谐振功率放大器用来放大等幅信号(如调频信号)时，应该工作在临界状态；若用来放大非等幅信号(如调幅信号)时，应该工作在欠压状态；若用来进行基极调幅，应该工作在欠压状态；若用来进行集电极调幅，应该工作在过压状态。折线化的动态线在性能分析中起了非常重要的作用。

丙类谐振功率放大器的基极回路常采用自给偏压方式，集电极有串馈和并馈两种直流馈电方式。丙类谐振功率放大器的滤波匹配网络有两方面的作用：其一是进行阻抗变换，即将实际负载变换为放大器所要求的最佳负载；其二是滤除晶体管工作在非线性状态下所产生的高次谐波分量。

D 类、E 类功率放大器，由于功率管工作在开关状态，故效率可达 90%以上。

集成射频功率放大器功率增益较大，使用方便，广泛应用于移动通信以及一些便携式仪器中。

思考与练习

1. 高频功率放大器的作用是什么？当高频功率放大器工作在丙类状态时，为什么采用谐振回路作为负载？

2. 说明谐振功率放大器与小信号谐振放大器有哪些区别。

3. 已知谐振功率放大器分别工作于甲类、乙类以及丙类(此时丙类的导通角 $\theta = 60°$)时，都工作在临界状态，且这三种情况下的 V_{CC}、I_{cm} 也相同。计算这三种情况下输出功率P_o的比值以及效率η_C的比值。(已知$\alpha_0(60°) = 0.22$，$\alpha_1(60°) = 0.38$)

4. 谐振功率放大器的晶体管折线化转移特性曲线如图 3.29 所示。已知：$V_{BB} = -0.2\text{V}$，$u_i = 1.2\cos(\omega t)\text{V}$，负载 LC 回路调谐在输入信号的频率上，试在转移特性曲线上画出输入电压和集电极电流波形，并求出电流导通角θ、I_{c1m}、I_{c0}的值。

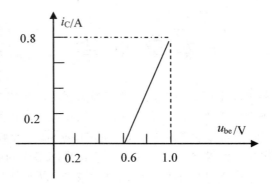

图 3.29　题 3.4 图

5. 已知谐振功率放大器的 $V_{CC}=24V$，$I_{c0}=250mA$，$P_o=5W$，$U_{cm}=21.6V$，求该放大器的 P_D、P_C、η_C 以及 I_{c1m} 以及导通角 θ。

6. 已知一谐振功率放大器的 $V_{CC}=12V$，$U_{on}=0.6V$，$V_{BB}=-0.3V$，放大器工作在临界状态，$U_{cm}=10.5V$，要求输出功率 $P_o=1W$，导通角 $\theta=60°$，求该放大器的等效负载 R_E、输入电压振幅 U_{im} 以及集电极效率 η_C。

7. 设某谐振功率放大器的动态特性如图 3.30 所示。已知 $V_{BB}=-0.5V$，$U_{on}=0.6V$，$U_{im}=2.5V$。试求：

(1) 此时功率放大器工作于何种状态？画出 i_C 的波形。

(2) P_D、P_o、η_C 以及 R_E 各是多少？

(3) 若要求功率放大器的效率最大，应如何调整？

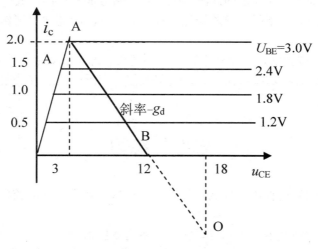

图 3.30　题 3.7 图

8. 某高频谐振功率放大器工作于临界状态，输出功率为 15W，且 $V_{CC}=24V$，导通角 $\theta=70°$，功率放大器管输出特性曲线的饱和临界线跨导为 $g_{cr}=1.5A/V$。试求：

(1) P_D、R_C、η_C 以及 R_E 各是多少？其中 $\alpha_0(70°)=0.253$，$\alpha_1(70°)=0.436$。

(2) 若输入信号振幅增加一倍，功率放大器的工作状态如何改变？此时的输出功率大约为多少？

(3) 若负载电阻增加一倍，功率放大器的工作状态如何改变？

(4) 若回路失谐，会有何危险？如何指示？

9. 若功率放大器管的工作频率提高，其他工作条件不变，功率放大器管的输出功率以及效率会发生何种变化？有何危险？

10.已知谐振功率放大器 $V_{CC}=24V$，$\theta=60°$，$U_{im}=1.6V$，$P_o=1W$，$R_E=50\Omega$，该功率大器管的临界饱和线跨导为 $g_{cr}=0.4A/V$。计算 I_{cm}、U_{cm} 和 η_C，并判断放大器的工作状态。

11. 某谐振功率放大器，其工作频率为 10MHz，其负载为 50Ω，要求放大器的最佳负载为 20Ω，用倒 L 形网络作为滤波匹配网络，设计该网络结构以及元件值。

12. 改正图 3.31 电路中馈电电路的错误，不得改变馈电形式，重新画出正确的线路。

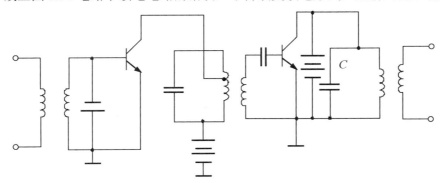

图 3.31　题 3.12 图

第 4 章　正弦波振荡电路

本章导读

- 高频正弦波振荡器在通信系统中起何作用？
- 反馈型正弦波振荡器如何构成？它的工作应满足什么条件？
- 如何识别常用正弦波振荡器类型并判断能否正常工作？
- 频率稳定度与哪些因素有关？如何提高频率稳定度？
- 为什么晶体振荡器的频率稳定度很高？它如何构成？

知识要点

- 反馈振荡器必须满足的起振、平衡和稳定三个条件。
- 三点式振荡器的组成原则。电容三点式改进型电路。
- 晶体振荡器的构成和特性。

从能量转换的角度讲，振荡器与放大器都是将直流能量转换为交流能量。但是与放大器不同的是，振荡器没有外加激励信号，而自动地将直流电源产生的能量转化为具有一定频率、一定幅度和一定波形的交流信号。振荡器一般由晶体管等有源器件和具有选频能力的无源网络所组成。

振荡器的种类很多，根据工作原理来分，可分为反馈式振荡器与负阻式振荡器两大类。根据所产生波形的不同，可分为正弦波振荡器与非正弦波振荡器。根据选频网络所采用的器件来分，可分为 LC 振荡器、晶体振荡器以及 RC 振荡器等等。

正弦波振荡器在无线电技术中应用非常广泛。在通信系统中，正弦波振荡器可用来产生发射机部分的载波信号和接收机中的本地振荡信号。在电子测量仪器中用来产生各种频段的正弦波信号。本章主要介绍基于反馈原理的输出波形为正弦波的振荡器，所使用的选频网络为 LC 网络或者晶体振荡器。

本章首先讨论反馈式振荡器的工作原理，然后对正弦波振荡电路进行分析，最后介绍晶体振荡器。

4.1　反馈振荡器的振荡条件分析

4.1.1　反馈振荡器振荡的基本原理

反馈振荡器的原理框图如图 4.1 所示。反馈振荡器是由放大器和反馈网络所组成的一个闭环环路，其中反馈网络由无源器件组成。

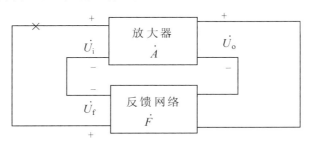

图 4.1　反馈振荡器的原理框图

与放大器不一样，反馈振荡器没有外加激励信号，其最初的激励是在接通电源时，电路中存在各种电扰动和热噪声等，这些小扰动的幅度很小，具有很宽的频谱。为了使放大器的输出为一个固定频率的正弦波，则闭环环路必须含有选频网络，通过选频网络从很宽的频谱资源中选出需要的工作频率，而将其余的频率分量抑制掉，因此反馈振荡器还必须有选频网络。一个反馈振荡器要正常的工作，必须满足三个条件：起振条件、平衡条件以及稳定条件。

4.1.2　振荡器的起振条件和平衡条件

在图 4.1 所示的电路中，在"×"处断开，定义环路的闭环增益 $\dot{T}$ 为

$$\dot{T} = \frac{\dot{U}_{\text{f}}}{\dot{U}_{\text{i}}} = \dot{A}\dot{F} \tag{4.1}$$

式中，$\dot{U}_{\text{f}}$、$\dot{U}_{\text{i}}$、$\dot{A}$、$\dot{F}$ 分别是反馈电压、输入电压、放大器的增益和反馈系数，均为复数。其中，环路闭环增益表征为 $\dot{T} = T\angle\varphi_{\text{T}}$。

1．起振条件

为了使振荡器的输出振荡电压在接通直流电源后由小增大，则要求反馈电压幅度必须大于输入信号幅度，反馈电压相位必须与放大器输入相位相同，也就是要求是正反馈，即

$$T > 1 \tag{4.2}$$

$$\varphi_{\text{T}} = 2n\pi \tag{4.3}$$

式(4.2)与式(4.3)分别是振荡器的振幅起振条件和振荡器的相位起振条件。在起振的开始阶段，振荡的幅度还很小，电路尚未进入非线性区，振荡器可以作为线性电路来处理，即可用小信号电路等效模型分析起振条件。

2．平衡条件

振荡幅度的增长过程不会一直无止境地进行下去，当反馈信号 $\dot{U}_{\text{f}}$ 正好等于输出电压所需的输入电压时，振荡幅度不再增大，电路进入平衡状态。则振荡的平衡条件为

$$T = 1 \tag{4.4}$$

$$\varphi_{\text{T}} = 2n\pi \tag{4.5}$$

式(4.4)与式(4.5)分别是振荡器的振幅平衡条件和振荡器的相位平衡条件。

综上所述，反馈振荡器既要满足起振条件，又要满足平衡条件，其中起振与平衡的相位条件都是满足正反馈的要求。而对于振幅起振与平衡条件，则要求振荡电路的环路增益具有随振荡器的输入电压的增加而下降的特性，如图4.2所示。

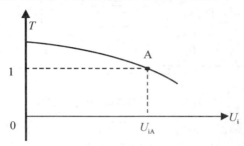

图4.2　满足起振与平衡条件的环路增益特性

起振时，$T>1$，U_i迅速增大，随着振荡幅度的增大，T下降，U_i的增长速度变缓，直到$T=1$，U_i停止增长，振荡进入平衡状态，在相应的平衡振幅U_{iA}上维持等幅振荡，因此将A点称为振幅平衡点。由于反馈网络为线性网络，反馈系数为常数，因此只要放大器的放大特性满足图4.2所示曲线关系就满足了起振与平衡条件了。由于放大器在小信号工作时是线性状态，增益大；而随着输入信号的增大，放大器工作在截止区与饱和区，进入非线性状态，此时的输出信号幅度增加有限，即增益将随输入信号的增加而下降。因此一般放大器的增益特性曲线均满足图4.2所示的形状。

4.1.3　振荡平衡的稳定条件

振荡器在工作时，不可避免地要受到各种外界因素变化的影响，如温度改变、电源电压波动等，这些变化将使放大器的放大倍数和反馈系数改变，破坏了原来的平衡条件，对振荡器的正常工作将产生影响。如果通过放大与反馈的不断循环，振荡器能够在原平衡点附近建立起新的平衡状态，则原平衡点是稳定的，否则原平衡点是不稳定的。下面分别对振幅稳定条件与相位稳定条件进行讨论。

1. 振幅稳定条件

振幅稳定条件是指振荡器的工作状态在外界各种干扰的作用下偏离平衡状态时，振荡器在平衡点必须具有阻止振幅变化的能力。具体地讲，在振幅平衡点上，当不稳定因素使振荡幅度增大时，环路增益的模值应减小，使反馈电压振幅U_f减小，从而阻止U_i增大；当不稳定因素使振荡幅度减小时，环路增益的模值应增大，使反馈电压振幅U_f增大，从而阻止U_i减小。因此要求在平衡点附近，环路增益的模值随U_i的变化率为负值，即振幅稳定条件为

$$\frac{\partial T}{\partial U_i}\bigg|_{U_i=U_{iA}} < 0 \tag{4.6}$$

式(4.6)即为振荡平衡的振幅稳定条件，这个条件与图4.2的环路增益特性的起振与平

衡条件是一致的。

2. 相位稳定条件

相位平衡的稳定条件是指相位平衡遭到破坏时，电路本身能够建立起相位平衡的条件。由于正弦信号的角频率ω与相位φ的关系为

$$\omega = \frac{\mathrm{d}\varphi}{\mathrm{d}t} \tag{4.7}$$

$$\varphi = \int \omega \mathrm{d}t \tag{4.8}$$

因此相位的变化会引起角频率的变化，角频率的变化也会引起相位的变化。图 4.3 所示是满足相位稳定条件的回路的相频特性。

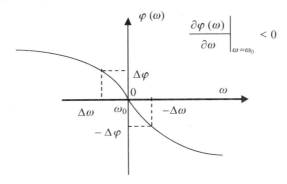

图 4.3　满足相位稳定条件的回路的相频特性

如果因某种外界原因使电路相位平衡条件遭到破坏，产生一个偏移量$\Delta\varphi$，由于瞬时角频率是瞬时相位的导数，所以瞬时角频率也将随着发生变化。为了保证相位稳定，要求振荡器的相频特性$\varphi(\omega)$在振荡频率点上应具有阻止相位变化的能力。具体地说，在平衡点$\omega = \omega_0$附近，当不稳定因素使瞬时角频率ω增大时，相频特性应产生一个$-\Delta\varphi$，从而产生$-\Delta\omega$，使瞬时角频率ω减小；当不稳定因素使ω减小时，相频特性$\varphi(\omega)$应产生一个$\Delta\varphi$，从而产生一个$\Delta\omega$，使ω增大。因此，要使相位平衡点稳定，必须要求在相位平衡点附近相位$\varphi(\omega)$随频率的变化率为负值，即相位稳定条件为

$$\left.\frac{\partial\varphi(\omega)}{\partial\omega}\right|_{\omega=\omega_0} < 0 \tag{4.9}$$

式(4.9)即为振荡平衡的相位稳定条件。

4.1.4　反馈振荡器的判断

反馈振荡器是由放大器与反馈网络所构成的闭环系统，其必须满足起振、平衡和稳定三个条件，判断一个电路能否正常工作，应分别从振幅与相位两个方面予以讨论。

1. 振幅条件

由于放大器件一般都是满足图 4.2 所示的振幅特性，故平衡与稳定的振幅条件都是满

足的, 仅需对起振的振幅条件进行讨论。

(1) 在起振时, 放大器应具有正确的直流偏置, 开始时应工作在甲类状态。

(2) 开始起振时, 环路增益 T 应大于 1; 由于反馈网络 F 是一个常数, 且小于 1, 因此要求放大器的增益 A 大于 1; 对于共射或者共基组态的放大器, 负载设计合理, 可以满足这一要求。

2. 相位条件

(1) 对于放大器的起振与平衡的相位条件, 都是要求环路是正反馈。

(2) 对于平衡的稳定条件, 要求环路应具有负斜率的相频特性曲线。由于工作频率范围仅在振荡频率点附近, 故可认为放大器本身的相频特性为常数, 且反馈网络一般由电感分压器、电容分压器组成, 其相频特性也可视为常数, 因此相位平衡的稳定状态负斜率的相频特性就由选频网络实现。由第 1 章的知识可知, 对于 LC 并联谐振网络的阻抗特性以及 LC 串联谐振回路的导纳特性都具有负斜率的相频特性, 而对于 LC 并联谐振网络的导纳特性以及 LC 串联谐振回路的阻抗特性都具有正斜率的相频特性。

【例 4.1】 图 4.4 所示为一 LC 振荡器的实际电路, 图中反馈网络是由电感 L 和 L_1 之间的互感 M 来实现, 称之为 LC 互感耦合振荡器, 其中电容 C_b 为耦合电容, 电容 C_e 为高频旁路电容, 都为大电容。画出交流等效电路, 分析该电路满足正反馈时其同名端的位置。

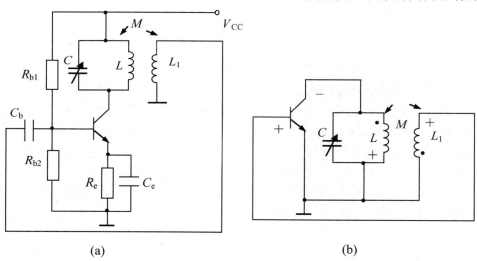

(a)   (b)

图 4.4 例 4.1 图

解: 耦合电容 C_b 和高频旁路电容 C_e 在高频时作为短路处理; LC 并联回路中接电源的一端作为接地处理; 基极偏置电阻交流等效为 $R_{b1}//R_{b2}$, 但该电阻与晶体管 be 结电阻相比很大, 此处作为断路处理。

该 LC 互感耦合振荡器的交流等效电路如图 4.4(b)所示, 根据瞬时极性法, 当电路满足正反馈时, 其同名端如图 4.4(b)所示。

4.1.5　频率稳定度

1. 频率稳定度的定义

尽管振荡器在满足平衡状态的稳定条件下，当受到外界不稳定因素的影响时能够自动回到平衡状态，但振荡频率在平衡点附近随机变化是不可避免的。频率稳定度就是衡量实际振荡频率 f 偏离于标称振荡频率 f_0 的一个程度，是振荡器的一个很重要的性能指标。

频率稳定度在数量上通常用频率偏差来表示。频率偏差是指振荡器的实际频率和标称频率之间的偏差，它可分为绝对偏差和相对偏差。设 f_0 是标称频率，f_1 是实际工作频率，则定义绝对频率偏差为

$$\Delta f = f_1 - f_0 \tag{4.10}$$

相对频率偏差为

$$\frac{\Delta f}{f_0} = \frac{f_1 - f_0}{f_0} \tag{4.11}$$

根据测试时间的长短，将频率稳定度分为长期频率稳定度、短期频率稳定度以及瞬时频率稳定度。

长期频率稳定度一般是指在一天以上至几个月的时间间隔内频率的相对变化，其主要取决于元器件的老化特性。

短期频率稳定度一般是指在一天以内，以小时、分钟或秒计的时间间隔内频率的相对变化，其主要取决于电源电压、环境温度的变化等。

瞬时频率稳定度一般是指在秒或毫秒时间间隔内的频率相对变化。这种频率变化一般都具有随机性质，其主要取决于元器件的内部噪声，衡量时常用统计规律表示。

一般所说的频率稳定度主要是指短期频率稳定度，而且由于引起频率不稳的因素很多，一般所指的频率稳定度的大小是指在各种外界条件下频率变化的最大值。在实际工作中，对于不同频段、不同用途的各种无线电设备，其频率稳定度的要求也不一样。一般来讲，对于短波、超短波发射机移动式电台，其频率稳定度的要求较低，为 $10^{-4} \sim 10^{-5}$ 数量级；对于大功率的固定设备，如广播电台的要求就较高，一般要求不低于 10^{-6} 数量级；而对于频率标准振荡器的要求很高，要求其不低于 10^{-7} 数量级。

2. 提高频率稳定度的措施

振荡器的频率稳定度是极其重要的技术指标。因为通信、电子测量仪器等的频率是否稳定，取决于这些设备中的振荡器的频率稳定度。比如通信系统的频率不稳，就可能使所接收的信号部分甚至完全收不到，另外还有可能干扰原来正常工作的邻近频道的信号。

由前述可知，引起频率不稳定的原因是外界各种环境因素如温度、湿度、大气压力等的变化引起回路元件、晶体管输入输出阻抗以及负载的变化，从而对谐振回路的参数以及品质因数 Q 值产生影响，因此欲提高振荡频率的稳定度，可以从两方面入手。

1) 减小外界因素变化的影响

采用高稳定度直流稳压电源以减少电源电压的变化；采用恒温或者温度补偿的方法以抵消温度的变化；采用金属罩屏蔽的方式减小外界电磁场的影响；采用密封、抽空等方式以削弱大气压力和湿度变化的影响等。

2) 提高回路的标准性

谐振回路在外界因素变化时保持其谐振频率不变的能力称为谐振回路的标准性，回路的标准性越高，频率稳定度越好。由于振荡器中谐振回路的总电感、总电容包括回路电感、回路电容、晶体管的输入输出电感、晶体管的输入输出电容以及负载电容等，因此，欲提高谐振回路的标准性可采取以下措施。

(1) 用温度系数小或者选用合适的具有不同温度系数的电感和电容。

(2) 注意选择回路与器件、负载的接入系数以削弱器件、负载不稳定因素对回路的影响。

(3) 实现元器件合理排列，改善安装工艺，缩短引线，加强引线机械强度；元器件与引线安装牢固，可减小分布电容和分布电感及其变化量。

(4) 回路的品质因数 Q 值越大，则回路的相频特性曲线在谐振点的变化率越大，其相位越稳定，从相位与频率的关系可得，此时的稳频效果越好，因此需选择高 Q 值的回路元件。

4.2　LC 三点式正弦波振荡器

以 LC 谐振回路为选频网络的反馈振荡器称为 LC 正弦波振荡器，常用的电路有互感耦合振荡器和三点式振荡器。互感耦合振荡器是以互感耦合方式实现正反馈，其振荡频率稳定度不高，且由于互感耦合元件分布电容的存在，限制了其振荡频率的提高，只适合于较低频段。三点式振荡器是指 LC 回路的三个电抗元件与晶体管的三个电极组成的一种振荡器，使谐振回路既是晶体管的集电极负载，又是正反馈选频网络，其工作频率可达到几百兆赫，在实际中得到了广泛的应用。

4.2.1　三点式振荡器的电路组成法则

三点式振荡器的基本结构如图 4.5 所示。如前所述，要产生振荡，电路应首先满足相位平衡条件，即电路构成正反馈，此时 LC 回路中三个电抗元件的性质应满足一定的条件。为了便于分析，这里略去晶体管的电抗效应。设 LC 回路由三个纯电抗元件构成，其电抗值分别为 X_{be}、X_{ce} 和 X_{bc}，当回路谐振时，回路等效阻抗为纯电阻，则

$$X_{be} + X_{ce} + X_{bc} = 0 \qquad (4.12)$$

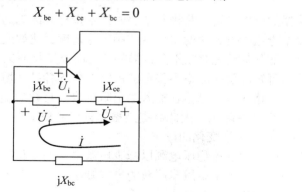

图 4.5　三点式振荡器的基本结构

要满足式(4.12)，则电路中三个电抗元件不能同时为感抗或容抗，必须由两种不同性质的电抗元件组成。

当回路谐振时，放大器的输出电压 $\dot{U}_c$ 与输入电压 $\dot{U}_i$ 反相，为了满足正反馈的条件，则反馈电压 $\dot{U}_f$ 需要与输出电压 $\dot{U}_c$ 反相，这样 $\dot{U}_i$ 与 $\dot{U}_f$ 的相位才能相同，使电路满足正反馈条件。一般情况下，回路的 Q 值很高，因此回路的谐振电流 $\dot{I}$ 远大于晶体管的基极、集电极、发射极电流，这里忽略晶体管基极、集电极与发射极电流，则由图 4.5 有

$$\dot{U}_i = \dot{U}_f = j\dot{I}X_{be}, \quad U_c = -j\dot{I}X_{ce} \tag{4.13}$$

要满足放大器的输出电压 $\dot{U}_c$ 与输入电压 $\dot{U}_i$ 反相，则由式(4.13)，要求 X_{be}、X_{ce} 为同性质电抗元件，即同为电感或同为电容，而由式(4.12)，则 X_{bc} 必须为异性质电抗元件。

综上所述，从相位平衡条件判断三点式振荡器能否振荡的原则是：与发射极相连的为同性质电抗元件，不与发射极相连的为异性质电抗元件。为了便于记忆，可将上述规则简单地记为"射同它异"。

三点式振荡器有两种基本的电路形式：与发射极相连同为电容的，称为电容三点式振荡器，也称考必兹(Colpitts)振荡器，如图 4.6(a)所示；与发射极相连同为电感的，称为电感三点式振荡器，也称哈特莱(Hartley)振荡器，如图 4.6(b)所示。

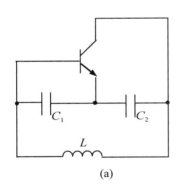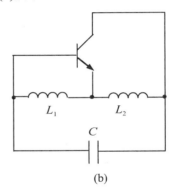

(a)　　　　　　　　　　　　　　　　(b)

图 4.6　三点式振荡器的两种基本形式

【例 4.2】　在图 4.7 所示电路中，两个 LC 并联回路的谐振频率分别是 $f_1 = 1/2\pi\sqrt{L_1 C_1}$ 和 $f_2 = 1/2\pi\sqrt{L_2 C_2}$，求振荡频率 f_0 与 f_1、f_2 的关系。

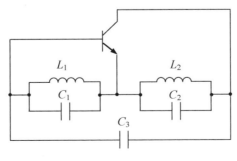

图 4.7　例 4.2 图

解：要使电路能够正常振荡，需满足三点式电路的组成原则。而根据图 4.7，由于连接

基极与集电极的为电容，故电路只能组成电感三点式振荡器，即 L_1C_1、L_2C_2 回路应呈感性。由于 LC 并联回路谐振频率大于工作频率时，回路呈感性，即应满足：$f_1 > f_0$，$f_2 > f_0$。

4.2.2　电容三点式振荡器

　　图 4.8(a)是电容三点式振荡器的实用电路，4.8(b)是其交流等效电路。在图 4.8(a)中，电阻 R_{b1}、R_{b2}、R_e 通过电源电压 V_{CC} 给晶体管提供直流偏置，C_e 是发射极旁路电容，C_b 是耦合电容。L_c 是高频扼流圈，其直流电阻很小，为集电极提供直流通路；其交流电阻很大，阻止高频信号通过。C_1、C_2 是回路电容，L 是回路电感。一般来讲，高频旁路电容与耦合电容都比回路电容大一个数量级以上，对于高频电路来讲，可视为短路；高频扼流圈 L_c 比回路电感大一个数量级以上，对于高频电路来讲，可视为断路。由于 $R_{b1}//R_{b2}$ 比晶体管的输入电阻大很多，这里作为断路处理。

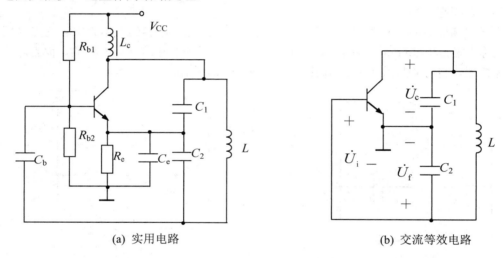

(a) 实用电路　　　　　　　　　(b) 交流等效电路

图 4.8　电容三点式振荡器

　　电容三点式振荡器满足振荡的相位条件，因为晶体管放大器的增益随输入信号振幅变化的特性与振荡的三个振幅条件一致，所以只要能起振，必定满足平衡和稳定条件。

　　下面分析该电路的起振条件。由于起振时晶体管工作在小信号线性放大区，因此可用 Y 参数等效电路，图 4.9 是晶体管的高频小信号等效电路。为了分析方便，这里做了如下假设。

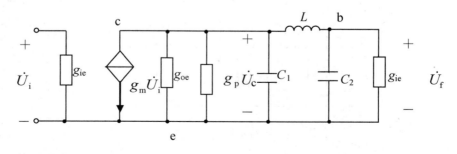

图 4.9　电容三点式振荡器的高频小信号等效电路

(1) 忽略反向传输导纳，$Y_{re} = 0$。

(2) 由于晶体管的输入、输出电容本身比 C_1、C_2 小很多，这里忽略晶体管的输入、输出电容。

(3) 忽略晶体管正向传输导纳的相移，用跨导 g_m 表示。在图 4.9 中，g_p 表示除晶体管外的电路中所有电导折算到 ce 两端的总电导。

定义反馈系数 F：

$$F = \frac{U_f}{U_c} = \frac{\dfrac{1}{\omega C_2}}{\dfrac{1}{\omega C_1}} = \frac{C_1}{C_2} \tag{4.14}$$

将 g_{ie} 折算到 ce 端，有

$$g_{ie}' = (\frac{U_f}{U_c})^2 g_{ie} = F^2 g_{ie} \tag{4.15}$$

因此放大器总的负载电导为

$$g_L = g_{oe} + g_{ie}' + g_p = g_{oe} + F^2 g_{ie} + g_p \tag{4.16}$$

环路谐振时的增益为

$$T = \frac{U_f}{U_i} = \frac{U_c F}{U_i} = \frac{g_m U_i F}{g_L U_i} = \frac{g_m F}{g_L} = \frac{g_m F}{g_{oe} + F^2 g_{ie} + g_p} \tag{4.17}$$

则得出振荡器的振幅起振条件为

$$g_m \geq \frac{1}{F}(g_{oe} + g_p) + F g_{ie} \tag{4.18}$$

由式(4.18)可知，为了使电容三点式振荡器易于起振，应选择跨导 g_m 大、输入输出电阻大的晶体管；反馈系数要合理选择，其一般选择为 0.1～0.5；实践表明，如果选用特征频率 f_T 大于振荡频率 5 倍以上的晶体管作为放大器，负载电阻不要太小，反馈系数选择合理，其一般都是满足起振条件的。但是若环路增益远大于 1 时，虽然起振容易，但是由于输出幅度比较大，容易使输出波形产生失真。为保证放大器有一定大小的幅度且波形失真小，起振时环路增益一般取 3～5 倍。

由图 4.9 可知，该振荡器的振荡频率为

$$f_0 = \frac{1}{2\pi\sqrt{LC}} = \frac{1}{2\pi\sqrt{L\dfrac{C_1 C_2}{C_1 + C_2}}} \tag{4.19}$$

4.2.3 电感三点式振荡器

图 4.10(a) 是电感三点式振荡器原理图，4.10(b)是其交流等效电路。通常电感绕在同一磁芯的骨架上，它们之间存在互感 M。

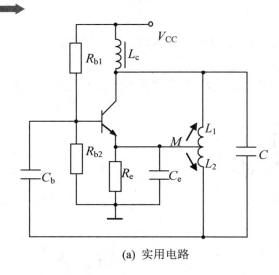

(a) 实用电路

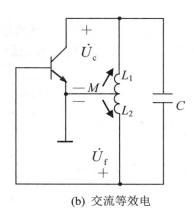

(b) 交流等效电

图 4.10　电感三点式振荡器

　　类似于电容三点式振荡器的分析方法，可求得电感三点式振荡器起振时的条件与式(4.18)一致，其反馈系数为

$$F = \frac{U_f}{U_c} = \frac{L_2 + M}{L_1 + M} \tag{4.20}$$

振荡频率为

$$f_0 = \frac{1}{2\pi\sqrt{LC}} = \frac{1}{2\pi\sqrt{(L_1 + L_2 + 2M)C}} \tag{4.21}$$

　　在讨论了电容三点式振荡器与电感三点式振荡器后，对它们的特点比较如下：

1．电容三点式振荡器

　　优点：其反馈电压取自反馈电容，而电容对高频电流呈现低阻抗，可以滤除反馈电压中由于晶体管的非线性所产生的高次谐波，输出波形好；晶体管的输入、输出电容同回路电容并联，不会改变回路的电抗性质，工作频率可以较高。

　　缺点：调整频率较困难，因为当改变回路电容时，势必改变反馈系数，影响起振和波形质量。

2．电感三点式振荡器

　　优点：L_1 和 L_2 间存在互感 M，比较容易起振，调节回路电容，可以方便地改变振荡频率。

　　缺点：反馈电压取自电感 L_2，而电感对高频电流呈高阻抗，不易滤去高次谐波，输出波形不够好；晶体管的输入、输出电容并联在 L_1 与 L_2 两端，在频率较高时其影响很大，可能使电抗性质发生变化而不满足三点式振荡器的相位条件，所以这种振荡器适用在工作频率不太高的场合，一般为数十兆赫。

4.2.4 改进型电容三点式振荡器

由于晶体管的输入、输出电容与电容三点式振荡器和电感三点式振荡器的回路并联，影响回路的等效电抗元件参数。而晶体管的输入、输出电容受环境温度、电源电压等因素的影响较大，所以上述两种振荡器的频率稳定度不高，一般在 10^{-3} 数量级。为了提高频率稳定度，需要对电路作改进以减少晶体管输入、输出电容对回路的影响，可以采用削弱晶体管与回路之间耦合的方法，在电容三点式振荡器的基础上，得到两种改进型电容反馈式振荡器——克拉泼(Clapp)振荡器和西勒(Siler)振荡器。

1. 克拉泼振荡器

图 4.11(a)是克拉泼振荡器的实用电路，4.11(b)是其交流等效电路。与电容三点式振荡器相比，克拉泼振荡器的特点是在回路中用电感 L 和可变电容 C_3 串联电路代替原电容反馈振荡器中的电感 L。各电容值取值规定如下：$C_3 \ll C_1$，$C_3 \ll C_2$，这样可使电路的振荡频率近似只与 C_3、L 有关。

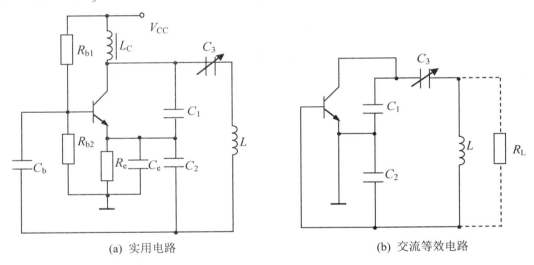

(a) 实用电路　　　　　　　　　　　　(b) 交流等效电路

图 4.11　克拉泼振荡器

由图 4.11(b)可得谐振回路的总电容为

$$C \approx \frac{1}{\dfrac{1}{C_1} + \dfrac{1}{C_2} + \dfrac{1}{C_3}} \approx C_3 \tag{4.22}$$

则振荡频率为

$$f_0 = \frac{1}{2\pi\sqrt{LC}} = \frac{1}{2\pi\sqrt{LC_3}} \tag{4.23}$$

由此可见，C_1、C_2 对振荡频率的影响显著减少，那么与 C_1、C_2 并联的晶体管的输入、输出电容的影响也就减小了。由于晶体管以部分接入的方式与回路连接，ce 端与回路的接入系数为

$$n_{ce} = \frac{(C_2 \text{串} C_3)}{C_1 + (C_2 \text{串} C_3)} = \frac{\dfrac{C_2 C_3}{C_2 + C_3}}{C_1 + \dfrac{C_2 C_3}{C_2 + C_3}} = \frac{C_2 C_3}{C_1 C_2 + C_1 C_3 + C_2 C_3} \approx \frac{C_3}{C_1} \tag{4.24}$$

同理，be 端与回路的接入系数为

$$n_{be} \approx \frac{C_3}{C_2} \tag{4.25}$$

由于 $C_3 << C_1$，$C_3 << C_2$，则接入系数 n_{ce}、n_{ce} 很小，故晶体管与回路的耦合很弱，因此晶体管的输入、输出电容对回路的影响减小，克拉泼振荡器的频率稳定度得到了提高。

谐振回路中接入 C_3 后，虽然振荡器频率稳定度得到了提高，调节 C_3 不会改变反馈系数，但是 C_1、C_2 不能太大，C_3 不能太小，否则将影响振荡器的起振。假设回路的总负载为 R_L(包括回路的谐振电阻、实际负载等效到回路等)，则其等效到晶体管 ce 端的负载电阻 R_L' 为

$$R_L' = n_{ce}^2 R_L \approx \left(\frac{C_3}{C_1}\right)^2 R_L \tag{4.26}$$

若 C_3 太小，C_1 太大，则等效负载很小，放大器增益就较低，环路增益也就较小，振荡器的输出幅度减小。若 C_3 过小，振荡器不满足振幅起振条件而使振荡器停振。所以，克拉泼振荡器是用牺牲环路增益来换取回路标准性的提高，从而提高频率稳定性。

克拉泼振荡器的缺陷是不适合作波段振荡器。波段振荡器要求在一段区间内振荡频率可变，且振幅幅值保持不变。这是因为克拉泼振荡器频率的改变是通过调整 C_3 来实现的，而由式(4.26)可知，C_3 的改变，回路总负载将随之改变，放大器的增益也将变化，调频率可使环路增益不足而停振；另外，由于负载电阻的变化，振荡器输出幅度也将变化，导致波段范围内输出振幅变化较大。而克拉泼振荡器主要用于固定频率或者波段较窄的场合，其波段覆盖系数(最高工作频率与最低工作频率之比)一般只有 1.2～1.3。

2. 西勒振荡器

针对克拉泼振荡器的缺陷，出现了另一种改进型电容三点式振荡器——西勒(Seiler)振荡器。图 4.12(a)是西勒振荡器的实用电路，4.12(b)是其交流等效电路。

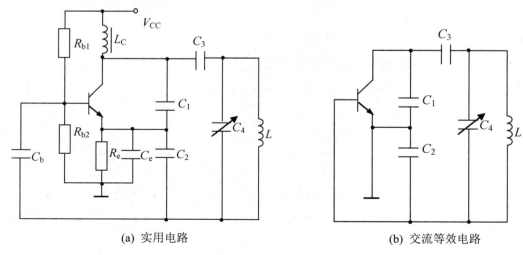

(a) 实用电路 (b) 交流等效电路

图 4.12 西勒振荡器

西勒振荡器是在克拉泼振荡器的基础上，在电感 L 两端并联了一个小电容 C_4，且满足 C_1、C_2 远大于 C_3，C_1、C_2 远大于 C_4。由图 4.12(b)可得谐振回路的总电容为

$$C \approx \frac{1}{\dfrac{1}{C_1}+\dfrac{1}{C_2}+\dfrac{1}{C_3}} + C_4 \approx C_3 + C_4 \tag{4.27}$$

振荡器的振荡频率为

$$f_0 = \frac{1}{2\pi\sqrt{LC}} \approx \frac{1}{2\pi\sqrt{L(C_3+C_4)}} \tag{4.28}$$

西勒振荡器与克拉泼振荡器一样，晶体管与回路的耦合较弱，频率稳定度高；由于 C_4 与电感 L 是并联的，通过调整 C_4 只改变频率不会改变晶体管与回路的接入系数，所以波段内输出幅度较平稳。因此，西勒振荡器可用作波段振荡器，其波段覆盖系数为 $1.6\sim1.8$。

【例 4.3】　如图 4.13 所示的电路，分析该电路的工作原理，画出交流等效电路，并求振荡频率。

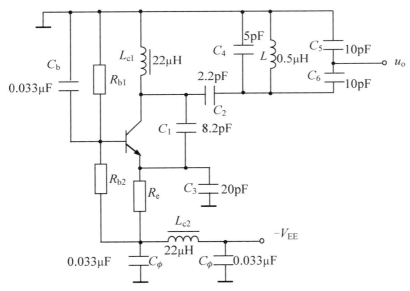

图 4.13　例 4.3 图

解： 该电路采用负电源供电，C_ϕ 以及 L_{c2} 构成直流电源滤波，R_{b1}、R_{b2}、R_e 为晶体管的直流偏置电路，L_{c1} 为高频扼流圈，其一方面阻止交流信号到地，另一方面给晶体管提供直流通路，C_b 为基极的高频旁路电容，使该晶体管的基极交流接地。

该电路的交流等效电路如图 4.14 所示，其构成了电容三点式振荡器。

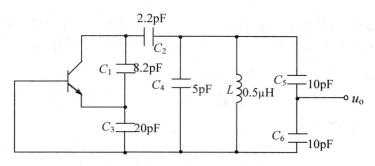

图 4.14　例 4.3 交流等效电路

该电路的回路总电容为

$$C_\Sigma = \cfrac{1}{\cfrac{1}{C_1}+\cfrac{1}{C_2}+\cfrac{1}{C_3}} + C_4 + \cfrac{1}{\cfrac{1}{C_5}+\cfrac{1}{C_6}} = \cfrac{1}{\cfrac{1}{8.2}+\cfrac{1}{2.2}+\cfrac{1}{20}} + 5 + \cfrac{1}{\cfrac{1}{10}+\cfrac{1}{10}} = 11.6(\text{pF})$$

该电路的振荡频率为

$$f_0 = \frac{1}{2\pi\sqrt{LC_\Sigma}} = \frac{1}{2\pi\sqrt{0.5\times10^{-6}\times11.6\times10^{-12}}} = 66\times10^6(\text{Hz})$$

4.2.5　集成 *LC* 正弦波振荡器

前文介绍的均为分立元件振荡器,利用集成电路通过外接 *LC* 元件也可以做成正弦波振荡器。

1. 单片集成振荡器电路 E1648

现以常用电路 E1648 为例介绍集成电路振荡器的组成。单片集成振荡器 E1648 是 ECL 中规模集成电路,其内部电路图如图 4.15 所示。

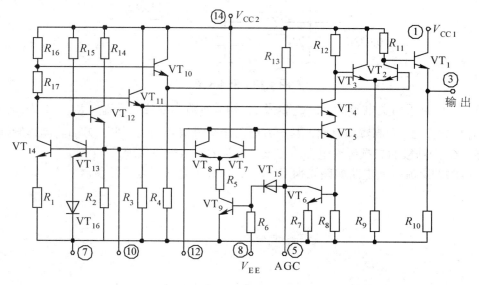

图 4.15　单片集成振荡器 E1648 内部电路图

E1648 采用典型的差分对管振荡电路。该电路由三部分组成：差分对管振荡电路、放大电路和偏置电路。VT_7、VT_8、VT_9 与⑩脚、⑫脚之间外接 LC 并联回路组成差分对管振荡电路，其中 VT_9 为可控恒流源。振荡信号由 VT_7 基极取出，经两级放大电路和一级射随器，从③脚输出。

第一级放大电路由 VT_5 和 VT_4 组成共射-共基级联放大器，第二级由 VT_3 和 VT_2 组成单端输入、单端输出的差分放大器，VT_1 作为射随器。偏置电路由 $VT_{10}\sim VT_{14}$ 组成，其中 VT_{11} 与 VT_{10} 分别为两级放大电路提供偏置电压，$VT_{12}\sim VT_{14}$ 为差分对管振荡电路提供偏置电压。VT_{12} 与 VT_{13} 组成互补稳定电路，稳定 VT_8 基极电位。若 VT_8 基极电位受到干扰而升高，则有 $u_{b8}(u_{b13})\uparrow \to u_{c13}(u_{b12})\downarrow \to u_{e12}(u_{b8})\downarrow$，这一负反馈作用使 VT_8 基极电位保持恒定。

图 4.16 是利用 E1648 组成的正弦波振荡器。E1648 单片集成振荡器的振荡频率是由⑩脚和⑫脚之间的外接振荡电路的 L_1、C_1 值决定，并与两脚之间的输入电容 C_i(产品手册给出 $C_i=6pF$)有关，其表达式为

$$f_0 = \frac{1}{2\pi\sqrt{L(C_1 + C_i)}} \tag{4.29}$$

L_1、C_2 回路应调谐在振荡频率 f_0 上。E1648 构成的振荡器，其最高工作频率可达 225MHz。在⑤脚外加一正电压，可以获得方波输出。

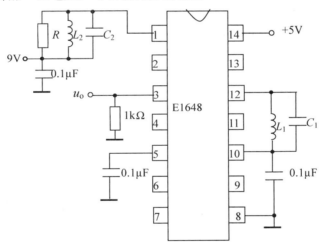

图 4.16　E1648 组成的正弦波振荡器

2．运放振荡器

由运算放大器代替晶体管可以组成运放振荡器，图 4.17 是电感三点式运放振荡器。其振荡频率为

$$f_0 = \frac{1}{2\pi\sqrt{(L_1 + L_2 + 2M)C}} \tag{4.30}$$

运放三点式电路的组成原则与晶体管三点式电路的组成原则相似，即同相输入端与反相输入端、同相输入端与输出端之间是同性质电抗元件，反相输入端与输出端之间是异性质电抗元件。运放振荡器电路简单，调整容易，但工作频率受运放上限截止频率的限制。

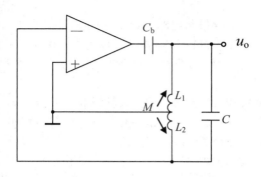

图 4.17　电感三点式运放振荡器

4.3　石英晶体振荡器

由于 LC 元件的标准性较差，谐振回路的 Q 值较低，所以 LC 振荡器的频率稳定度不高，一般为 10^{-3} 数量级，即使是克拉泼振荡器与西勒振荡器，其频率稳定度也只能达到 $10^{-4}\sim$ 10^{-5} 数量级。为了进一步提高振荡器的频率稳定度，可采用石英谐振器作为选频网络构成晶体振荡器，其频率稳定度一般可达 $10^{-8}\sim10^{-6}$ 数量级。

4.3.1　石英谐振器及其特性

石英谐振器的固有频率十分稳定，它的温度系数在 10^{-5} 以下。石英谐振器除了基频振动外，还有奇次谐波泛音振动。所谓泛音，是指石英晶片振动的机械谐波。由于晶体厚度与振动频率成反比，工作频率越高，则要求基片的厚度很薄。薄的基片加工困难，使用中也容易损坏，所以若需要的振荡频率高，可使用晶体的泛音频率，以使基片的厚度可以增加。利用基片振动的称为基频晶体，利用泛音振动的称为泛音晶体，泛音晶体广泛应用三次和五次的泛音振动。通常工作在 20MHz 以下时采用基频晶体，大于 20MHz 时采用泛音晶体。

图 4.18(a)、4.18(b)、4.18(c)分别是石英谐振器的图形符号、基频等效电路以及完整等效电路。其中：

C_0 表示晶片的静态电容，在几皮法到十几皮法之间；

L_q 表示晶片振动时的等效动态电感，为几十到几百毫亨；

C_q 表示晶片振动时的动态电容，为百分之几皮法；

r_q 表示晶片振动时的摩擦损耗，为几欧到几百欧；

石英谐振器的串联谐振频率为

$$f_q=\frac{1}{2\pi\sqrt{L_qC_q}} \tag{4.31}$$

并联谐振频率为

$$f_p=\frac{1}{2\pi\sqrt{L_q\dfrac{C_0C_q}{C_0+C_q}}}=\frac{1}{2\pi\sqrt{L_qC_q}}\sqrt{1+\frac{C_q}{C_0}}=f_q\sqrt{1+\frac{C_q}{C_0}} \tag{4.32}$$

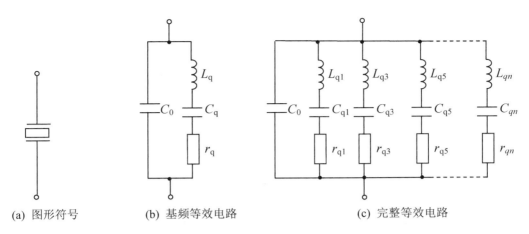

(a) 图形符号　　　　　　(b) 基频等效电路　　　　　　　(c) 完整等效电路

图 4.18　石英谐振器图形符号与等效电路

由于 $C_0 >> C_q$，故石英谐振器的串联谐振频率与并联谐振频率间隔很小。

在高 Q 值条件下忽略 r_q，定义石英谐振器的等效电抗为

$$X = \frac{1}{j\omega C_0} // (\frac{1}{j\omega C_q} + j\omega L_q) = \frac{\frac{1}{j\omega C_0} j(\omega L_q - \frac{1}{\omega C_q})}{\frac{1}{j\omega C_0} + j(\omega L_q - \frac{1}{\omega C_q})} = -j\frac{1}{\omega C_0}\frac{1-\omega_q^2/\omega^2}{1-\omega_p^2/\omega^2} \tag{4.33}$$

当 $\omega < \omega_q$ 或 $\omega > \omega_p$ 时，石英谐振器呈容性；当 $\omega_q < \omega < \omega_p$ 时，石英谐振器呈感性。石英谐振器的电抗特性曲线如图 4.19 所示。

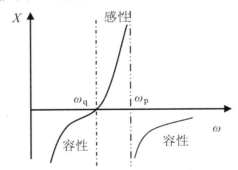

图 4.19　石英谐振器的电抗特性曲线

当石英谐振器呈感性时，由式(4.33)，其等效电感为

$$L = -\frac{1}{\omega^2 C_0}\frac{1-\omega_q^2/\omega^2}{1-\omega_p^2/\omega^2} \tag{4.34}$$

这里需要注意的是，石英谐振器的等效电感 L 与石英谐振器的动态电感 L_q 的概念完全不同，前者是频率的函数，后者是与工作频率无关。当 $\omega = \omega_q$ 时，$L=0$；当 $\omega = \omega_p$ 时，$L \to \infty$。由于 f_q 与 f_p 区间很窄，而谐振器的等效电感又从 0 变化到无穷大，说明在此区间内等效电感的电抗曲线非常陡峭，这对于稳频是非常有利的。若外部因素使谐振频率增大，则根据石英谐振器的电抗特性，必然会使等效电感 L 增大，但由于振荡频率与 L 的平方根成反比，因而又促使谐振频率下降，趋近于原来的频率。

石英谐振器比一般 LC 振荡器频率稳定度高，具体表现如下。

(1) 石英谐振器具有很高的标准性。石英谐振器的振荡频率主要是由石英谐振器的谐振频率决定。石英晶体的串联谐振频率 f_q 主要取决于晶片的尺寸，石英晶体的物理性能和化学性能都十分稳定，它的尺寸受外界条件如温度、湿度等影响非常小，因而其等效电路的 L_q、C_q 值非常稳定，使得 f_q 稳定。

(2) 外接元件对石英谐振器的接入系数为

$$n = \frac{C_q}{C_0 + C_q} \tag{4.35}$$

由于 C_q 很小，C_0 很大，故接入系数很小，一般为 $10^{-4} \sim 10^{-3}$，因此大大削弱了外电路不稳定因素对石英谐振器的影响。

(3) 石英谐振器的品质因数为

$$Q = \frac{1}{r_q} \sqrt{\frac{L_q}{C_q}} \tag{4.36}$$

由于 C_q 很小，L_q 很大，故品质因数 Q 很大，可达 $10^4 \sim 10^6$。而一般 LC 振荡器的品质因数只有几百，因此石英谐振器具有很强的稳频作用。

石英谐振器在使用时还有一个标称频率 f_N，其值位于串联谐振频率 f_q 与并联谐振频率 f_p 之间，是指晶体谐振器两端并接某一规定的负载电容 C_L 时石英谐振器的振荡频率。负载电容 C_L 值标于厂家的产品说明书，通常为 30pF 或标为 "∞" (指无须外接负载电容，常用于串联型晶体振荡器)。

4.3.2　串联型石英晶体振荡器

串联型晶体振荡器一般是将石英谐振器用于正反馈中，利用其串联谐振时等效为短路元件，电路反馈最强，满足振幅起振条件，使振荡器在石英谐振器串联谐振频率 f_q 上起振。

图 4.20(a)为串联型晶体振荡器的原理电路，图 4.20(b)为其交流等效电路。

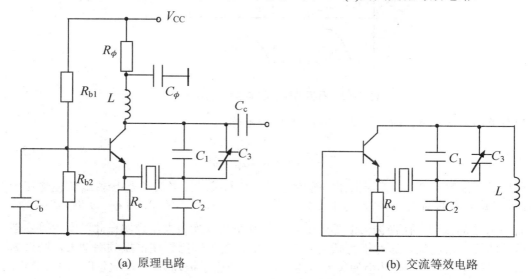

(a) 原理电路　　　　　　　　　　(b) 交流等效电路

图 4.20　串联型晶体振荡器

由图 4.20(b)可见，若将晶体短路，它就是一个普通的电容反馈振荡器，L、C_1、C_2、C_3 构成振荡回路。当反馈信号频率等于串联谐振频率 f_q 时，石英谐振器的阻抗最小，且为纯电阻，此时正反馈最强，电路满足振荡的相位和幅度条件而产生振荡；当偏离串联谐振频率时，石英谐振器的阻抗迅速增大并产生较大的相移，振荡条件不满足而不能产生振荡。由此可见，这种振荡器的振荡频率受石英晶体串联谐振频率 f_q 的控制，具有很高的频率稳定度。在串联型晶体振荡器中，LC 回路一定要调谐在石英谐振器的串联谐振频率上。

4.3.3　并联型石英晶体振荡器

并联型晶体振荡器的工作原理和三点式振荡器相同，只是将其中一个电感元件换成石英晶振。石英谐振器接在晶体管的 c、b 极之间，则称为皮尔斯振荡器；石英谐振器接在晶体管的 b、e 极之间，则称为密勒振荡器。目前应用得最广的是皮尔斯晶体振荡器。

图 4.21(a)是皮尔斯振荡器的原理图，图 4.21(b)为其交流等效电路，其中虚线框中为石英晶体振荡器的等效电路。

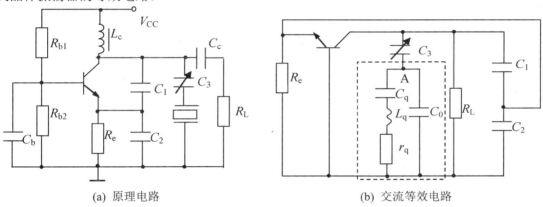

(a) 原理电路　　　　　　　　　　　　(b) 交流等效电路

图 4.21　皮尔斯振荡电路

石英谐振器与外部电容 C_1、C_2、C_3 构成并联谐振回路，它在回路中起电感的作用。回路中 C_3 用来微调电路的振荡频率，使其工作在石英谐振器的标称频率上，C_1、C_2、C_3 串联组成石英晶体谐振器的负载电容 C_L，其值为

$$C_L = \frac{C_1 C_2 C_3}{C_1 C_2 + C_2 C_3 + C_1 C_3} \tag{4.37}$$

由图 4.21(b)可知，该电路的谐振频率为

$$f_0 = \frac{1}{2\pi \sqrt{L_q \dfrac{C_q(C_0 + C_L)}{C_q + C_0 + C_L}}} = \frac{1}{2\pi \sqrt{L_q C_q}} \sqrt{\frac{C_q + C_0 + C_L}{C_0 + C_L}} = f_q \sqrt{1 + \frac{C_q}{C_0 + C_L}} \tag{4.38}$$

由于石英谐振器的标准性很高，故串联谐振频率非常稳定，且由于 $C_0 \gg C_q$，$C_L \gg C_q$，由式(4.38)得 $\dfrac{C_q}{C_0 + C_L} \ll 1$，故皮尔斯振荡器的振荡频率非常接近串联谐振频率。

在图 4.21(b)中，分析 A、B 端对晶体的接入系数，以说明外电路与晶体之间的耦合程

度。A、B 端的接入系数为

$$n_{AB} = \frac{C_q}{C_q + C_0 + C_L} \tag{4.39}$$

根据 C_0、C_L、C_q 三个电容的大小可知 n_{AB} 值非常小，一般均小于 $10^{-4} \sim 10^{-3}$，所以外电路对振荡回路的影响很小。

设晶体管的 bc、be、ce 端的接入系数分别为 n_{bc}、n_{be}、n_{ce}，有

$$n_{bc} = \frac{C_3}{C_3 + \dfrac{C_1 C_2}{C_1 + C_2}} n_{AB} \tag{4.40}$$

$$n_{be} = \frac{C_1}{C_1 + C_2} n_{bc} \tag{4.41}$$

$$n_{ce} = \frac{C_2}{C_1 + C_2} n_{cb} \tag{4.42}$$

由式(4.40)～式(4.42)可知，晶体管与石英谐振器的接入系数非常小，故晶体管的输入、输出电容等效到回路中的电容值大大减小，对振荡频率的影响也大大减小。

由于石英谐振器的 Q 值和特性阻抗 $\rho = \sqrt{\dfrac{L_q}{C_q}}$ 都很高，因此晶振的谐振电阻也很高，可达 $10^{10}\Omega$ 以上。这样即使外电路接入系数很小，此谐振电阻等效到晶体管输出端的阻抗仍然很大，使晶体管的电压增益一定能够满足振幅起振的条件。

4.3.4　泛音晶体振荡器

在工作频率较高的晶体振荡器中，多采用泛音晶体振荡器，其是利用石英谐振器的泛音振动特性对频率实现控制的振荡器。对于泛音晶体组成的振荡电路，其必须包含两个振荡回路，一个振荡回路需满足三点式振荡电路的组成规则；另一个振荡回路除需考虑抑止基波和低次泛音振荡的问题，而且必须正确地调节电路的环路增益，使其在泛音频率上略大于 1，满足起振条件，而在更高的泛音频率上都小于 1，不满足起振条件。在实际应用中，可在三点式振荡电路中用一选频回路来代替某一支路上的电抗元件，使这一支路在基频和低次泛音上呈现的电抗性质不满足三点式振荡器的组成法则，不能起振；而在所需的泛音频率上呈现的电抗性质恰好满足组成法则，达到起振。图 4.22 为一种并联型的泛音晶体振荡器的交流等效电路。

假设泛音晶体为五次泛音，标称频率为 5MHz，则为了抑制基波和三次泛音的寄生振荡，LC_1 回路就必须调谐在三次和五次泛音频率之间，例如 3.5MHz。这样在 5MHz 频率上，LC_1 回路呈容性，振荡电路符合组成法则，电路能工作。而对于基频和三次泛音频率来说，LC_1 回路呈感性，电路不符合三点式振荡电路组成法则，因而不能在这些频率上振荡。至于七次及其以上的泛音频率 LC_1 虽也呈容性，但其等效电容过大，所呈现的容抗非常小，不满足振幅起振条件，因而也不能在这些频率上产生振荡。这里需要指出的是，并联型晶体振荡器工作的泛音不能太高，一般为三、五、七次，高次泛音振荡时，由于接入系数的

降低，等效到晶体管输出端的负载电阻将下降，使放大器增益减小，振荡器停振。

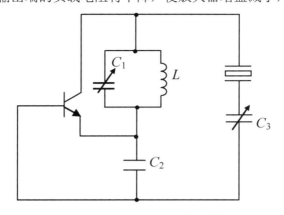

图 4.22　泛音晶体振荡器的交流等效电路

【例 4.4】　对图 4.23 所示的晶体振荡器。

(1) 画出交流等效电路，说明晶体在电路中的作用。

(2) 若将标称频率为 5MHz 的晶体换成标称频率为 3MHz 的晶体，该电路能否正常工作，为什么？

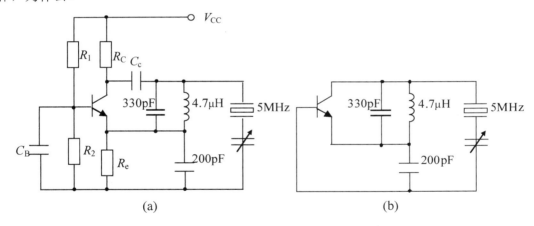

图 4.23　例 4.4 图

解： 该电路的交流等效电路如图 4.23(b)所示，是属于并联型晶体振荡器，晶体相当于电感的作用。

由 330pF 电容与 4.7μH 电感构成的并联回路，其谐振频率为

$$f_{01} = \frac{1}{2\pi\sqrt{LC}} = \frac{1}{2\pi\sqrt{4.7\times10^{-6}\times330\times10^{-12}}} \approx 4\times10^{6}\,(\text{Hz})$$

则当晶体的标称频率为 5MHz 时，330pF 电容与 4.7μH 电感构成的并联回路呈现容性，其满足三点式振荡电路的组成法则，是电容三点式振荡电路。而当晶体的标称频率为 3MHz 时，330pF 电容与 4.7μH 电感构成的并联回路呈现感性，不满足三点式振荡电路的组成法则，该电路不能正常工作。

本 章 小 结

反馈振荡器是由放大器和反馈网络组成的具有选频能力的正反馈系统。反馈振荡器必须满足起振、平衡和稳定三个条件，每个条件中应分别讨论其振幅和相位两个方面的要求。在起振时，环路增益的幅值必须大于 1，环路增益的相位应为 2π 的整数倍；在平衡状态时，环路增益的幅值等于 1，环路增益的相位应为 2π 的整数倍；在稳定点，环路增益的幅值具有负斜率的增益-振幅特性，环路增益的相位具有负斜率的相频特性。

三点式振荡电路是 LC 正弦波振荡器的主要形式，可分成电容三点式和电感三点式两种基本类型。频率稳定度是振荡器的主要性能指标之一。为了提高频率稳定度，必须采取一系列措施，包括减小外界因素变化的影响和提高电路抗外界因素变化影响的能力两个方面。克拉泼振荡器和西勒振荡器是两种较实用的电容三点式改进型电路，它们减弱了晶体管与回路的耦合，使晶体管对回路的影响减小，提高了振荡频率稳定度。集成电路正弦波振荡器电路简单，调试方便，需外加 LC 元件组成选频网络。

晶体振荡器的频率稳定度很高，有并联型与串联型两种类型。在并联型晶体振荡器中，石英谐振器的作用相当于一个电感；而在串联型晶体振荡器中，利用石英谐振器的串联谐振特性，以低阻抗接入电路。石英晶体振荡器的振荡频率的可调范围很小。为了提高晶体振荡器的振荡频率，可采用泛音晶体振荡器，但需采取措施抑制低次谐波振荡，保证其只谐振在所需要的工作频率上。

思 考 与 练 习

1．说明反馈振荡器的振荡条件。

2．画出图 4.24 所示各电路的交流通路，并根据振荡的相位平衡条件判断哪些电路能够产生振荡，哪些不能够产生振荡？(其中电容 C_b、C_c、C_e 为耦合电容或者高频旁路电容)

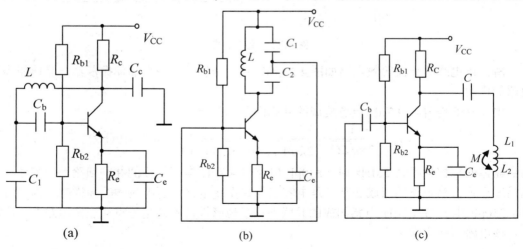

图 4.24　题 4.2 图

3．分析图 4.25 所示振荡电路，说明各元件的作用，并画出交流通路，计算振荡频率。

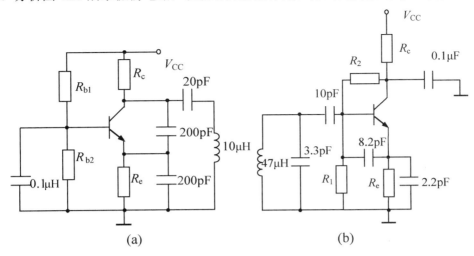

(a)   (b)

图 4.25 题 4.3 图

4．如图 4.26 所示振荡器，分析说明各元件的作用，并求当振荡频率为 49.5MHz 时，电容 C 应该调到何值。

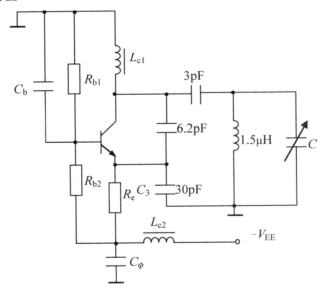

图 4.26 题 4.4 图

5．石英晶体振荡器与 LC 振荡器相比，哪个频率稳定度高？为什么？

6．某石英的参数为：$L_q = 4H$，$C_q = 6.3 \times 10^{-3} pF$，$C_0 = 2pF$，$r_q = 100\Omega$。试求：

(1) 串联谐振频率 f_g。

(2) 并联谐振频率 f_p。

(3) 晶体的品质因数 Q 和并联谐振电阻 R_p。

7．画出图 4.27 所示晶体振荡器的交流等效电路，指出电路类型，并计算该电路的振荡频率。

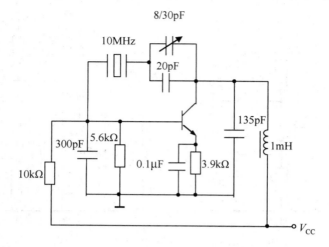

图 4.27　题 4.7 图

8. 泛音晶体振荡器和基频振荡器有什么区别？在什么情况下应选用泛音晶体振荡器？为什么？

9. 图 4.28 所示为五次泛音晶体振荡器，输出频率为 5MHz，画出振荡器的交流等效电路，说明 LC 并联回路的作用，并说明晶体管 VT_2 在本电路所起的作用。

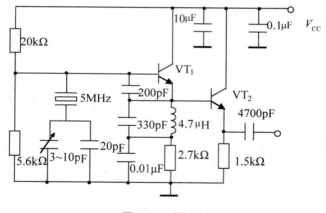

图 4.28　题 4.9 图

10. 请画出满足下列要求的一个晶体振荡电路。

(1) 采用 NPN 晶体管。

(2) 晶体作为电感元件。

(3) 采用泛音晶体的皮尔斯振荡器。

(4) 晶体管发射极交流接地。

第 5 章 振幅调制、解调与混频电路

本章导读

- 调制、解调与混频电路起何作用？处于发射机和接收机什么位置？
- 振幅调制、解调与混频电路的输入和输出信号频谱有何特点？
- 振幅调制、解调与混频电路如何构成？有哪些类型？
- 如何分析振幅调制、解调与混频电路？有哪些性能参数？如何计算？

知识要点

- 普通调幅波、双边带调幅波和单边带调幅波的基本概念及实现方法。
- 非线性器件的频率变换特性及实现信号频谱线性搬移的原理。
- 利用二极管、晶体管和集成乘法器来实现调制的工作原理和分析方法。
- 调幅波解调的基本概念、原理、类型及实现模型。
- 混频的基本概念、原理、类型及实现模型。

调制、解调与混频电路是通信设备中重要的组成部分，在其他电子设备中也得到广泛的应用。本章对振幅的调制、解调与混频的基本概念，以及实现频谱线性搬移电路的基本特性及分析方法进行了深入的讨论，并给出了一些在通信设备中实际应用的相关电路。

5.1 振幅调制的基本原理

在无线电通信系统中，将信号从发射端传输到接收端时，信号的原始形式一般不适合传输，必须进行调制和解调，所谓调制是将需要传送的信息装载到某一高频振荡信号(载波)上去的过程。通常称代表信息的信号为调制信号，称装载信息的信号为载波信号，称受调制后的信号为已调波信号。在接收端收到了已调波信号后，需要将载波去掉，还原成原有的信息，即调制信号，这个过程是与调制相反的过程，称为解调。

调制的种类很多，分类方法各不相同，按调制信号的形式分，可分为模拟调制和数字调制；按载波信号的形式分，可分为正弦波调制、脉冲调制和对光波强度调制等。本章所讨论的内容只限于模拟信号对正弦波的调制。

调制可分为振幅调制、频率调制和相位调制，简称为调幅、调频和调相，分别对应的解调有检波、鉴频和鉴相。实现调制与解调的实质，都是属于频谱变换，即通过调制和解调使得输出端产生与输入信号波形的频谱不同的信号。如果频率变换前后，信号的频谱结构不变，只是将信号的频谱不失真地在频率轴上搬移，则称之为线性频谱变换，否则为非线性频谱变换。振幅调制、检波和混频等都属于线性频谱搬移；频率调制与解调、相位调

制与解调均属于非线性频谱搬移。

5.1.1 普通调幅波

振幅调制是由调制信号去控制载波的振幅，使之按调制信号的规律变化。振幅调制分为三种方式：普通调幅方式(AM)、抑制载波的双边带调幅(DSB)和抑制载波的单边带调幅(SSB)方式。所得的已调信号分别称为普通调幅波、双边带调幅信号和单边带调幅信号。

1．AM 调幅波的数学表达式

首先讨论单一频率的调制情况。设单一频率调制信号 $u_\Omega(t)=U_{\Omega m}\cos\Omega t$，载波 $u_C(t)=U_{Cm}\cos\omega_C t$，调幅波可表示为

$$u_{AM}(t)=U_m(t)\cos\omega_C t \tag{5.1}$$

式中，$U_m(t)$ 为已调波的振幅(称为调幅波的包络函数)。由于 $U_m(t)$ 的变化和调制信号成正比，所以有

$$U_m(t)=U_{Cm}+k_a u_\Omega(t)$$
$$=U_{Cm}\left(1+\frac{k_a U_{\Omega m}}{U_{Cm}}\cos\Omega t\right)=U_{Cm}(1+M_a\cos\Omega t) \tag{5.2}$$

式中，k_a 为比例系数，一般由调制电路确定，故又称为调制灵敏度；$M_a=\dfrac{k_a U_{\Omega m}}{U_{Cm}}$ 称为调幅度或调幅指数，表示载波振幅受调制信号控制的程度。因此可得到 AM 调幅波的数学表达式为

$$u_{AM}(t)=U_m(t)\cos\omega_C t=U_{Cm}(1+M_a\cos\Omega t)\cos\omega_C t \tag{5.3}$$

2．AM 调幅信号的波形

根据式(5.3)所示的调幅波数学表达式，当 $\omega_C\gg\Omega$，$0<M_a\leqslant 1$ 时，可画出 $u_\Omega(t)$、$u_C(t)$ 和已调波 $u_{AM}(t)$ 的波形图，如图 5.1 所示。

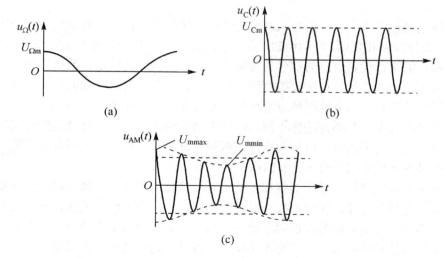

图 5.1 调幅信号的波形

由式(5.2)可知，调幅波的包络函数为

$$U_m(t) = U_{Cm}(1 + M_a \cos \Omega t)$$

调幅波包络的波峰值为

$$U_{mmax} = U_{Cm}(1 + M_a)$$

调幅波包络的波谷值为

$$U_{mmin} = U_{Cm}(1 - M_a)$$

包络振幅为

$$U_m = \frac{U_{mmax} - U_{mmin}}{2} = U_{Cm} M_a \tag{5.4}$$

由式(5.4)可得调幅指数为

$$M_a = \frac{U_m}{U_{Cm}} = \frac{\text{包络振幅}}{\text{载波振幅}}$$

调幅指数 M_a 反映了调幅的强弱程度，M_a 越大调幅越深。当 $M_a = 1$ 时，调幅达到最大值，称为百分之百调幅。若 $M_a > 1$，AM 信号波将出现某一时间振幅为零，称为过调幅，如图 5.2 所示。这将使被传送的信号产生失真，实际应用中必须尽力避免，因此在实际电路中，要求 $0 < M_a \leqslant 1$。

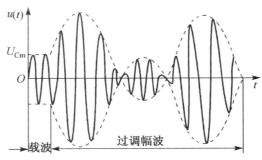

图 5.2　过调幅波形

3．AM 调幅波的频谱及带宽

由图 5.1(c)可知，调制波不是一个简单的正弦波形。利用三角函数公式将式(5.3)展开，可得到

$$
\begin{aligned}
u_{AM}(t) &= U_{Cm}(1 + M_a \cos \Omega t) \cos \omega_C t \\
&= U_{Cm} \cos \omega_C t + \frac{M_a U_{Cm}}{2} \cos(\omega_C + \Omega)t + \frac{M_a U_{Cm}}{2} \cos(\omega_C - \Omega)t
\end{aligned} \tag{5.5}
$$

由式(5.5)可知，普通调幅波由 ω_C、$\omega_C + \Omega$、$\omega_C - \Omega$ 三个不同频率分量的高频振荡信号组成。其中 ω_C 为载波分量，$\omega_C + \Omega$ 称为上边带分量，$\omega_C - \Omega$ 称为下边带分量。调幅信号的频谱图如图 5.3(a)所示。

从调幅波的频谱图可以看出，单一频率的调幅过程实际上是一种频谱的搬移过程，是将低频信号的频谱搬移到载波的两侧，称为上、下边带频谱，它们均与载波频谱相距 Ω，

振幅都为 $\dfrac{M_{\mathrm{a}}U_{\mathrm{Cm}}}{2}$，也就是说在搬移过程中频谱的结构不变，称之为频谱的线性搬移。

单频调制时，调幅波的频带宽度 $BW_{\mathrm{AM}}=2F$，$F=\Omega/2\pi$。实际中传送的信号往往是由多频率组成的多频信号，多频信号调幅波的频谱图如图 5.3(b)所示，如果多频信号的最高频率为 $F_{\max}$，则 AM 信号的带宽为 $BW_{\mathrm{AM}}=2F_{\max}$。

4．AM 调幅波的功率分配

如果将图 5.3(a)所示的普通调幅波作用在负载电阻 R_{L} 上，可得到调幅波的功率关系：
载频分量产生的平均功率为

$$P_{\mathrm{C}}=\frac{U_{\mathrm{Cm}}^{2}}{2R_{\mathrm{L}}}$$

两个边频分量产生的平均功率相同，均为

$$P_{\mathrm{SB}}=\frac{1}{2R_{\mathrm{L}}}\left(\frac{M_{\mathrm{a}}U_{\mathrm{Cm}}}{2}\right)^{2}=\frac{1}{4}M_{\mathrm{a}}^{2}P_{\mathrm{C}}$$

调幅信号总平均功率为

$$P_{\mathrm{av}}=P_{\mathrm{C}}+2P_{\mathrm{SB}}=\left(1+\frac{1}{2}M_{\mathrm{a}}^{2}\right)P_{\mathrm{C}} \tag{5.6}$$

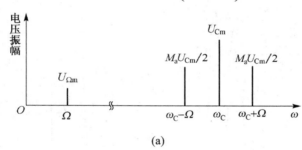

(a)

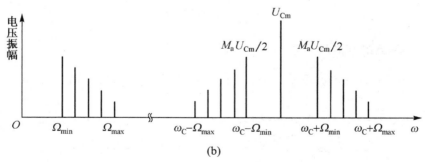

(b)

图 5.3　调幅信号的频谱图

由式(5.6)可得到两个边带功率与载波功率之比为

$$\frac{2P_{\mathrm{SB}}}{P_{\mathrm{C}}}=\frac{M_{\mathrm{a}}^{2}}{2} \tag{5.7}$$

在普通调幅波调制方式中，载频与边带一起发送，可信息只携带在边带内，载波本身并不携带信息，由式(5.7)可以看出，当 $M_{\mathrm{a}}=1$ 即 100%调制时，边带功率为载波功率的 1/2，只占整个调幅波功率的 1/3，当 M_a 值减小时，两者的比值将显著减小，边带功率所占的比重更小。因此采用 AM 调制方式，功率损耗大，效率低。但普通调幅波调制方式目前仍广泛地应用于无线电通信及广播中，其主要原因是设备简单，特别是 AM 调幅波的解调简单，便于接收。

5．实现 AM 调幅波的数学模型

由式(5.3)可以看出，普通调幅波可以表示为 $u_{AM}(t) = U_{Cm}(1 + M_a \cos \Omega t) \cos \omega_C t$，或 $u_{AM}(t) = U_{Cm} \cos \omega_C t + U_{Cm} M_a \cos \Omega t \cos \omega_C t$，所以要完成 AM 调制，可用图 5.4 所示的数学模型来实现。

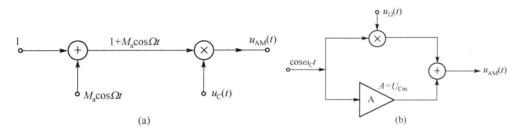

图 5.4　实现 AM 调幅波的数学模型

5.1.2　双边带调幅信号

由 5.1.1 节分析可知，普通调幅波所传递的信息只包含在两个边带分量内，而占有调幅波总功率 2/3 以上的载波分量是多余的，如果在传输前将调幅波中的载波分量抑制掉，只传送含有信息的边带分量，就可以大大节省发射功率。这就是抑制载波的双边带调幅信号，简称双边带调幅信号(即 DSB 波)。双边带调幅信号可以用载波和调制信号直接相乘得到，即

$$u_{DSB}(t) = kU_{Cm}U_{\Omega m} \cos \Omega t \cos \omega_C t = \frac{kU_{Cm}U_{\Omega m}}{2} \cos(\omega_C - \Omega)t + \frac{kU_{Cm}U_{\Omega m}}{2} \cos(\omega_C + \Omega)t \quad (5.8)$$

双边带调幅信号的波形和频谱如图 5.5 所示。

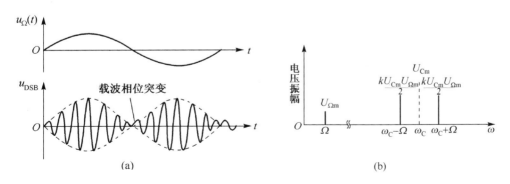

图 5.5　双边带信号的波形和频谱

由图 5.5 可见，双边带调幅信号不仅其包络已不再反映调制信号波形的变化，而且在调制信号波形过零点处的高频相位有 $180°$ 的突变。从频谱上看，单频调制的 DSB 波只有

$\omega_C + \Omega$ 和 $\omega_C - \Omega$ 两个频率分量，被称为上边带和下边带，它的频谱相当于从 AM 波的频谱中去掉了载波分量。

从 DSB 的频谱图上看，上、下边带的频谱分量都含有相同的信息，为了进一步节省功率，可将其中一个边带抑制掉，只传送单个边带分量，这种方式称为单边带调制(即 SSB 波)。

5.1.3　单边带调幅信号

将式(5.8)所示的双边带信号取出任何一个边带，即可成为单边带信号(SSB)。单边带信号的数学表达式为

上边带
$$u_{\text{SSBH}}(t) = \frac{kU_{\text{Cm}}U_{\Omega m}}{2}\cos(\omega_C + \Omega)t$$

下边带
$$u_{\text{SSBL}}(t) = \frac{kU_{\text{Cm}}U_{\Omega m}}{2}\cos(\omega_C - \Omega)t$$

图 5.6 所示为 SSB 的波形图和频谱图。

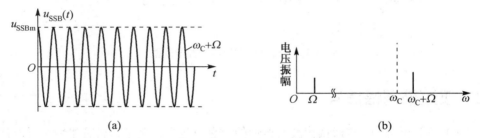

图 5.6　单边带信号的波形和频谱

从频谱的结构看，单边带调幅信号所含频谱结构仍与调制信号的频谱类似，从而也具有频谱线性搬移的特性。SSB 信号的频带宽度为 $BW_{\text{SSB}} = F$，仅为 AM 波和 DSB 波频带宽度的一半，提高了频带的利用率。由于只发射一个边带，因而大大节省了发射功率。目前 SSB 调制已成为短波通信中一种重要的调制方式。

5.2　振幅调制电路

AM、DSB 和 SSB 三种调幅电路的共同之处都是输入调制信号和载波信号，其频率为 Ω 和 ω_C。而输出信号则不同，AM 波调幅电路输出频谱为 $\omega_C \pm \Omega$ 和 ω_C，DSB 波调幅电路输出频谱为 $\omega_C \pm \Omega$，SSB 波输出频谱为 $\omega_C + \Omega$ 或 $\omega_C - \Omega$。总之，三种调幅方式都是在调幅前后产生了新的频率分量，需要利用非线性器件的频率变换功能，来实现频谱的线性搬移。

振幅调制电路按输出功率的高低，可分为高电平调幅电路和低电平调幅电路。高电平调幅可以直接产生满足发射级输出功率要求的已调波，它的优点是整机效率高，不需要效率低的线性功率放大器。高电平调制主要用于产生形成 AM 信号。

低电平调幅电路产生小功率的调幅波，先在低电平级进行振幅调制，再经过高频功率放大器放大到所需的发射功率。DSB、SSB 信号以及第 6 章将要介绍的调频(FM)信号均采用这种调幅方式。

5.2.1　非线性电路的线性时变分析法

在设计调制、解调和混频这类频谱搬移电路时，首先要从频谱上来分析这个非线性电路的输出是否具有我们期望的频谱分量。例如，设计 AM 调幅电路时，要分析在两个不同频率的调制和载波信号输入下，这个电路的输出是否具有两个边频和载波频率分量。若一个非线性电路有两个不同频率的交流信号同时输入，如果其中一个交流信号的振幅远远小于另一个交流信号的振幅时，可以采用下面介绍的线性时变分析法来分析该电路的输出频谱分量。

设一个非线性器件(如二极管)的伏安特性为 $i=f(u)$，器件上的电压 $u=U_Q+u_1+u_2$，其中 U_Q 是静态偏置电压，u_1 和 u_2 都是交流信号：$u_1=U_{m1}\cos\omega_1 t$，$u_2=U_{m2}\cos\omega_2 t$。如果 $U_{m1}\gg U_{m2}$，则可以认为器件的工作状态主要由 U_Q 与 u_1 决定，若在交变工作点(U_Q+u_1)处将输出电流 i 展开为幂级数，可以得到：

$$i = f(u) = f(U_Q + u_1 + u_2) = f(U_Q + u_1) + f'(U_Q + u_1)u_2 + \frac{1}{2!}f''(U_Q + u_1)u_2^2 + \cdots$$
$$+ \frac{1}{n!}f^{(n)}(U_Q + u_1)u_2^n + \cdots$$

由于 u_2 很小，故可以忽略 u_2 的二次及以上各次谐波分量，由此 i 简化为

$$i \approx f(U_Q + u_1) + f'(U_Q + u_1)u_2 = I_0(g) + g(t)u_2 \tag{5.9}$$

其中

$$I_0(t) = f(U_Q + u_1), \quad g(t) = f'(U_Q + u_1) \tag{5.10}$$

$I_0(t)$ 与 $g(t)$ 分别是 $u_2=0$ 时的电流值和电流对于电压的变化率(电导、跨导)，而且它们均随时间变化(因为它们均随 u_1 变化，而 u_1 又随时间变化)，所以分别被称为时变静态电流与时变电导(跨导)。

由式(5.9)和式(5.10)可知，$I_0(t)$ 与 $g(t)$ 均是与 u_2 无关的参数，故 i 与 u_2 可看成一种线性关系，但是 $I_0(t)$ 与 $g(t)$ 又是随时间变化的，所以将这种工作状态称为线性时变工作状态。在周期性电压 $u_1=U_{m1}\cos\omega_1 t$ 作用下，$I_0(t)$ 与 $g(t)$ 都是周期性变化的，所以可展开为傅里叶级数：

$$I_0(t) = I_{00} + \sum_{n=1}^{\infty} I_{0n}\cos n\omega_1 t, \quad g(t) = g_0 + \sum_{n=1}^{\infty} g_n\cos n\omega_1 t \tag{5.11}$$

其中

$$I_{0n} = \frac{1}{\pi}\int_{-\pi}^{\pi} I_0(t)\cos n\omega_1 t\,\mathrm{d}\omega_1 t, \quad g_n = \frac{1}{\pi}\int_{-\pi}^{\pi} g(t)\cos n\omega_1 t\,\mathrm{d}\omega_1 t, \quad n = 0, 1, 2, 3\cdots$$

将式(5.11)代入式(5.9)，可求得

$$i = I_{00} + \sum_{n=1}^{\infty} I_{0n}\cos n\omega_1 t + \left(g_0 + \sum_{n=1}^{\infty} g_n\cos n\omega_1 t\right)U_{m2}\cos\omega_2 t \tag{5.12}$$

由式(5.12)可以看出，i 中可能含有直流分量，ω_1 的各次谐波分量以及|$\pm n\,\omega_1\pm\omega_2$|分量$(n=0, 1, 2, \cdots)$。但具体含有哪些分量，需要由 I_{0n} 与 g_n 的取值分布确定。例如，如果 $g_1=0$，则没有|$\pm\omega_1\pm\omega_2$|分量，由该器件不能完成调幅的功能。

对于二极管来说，若 u_1 的振幅足够大时，可采用两段折线表示伏安曲线，如图 5.7(a) 所示。设 $U_Q=0$，则二极管半周导通半周截止，完全受 u_1 的控制(见图 5.7(b))。这种工作状态称为开关工作状态，是线性时变工作状态的一种特例。在截止区($u_1<0$)，$I_0(t)$ 和 $g(t)$ 都为 0；在导通区($u_1>0$)，$I_0(t)$ 等于 $g_D u_1$，$g(t)$ 是一个常数 g_D。因而，受 u_1 的控制，$I_0(t)$ 是一个余弦脉冲序列(见图 5.7(c))，用 $g_D u_1 K_1(\omega_1 t)$ 表示；$g(t)$ 是一个幅值为 g_D 的单向矩形脉冲序列(见图 5.7(d))，用 $g_D u_1 K_1(\omega_1 t)$ 表示。$K_1(\omega_1 t)$ 称为单向开关函数，是幅值为 1 的单向周期方波，周期为 2π，方波宽度为 π，如图 5.7(e)所示，它可表示为

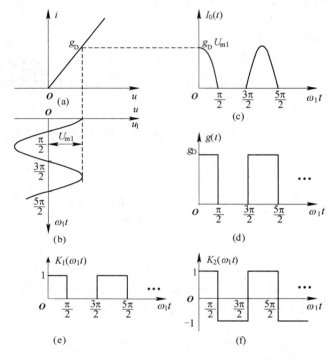

图 5.7　工作于开关状态时，时变静态电流与时变电导的波形

$$K(\omega_1 t) = \begin{cases} 1 & 2n\pi - \dfrac{\pi}{2} \leqslant \omega_1 t < 2n\pi + \dfrac{\pi}{2} \\ 0 & 2n\pi + \dfrac{\pi}{2} \leqslant \omega_1 t < 2n\pi + \dfrac{3\pi}{2} \end{cases} \quad n = \cdots \pm 3, \pm 2, \pm 1, 0$$

$K_1(\omega_1 t)$ 的傅里叶级数展开式为

$$K_1(\omega_1 t) = \frac{1}{2} + \sum_{n=1}^{\infty} (-1)^{n-1} \frac{2}{(2n-1)\pi} \cos(2n-1)\omega_1 t$$

利用单向开关函数表达式，二极管电流可表示为

$$i = I_0(t) + g(t)u_2$$
$$= g_D u_1 K_1(\omega_1 t) + g_D K_1(\omega_1 t)u_2$$
$$= g_D K_1(\omega_1 t)(u_1 + u_2)$$

由于 $K_1(\omega_1 t)$ 中包含直流分量和 ω_1 的奇次谐波分量，所以上式 i 中含有直流分量、ω_1 的

偶次谐波分量、ω_2 分量以及 $|\pm(2n-1)\omega_1\pm\omega_2|$ 分量 $(n=1, 2, \cdots)$。存在对调幅有用的和频及差频 $|\pm\omega_1\pm\omega_2|$。

图 5.7(f)所示信号称为双向开关函数 $K_2(\omega_1 t)$，它可用单向开关函数表示

$$K_2(\omega_1 t) = K_1(\omega_1 t) - K_1(\omega_1 t - \pi)$$

双向开关函数 $K_2(\omega_1 t)$ 的傅里叶级数展开式为

$$K_2(\omega_1 t) = \sum_{n=1}^{\infty} (-1)^{n-1} \frac{4}{(2n-1)\pi} \cos(2n-1)\omega_1 t$$

$K_2(\omega_1 t)$ 中无直流分量，仅有 ω_1 的奇次谐波分量，其幅度比 $K_1(\omega_1 t)$ 的相应分量大两倍。

5.2.2　低电平调幅电路

从频谱上来分析，调幅电路的功能主要是将调制信号从低频端线性搬移到载波的两端，这个功能可以利用含如二极管的非线性电路或乘法器来实现，所以振幅调制电路的实现是以实现和频及差频 $|\pm\omega_1\pm\omega_2|$ 为核心的频谱搬移电路。

1. 二极管电路

1) 二极管平衡调幅器

二极管平衡调幅电路如图 5.8 所示，它由两个性能完全相同的二极管 VD_1、VD_2 和带有中间抽头的变压器 Tr_1、Tr_2 组成。设载波信号为 $u_C(t) = U_{Cm} \cos\omega_C t$，调制信号为 $u_\Omega(t) = U_{\Omega m} \cos\Omega t$，且满足 $U_{Cm} \gg U_{\Omega m}$，使二极管 VD_1 和 VD_2 工作于大信号状态，也就是受载波控制的开关状态，忽略输出电压的反作用，则加到两个二极管上的电压 u_{D1}、u_{D2} 为

$$u_{D1} = u_C + u_\Omega, \quad u_{D2} = u_C - u_\Omega$$

经开关函数分析，流过两个二极管的电流分别为

$$i_{D1}(t) = g_D K_1(\omega_C t)(u_C + u_\Omega)$$

$$i_{D2}(t) = g_D K_1(\omega_C t)(u_C - u_\Omega)$$

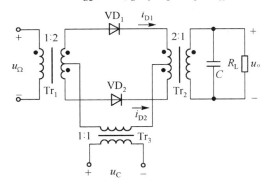

图 5.8　二极管平衡调幅电路

流过负载电阻 R_L 上的电流为

$$i_{\mathrm{L}} = i_{\mathrm{D1}} - i_{\mathrm{D2}} = 2g_{\mathrm{D}}u_{\Omega}K_1(\omega_{\mathrm{C}}t) = 2g_{\mathrm{D}}U_{\Omega\mathrm{m}}\cos\Omega t K_1(\omega_{\mathrm{C}}t)$$

$$= g_{\mathrm{D}}U_{\Omega\mathrm{m}}\cos\Omega t + \frac{2}{\pi}g_{\mathrm{D}}U_{\Omega\mathrm{m}}\cos(\omega_{\mathrm{C}}+\Omega)t + \frac{2}{\pi}g_{\mathrm{D}}U_{\Omega\mathrm{m}}\cos(\omega_{\mathrm{C}}-\Omega)t \qquad (5.13)$$

$$-\frac{2}{3\pi}g_{\mathrm{D}}U_{\Omega\mathrm{m}}\cos(3\omega_{\mathrm{C}}+\Omega)t - \frac{2}{3\pi}g_{\mathrm{D}}U_{\Omega\mathrm{m}}\cos(3\omega_{\mathrm{C}}-\Omega)t + \cdots$$

由式(5.13)可知，输出电流 i_{L} 中含有 Ω、$\omega_{\mathrm{C}}\pm\Omega$、$3\omega_{\mathrm{C}}\pm\Omega$ … 的频谱分量。若在图 5.8 输出端采用中心频率为 ω_{C}、带宽为 2Ω 的带通滤波器时，就可以产生 DSB 调幅信号。输出电压为

$$u_{\mathrm{o}} = i_{\mathrm{DSB}}R_{\mathrm{L}} = \frac{4}{\pi}g_{\mathrm{D}}U_{\Omega\mathrm{m}}R_{\mathrm{L}}\cos\omega_{\mathrm{C}}t\cos\Omega t$$

u_{Ω}、u_{C}、i_{D1}、i_{D2}、i_{L} 和 u_{o} 的波形及频谱如图 5.9 所示。

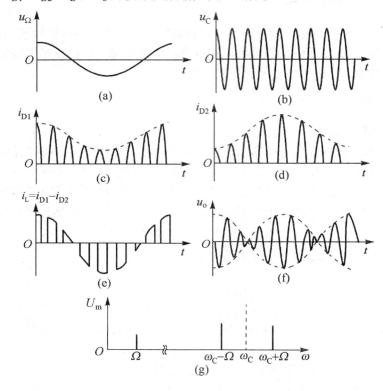

图 5.9　二极管平衡调幅电路各点波形和频谱

2) 二极管环形调幅器

图 5.10 所示为二极管环形调幅器，与二极管平衡电路相比，多接了两个二极管 VD$_3$ 和 VD$_4$，四个二极管组成一个环路，称为二极管环形电路。其分析方法与二极管平衡调幅电路相同。设 $u_{\mathrm{C}}(t) = U_{\mathrm{Cm}}\cos\omega_{\mathrm{C}}t$ 为载波信号，$u_{\Omega}(t) = U_{\Omega\mathrm{m}}\cos\Omega t$ 为调制信号，且满足 $U_{\mathrm{Cm}} \gg U_{\Omega\mathrm{m}}$。

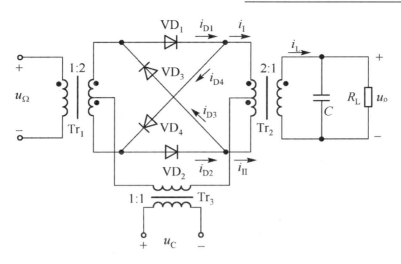

图 5.10　二极管环形调幅器

可得到输出电流 i_L 为

$$i_L = i_I - i_{II} = (i_{D1} - i_{D4}) - (i_{D2} - i_{D3})$$
$$= 2g_D u_\Omega K_2(\omega_C t) = 2g_D U_{\Omega m} \cos \Omega t \cdot K_2(\omega_C t) \tag{5.14}$$

由式(5.14)可知，输出电流 i_L 中含有 $\omega_C \pm \Omega$、$3\omega_C \pm \Omega$、$5\omega_C \pm \Omega$ … 的频谱分量。若在图 5.10 中的输出端采用中心频率为 ω_C、带宽为 2Ω 的带通滤波器时，就可以产生 DSB 调幅信号。与二极管平衡调幅器相比，环形调幅器不仅频谱更纯净，而且在相同输入信号作用下，调制效率也提高了一倍。

二极管环形调幅器的电流波形如图 5.11 所示。

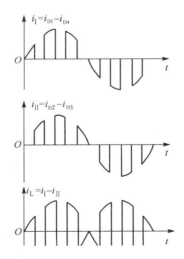

图 5.11　二极管环形调幅器电流波形

2．集成模拟乘法器调幅电路

因为振幅调制电路的核心是实现调制信号和载波信号的相乘，所以在实际应用中常使用集成模拟乘法器来实现调幅电路，使得电路简单，性能稳定，利于设备的小型化。

1）MC1596 实现调幅电路

图 5.12 所示是用 MC1596 实现普通调幅波的电路。调制信号 $u_\Omega(t)$ 由 MC1596 芯片的①脚输入，高频载波 $u_C(t)$ 由⑧脚输入，已调波由⑥脚输出。在输入端①、④之间接入两个 750Ω 电阻、51kΩ 的电位器，通过调节电位器 RP 使得①脚电位高于④脚，相当于在①脚和④脚之间加了一个直流电压，以产生普通调幅波。

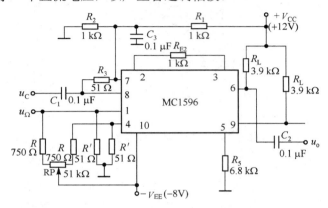

图 5.12　用 MC1596 实现普通调幅电路

2）MC1596 实现双边带调幅电路

用 MC1596 也可实现双边带调幅波的电路，如图 5.13 所示。它基本与图 5.12 所示的普通调幅电路相同，只是将两个 750Ω 电阻改为 10kΩ 的电阻，以便进行平衡调节，控制输出载波分量的泄漏量。一般要求载波输出功率低于边带输出功率 40dB 以上。为了提高输出调幅信号的频谱纯净度，输出端也可以接入带通滤波器。

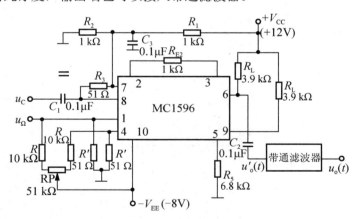

图 5.13　用 MC1596 实现双边带调幅电路

5.2.3　高电平调幅电路

高电平调幅主要用于产生普通调幅波，这种调制是在高频功率放大器中进行的，要兼顾输出功率、效率和调制线性的要求。根据调制信号控制方式的不同，高电平调幅又分为基极调幅和集电极调幅，这两种调幅方式的原理和调制特性已在第 3 章谐振功率放大器中进行了初步的介绍。

1. 集电极调幅电路

图 5.14 是集电极调幅电路原理图。载波信号 u_C 从基极加入，电容 C_b、C_c 是高频旁路电容，对调制信号相当于开路，LC 回路谐振于载波频率 ω_C。低频调制信号 u_Ω 通过低频变压器加到集电极回路且与电源电压 V_{CC} 串联。此时集电极电压为

$$V_{CC}(t) = V_{CC} + u_\Omega \tag{5.15}$$

由式(5.15)可见，集电极电源电压随调制信号变化。

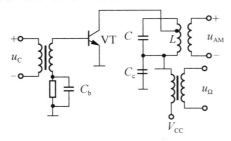

图 5.14　集电极调幅电路

由图 5.15(a)可见，在过压区集电极电流的基波 $I_{c1}(t)$ 振幅与集电极偏置电压近似成线性关系，因此要实现集电极调幅，应使放大器工作在过压区。

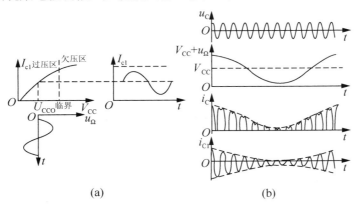

(a)　　　　　　　　　　　　(b)

图 5.15　集电极调幅的波形

2. 基极调幅电路

图 5.16 为基极调幅电路，L_{B1} 是高频扼流圈，L_B 是低频扼流圈，C_1、C_3、C_5 是低频旁路电容，C_2、C_4、C_6 是高频旁路电容。调制信号 u_Ω 通过隔直电容加到基极回路上，与加到放大器的直流电源 V_{CC} 相串联，这样放大器的基极动态偏置电压为

$$U_{BB}(t) = U_{BO} + u_\Omega(t) = \frac{R_L}{R_1 + R_L} V_{CC} + U_{\Omega m} \cos \Omega t$$

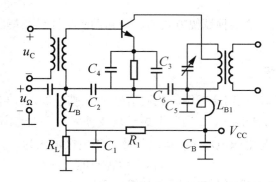

图 5.16　基极调幅电路

如图 5.17 所示，如果 U_{BB} 随 u_{Ω} 变化，I_{c1} 将随之变化，从而得到已调波信号。从调制特性看，为了使 I_{c1} 变化明显，放大器应工作在欠压状态。

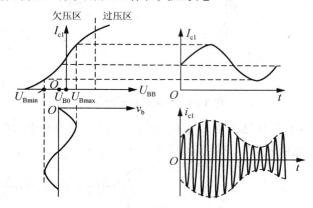

图 5.17　基极调幅的波形

5.3　振幅检波电路

5.3.1　振幅解调的基本原理

振幅解调是振幅调制的逆过程，通常称为检波。如图 5.18 所示，检波是把调制在高频调幅信号中的原调制信号取出来的过程。从频谱上看，检波也是一种频谱的线性搬移过程，是将幅度调制波中的边带信号不失真地从载波频率附近搬移到零频率附近。因此，检波器也属于频谱的搬移电路。

根据输入调制信号的不同，检波电路可分为包络检波和同步检波两大类。

包络检波是指检波器的输出电压直接反映输入高频调幅波包络变化规律的一种检波方式，由于 AM 波的包络与调制信号成正比，因此包络检波只适用于 AM 波的解调。

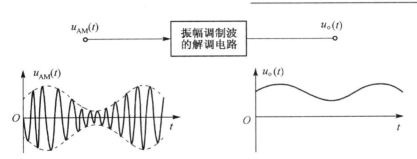

图 5.18　检波器的输入、输出波形

对于 DSB 和 SSB 信号来说，由于其包络不同于调制信号，不能用包络检波，应使用同步检波。同步检波器是一个三端口网络，有两个输入电压，一个是 DSB 或 SSB 信号，另一个是外加的参考电压(或称为恢复载波电压)。恢复载波电压应与调制端的载波电压完全同步(同频同相)，所以称为同步检波。这种解调的方法可以采用图 5.19 所示的模型来实现。

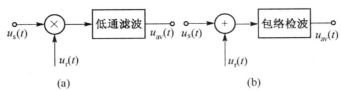

图 5.19　同步检波实现模型

5.3.2　二极管包络检波电路

1．电路组成

图 5.20 所示为包络检波器的原理图，它由二极管 VD 和 RC 低通滤波器组成。二极管一般选用导通电压小、导通电阻小的锗管。在理想情况下，RC 网络有两个作用：一是对高频载波 ω_C 短路，起到高频电源旁路的作用；二是作为检波器的负载。所以 RC 网络必须满足

$$\frac{1}{\omega_C C} \ll R \qquad \frac{1}{\Omega C} \gg R$$

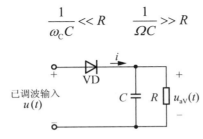

图 5.20　二极管包络检波器

2．工作原理

包络检波器工作于大信号状态，输入信号电压要大于 0.5V，通常在 1V 左右，称为二

极管峰值包络检波器。设输入信号为等幅的高频电压，由于输入信号 $U_{sm} >> U_{D(on)}$，使二极管工作在开关状态。如图 5.21(a)所示，一开始电容 C 两端电压为零，当 $u_s > 0$ 时，VD 导通，对 C 充电，由于二极管正向导通电阻 R_D 很小，电容 C 上的电压可以很快地被充到接近输入信号峰值。电容上电压建立起来以后，通过信号源作用于 VD 两端，形成反相偏压，此时 VD 上的电压为信号源 u_s 与电容电压 u_C 之差，$u_D = u_s - u_C$。若 $u_D > 0$，VD 导通，向 C 充电，充电时间常数为 $R_D C$；若 $u_D < 0$，VD 截止，充电停止，这时 u_C 通过负载 R 放电，放电时间常数为 RC。由于 $R_L >> R_D$，充电时间要远远小于放电时间，即 VD 导通时，向 C 充上的电荷总是比 VD 截止时由 C 放掉的电荷多，所以，C 每充电一次，C 上就会储存部分电荷，经过若干周期后，VD 导通时 C 的充电电荷量等于 VD 截止时 C 的放电电荷量，便达到动态平衡状态——稳定工作状态。此时，输出电压 u_o 在平均值 U_{av} 上、下波动，接近于输入电压 u_s 的峰值。图 5.21(b)为流过二极管 VD 的电流波形。

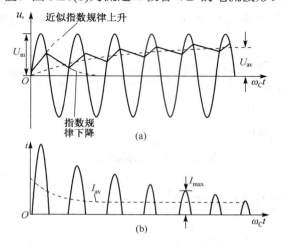

图 5.21　二极管峰值包络检波器的波形图

3．主要性能指标

1) 电压传输系数 K_d

当输入为高频等幅波时，$K_d = \dfrac{U_{av}}{U_{sm}}$；当输入为普通调幅波时，$K_d = \dfrac{U_{om}}{M_a U_{Cm}}$，这两个定义是一致的，为了分析方便，下面假设输入电压为高频等幅波 $u_s = U_{sm} \cos \omega_C t$，二极管工作在开关状态，考虑检波具有平均电压负反馈效应，其直流负偏压为 $-U_{av}$，如图 5.22 所示。

U_D 为二极管两端电压，R_D 为二极管导通电阻，电导为 $g_D = \dfrac{1}{R_D}$，由图 5.22 可见，

$$\varphi = \arccos \frac{U_{av}}{U_{sm}}$$

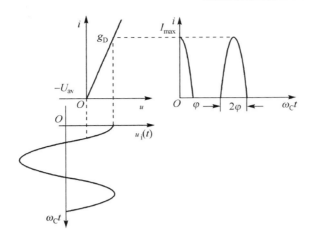

图 5.22　二极管峰值包络检波折线近似分析法

所以有

$$K_d = \frac{U_{av}}{U_{sm}} = \cos\varphi \tag{5.16}$$

$$I_{max} = (U_{sm} - U_{av})g_D = g_D U_{sm}\left(1 - \frac{U_{av}}{U_{sm}}\right) = g_D U_{sm}(1 - \cos\varphi)$$

从波形分析，可得到二极管电流脉冲的平均分量为

$$I_{av} = I_{max}\alpha_0(\varphi) = \frac{g_D U_{sm}(\sin\varphi - \varphi\cos\varphi)}{\pi} \tag{5.17}$$

式中，$\alpha_0(\varphi) = \dfrac{\sin\varphi - \varphi\cos\varphi}{\pi(1 - \cos\varphi)}$ 称为平均电流分解系数。

I_{av} 在负载 R_L 上得到的输出平均电压为

$$U_{av} = I_{av}R_L = \frac{g_D R_L U_{Sm}(\sin\varphi - \varphi\cos\varphi)}{\pi}$$

将式 (5.16) 代入式 (5.17) 中，得

$$\frac{\tan\varphi - \varphi}{\pi} = \frac{1}{g_D R_L} \tag{5.18}$$

通常 $g_D R_L$ 值很大，$g_D R_L \gg 50$ 时，φ 值很小，故可近似表示为

$$\tan\varphi = \varphi + \frac{\varphi^3}{3} \tag{5.19}$$

将式 (5.19) 代入式 (5.18)，得

$$\varphi = \sqrt{\frac{3\pi}{g_D R_L}}$$

2) 输入电阻 R_i

输入阻抗一般用电阻和电容并联表示，通常把电容部分计入到前级谐振回路电容中，这里只考虑输入电阻 R_i。考虑到输入电压为高频等幅波 $u_s = U_{sm}\cos\omega_C t$，由于消耗在二极

管导通电阻 R_D 上的功率很小，可以忽略。根据能量守恒原理，检波器输入的高频功率 $\dfrac{U_{sm}^2}{2R_i}$ 全部转换为输出的负载电阻上消耗的平均功率，即

$$\frac{U_{sm}^2}{2R_i} \approx \frac{U_{av}^2}{R_L}$$

而 $U_{sm} \approx U_{av}$，所以 $R_i = \dfrac{R_L}{2}$ 。

4．非线性失真

1）惯性失真

为了提高检波效率和滤波效果，常需要 RC 数值大一些，但如果 RC 数值较大，电容 C 两端电压在二极管截止期间放电速度就会变慢，当电容 C 两端电压的下降速度小于输入 AM 信号包络的下降速度时，会使二极管负偏压大于信号电压，致使二极管在其后的若干高频周期内不导通。因此，检波器输出电压就按 RC 放电规律变化，而与输入信号包络无关(见图 5.23)，这种失真称为惯性失真。

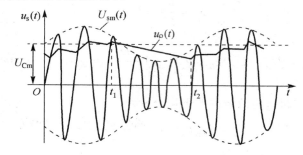

图 5.23　惯性失真

为了避免惯性失真，应使包络下降速度小于电容放电速度，即

$$\left.\left|\frac{dU_{sm}(t)}{dt}\right|\right|_{t=t_1} \leqslant \left.\left|\frac{du_C(t)}{dt}\right|\right|_{t=t_1}$$

如果输入信号为 $u_{AM}(t)=U_{Cm}(1+M_a\cos\Omega t)\cos\omega_c t$ 的单音调制 AM 波，在 t_1 时刻包络 $U_{sm}(t)=U_{Cm}(1+M_a\cos\Omega t)$ 的变化速率为

$$\left.\left|\frac{dU_{sm}(t)}{dt}\right|\right|_{t=t_1}=\left|U_{Cm}\Omega M_a\sin\Omega t_1\right| \tag{5.20}$$

电容两端近似输入电压包络值，而 $i_C=C\dfrac{du_C}{dt}$，所以有

$$\left.\left|\frac{du_C(t)}{dt}\right|\right|_{t=t_1}=\left.\left|\frac{u_C}{R_LC}\right|\right|_{t=t_1}=\left|\frac{U_{Cm}}{R_LC}(1+M_a\cos\Omega t_1)\right| \tag{5.21}$$

由式(5.20)和式(5.21)可得，在 t_1 时刻不产生惯性失真的条件为

$$\left|\frac{U_{Cm}}{R_LC}(1+M_a\cos\Omega t_1)\right| \geqslant \left|U_{Cm}\Omega M_a\sin\Omega t_1\right| \tag{5.22}$$

变换式(5.22)可得

$$A = \left| \frac{M_a R_L C \Omega \sin \Omega t_1}{(1 + M_a \cos \Omega t_1)} \right| \leqslant 1 \qquad (5.23)$$

为避免在任何时刻产生惰性失真，要保证 A 值最大时，仍有 $A_{max} \leqslant 1$，故令 $\dfrac{\mathrm{d}A}{\mathrm{d}t} = 0$，得

$$\cos \Omega t_1 = -M_a$$

代入式(5.23)，得到不失真条件

$$R_L C \leqslant \frac{\sqrt{1 - M_a^2}}{\Omega M_a}$$

可见，M_a、Ω 越大，包络下降速度就越快，要求的 RC 就越小。在设计中，应使用最大调幅指数 M_{amax} 和最高调制频率 Ω_{max} 来检验有无失真，其避免失真的条件是

$$R_L C \leqslant \frac{\sqrt{1 - M_{amax}^2}}{\Omega_{max} M_{amax}}$$

2) 负峰切割失真

当考虑到检波器和下一级电路连接时，一般采用图 5.24(a)所示的阻容耦合电路。图中 C_c 为隔直流电容，对 Ω 呈交流短路，R_{i2} 为下一级电路的输入电阻。

为了有效地传送低频信号，要求 $C_c \gg 1/\Omega R_{i2}$。由于 C_c 容量较大，在调制信号一周内，C_c 两端的直流电压基本不变，其大小近似等于载波振幅 U_{Cm}，可以把它看做一直流电源。经电阻 R_L 和 R_{i2} 分压，在 R_L 上得到的直流电压为

$$U_A = \frac{R_L}{R_L + R_{i2}} U_{Cm}$$

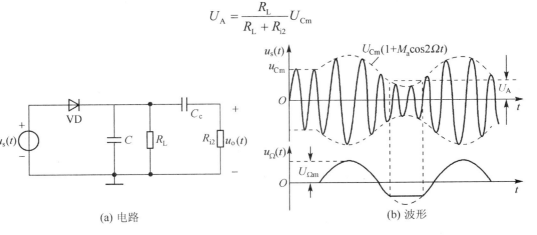

(a) 电路 　　　　　　　　　　(b) 波形

图 5.24　负峰切割失真

U_A 对于检波二极管来说相当于一个反向偏置电压，而且在整个检波过程中可认为保持不变。当输入的高频调幅波包络下降到小于 U_A 时，如图 5.24(b)所示，二极管截止，检波器的输出信号将不再跟随输入调幅波包络变化，从而产生负峰切割失真。

为了避免负峰切割失真，调幅波的最小幅度 $U_{smin} = U_{Cm}(1 - M_a)$ 不能小于 U_A，所以有

$$U_{sm}(1 - M_a) \geqslant \frac{R_L}{R_L + R_{i2}} U_{Cm}$$

整理得到避免负峰切割失真的条件是

$$M_a \geqslant \frac{R_L}{R_L + R_{i2}} = \frac{R_L \;//\; R_{i2}}{R_L} = \frac{R_\Omega}{R_L}$$

式中，$R_\Omega = R_L \;//\; R_{i2}$ 称为检波器音频交流负载；R_L 为直流负载。

实际中为了避免负峰切割失真常采用两种措施，一是使交流负载尽量接近直流负载，采取分压式输出方式，即将 R_L 分成 R_{L1} 和 R_{L2} 两部分，并通过隔直电容 C_c 将 R_{i1} 并接在 R_{L2} 两端，如图 5.25(a)所示。当 R_{L1} 和 R_{L2} 相比取值比较大时，比较容易满足避免负峰切割失真的条件。另一种方法是采取射极跟随器。分压式输出方式会使下级放大器获得的输入信号比较小，因此可以在检波器和下级放大器之间插入一级射极跟随器，如图 5.25(b)所示。这种电路的输入阻抗比较大，即 R_{i2} 增大，从而使 R_Ω 与 R_L 的差别不大，比较容易满足避免负峰切割失真的条件。

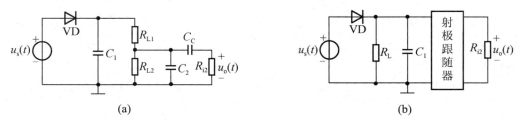

图 5.25　克服负峰切割失真电路

5.3.3　同步检波电路

同步检波器可以解调双边带和单边带调制波，也可用来解调普通调幅波。同步检波分为乘积型和叠加型两种方式，都是由乘法器和低通滤波器组成的。它与包络检波器的区别在于同步检波器是三端口器件，输入端除了有需要解调的调幅信号外，还外加一个与输入信号载频同频同相的本地恢复载波信号 u_r。

1. 乘积型同步检波器

如图 5.26 所示，乘积型同步检波器是把本地恢复载波信号(同步信号)与接收信号相乘，用低通滤波器将低频信号提取出来。如果同步信号和发送端的频率及相位有一定的偏差，将会使恢复出来的调制信号产生失真。

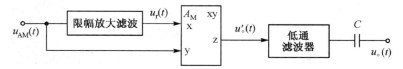

图 5.26　普通调幅波的同步检波电路

设输入信号为普通调幅波 $u_{AM}(t) = U_{Cm}(1 + M_a \cos \Omega t)\cos \omega_C t$，$u_r(t) = U_{rm} \cos(\omega_C t + \varphi)$ 是同步信号，理想情况下 $\varphi = 0$。乘法器输出为

$$u_o(t) = A_M U_{Cm} U_{rm}(1 + M_a \cos \Omega t) \cos \omega_C^2 t$$

$$= \frac{1}{2} A_M U_{Cm} U_{rm} + \frac{M_a}{2} A_M U_{Cm} U_{rm} \cos \Omega t + \frac{1}{2} A_M U_{Cm} U_{rm} \cos 2\omega_C t \qquad (5.24)$$

$$+ \frac{1}{4} A_M U_{Cm} U_{rm} \cos(2\omega_C + \Omega)t + \frac{1}{4} A_M U_{Cm} U_{rm} \cos(2\omega_C - \Omega)t$$

由式(5.24)可见乘法器输出电压中含有直流分量、所要解调获得的调制信号分量和高次谐波分量，经 $R_L C$ 低通滤波器滤波，把频率为 $2\omega_C$ 和 $2\omega_C \pm \Omega$ 的高次谐波滤掉，隔直电容把直流分量隔掉，即可得到调制信号电压

$$u_o = \frac{M_a}{2} A_M U_{Cm} U_{rm} \cos \Omega t$$

通过上述分析可以看出，乘积型同步检波的关键是电路应具有乘积项。所以凡是具有乘积项的线性频谱搬移电路，只要后接滤波器都可以实现乘积型同步检波。另外，同步检波器输出解调信号无失真的关键是，保证本地解调载波与调制载波同步。

图 5.27 为乘积型同步检波器的实用电路，$VT_1 \sim VT_3$ 构成限幅器；集成乘法器 MC1595 和集成运算放大器 F007 构成单端输出的乘法器，C_{c1} 和 C_{c2} 是隔直电容，R_f 和 C_f 组成低通滤波器。

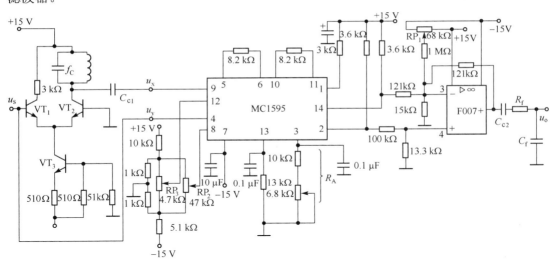

图 5.27　用 MC1595 构成同步检波电路

利用乘法器同样可以解调双边带或单边带信号。

2. 叠加型同步检波器

叠加型同步检波器是将 DSB 或 SSB 信号插入恢复载波，使之成为或近似成为 AM 信号，再利用包络检波器将调制信号恢复出来。图 5.28(a)为叠加型同步检波器电路原理图。

设输入 SSB 信号(上边带)为

$$u_{SSB}(t) = U_{SSB} \cos(\omega_C + \Omega)t = U_{SSB} \cos \Omega t \cos \omega_C t - U_{SSB} \sin \Omega t \sin \omega_C t$$

恢复本地载波信号为 $u_r(t) = U_{rm} \cos \omega_C t$，这两个信号相加，输出为

$$u_{\text{SSB}} + u_{\text{r}} = (U_{\text{SSB}}\cos\varOmega t + U_{\text{rm}})\cos\omega_{\text{C}}t - U_{\text{SSB}}\sin\varOmega t\sin\omega_{\text{C}}t$$

$$= U_{\text{m}}(t)\cos[\omega_{\text{C}}t + \varphi(t)]$$

式中

$$U_{\text{m}}(t) = \sqrt{\left(U_{\text{rm}} + U_{\text{SSB}}\cos\varOmega t\right)^2 + U_{\text{SSB}}^2\sin^2\varOmega t}$$

$$\varphi(t) = \arctan\frac{U_{\text{SSB}}\sin\varOmega t}{U_{\text{rm}} + U_{\text{SSB}}\cos\varOmega t}$$

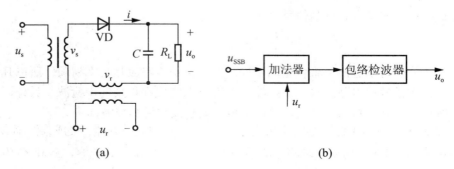

(a)   (b)

图 5.28   叠加型同步检波器电路原理图

由于后接包络检波器，包络检波器对相位不敏感，只关心包络的变化。

$$U_{\text{m}}(t) = \sqrt{U_{\text{rm}}^2 + U_{\text{SSB}}^2 + 2U_{\text{rm}}U_{\text{SSB}}\cos\varOmega t} = U_{\text{rm}}\sqrt{1 + \left(\frac{U_{\text{SSB}}}{U_{\text{rm}}}\right)^2 + 2\frac{U_{\text{SSB}}}{U_{\text{rm}}}\cos\varOmega t} \tag{5.25}$$

$$= U_{\text{rm}}\sqrt{1 + m^2 + 2m\cos\varOmega t}$$

式中，$m = U_{\text{SSB}}/U_{\text{rm}}$。当 $m \ll 1$，即 $U_{\text{rm}} \gg U_{\text{SSB}}$ 时，式(5.25)可近似为

$$U_{\text{m}}(t) \approx U_{\text{rm}}\sqrt{1 + 2m\cos\varOmega t} \approx U_{\text{rm}}\left(1 + m\cos\varOmega t\right)$$

如果设包络检波器的电压传输系数为 K_{d}，那么经包络检波后，输出电压为

$$u_{\varOmega} = K_{\text{d}}U_{\varOmega\text{m}}\left(1 + m\cos\varOmega t\right)$$

再经电容隔直后，就可将调制信号恢复出来。

图 5.29 为二极管平衡式叠加型同步检波器。可以看出上、下两个检波器的输出电压相等，总输出电压为每个检波器输出电压的二倍。

由以上分析可知，实现同步检波的关键是要产生一个与调制信号同频同相的同步信号，但 DSB 和 SSB 信号均不含载波信号，为了产生同步信号，往往在发射 DSB 和 SSB 信号时，附带一个载波信号，称为导频信号，它的功率远远低于 DSB 和 SSB 信号的功率。接收端可利用高选择性的窄带滤波器，从输入信号中取出该导频信号，经放大后就成为同步信号。

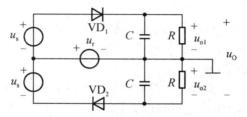

图 5.29   叠加型平衡同步检波器

5.4　混频原理与电路

混频是将某一频率的输入信号变换成另一个频率的输出信号，而保持原有的调制规律不变的一种变频器，混频的过程属于频谱的线性搬移过程。完成这种功能的电路称为混频器。混频器是通信系统中的重要组成部分。例如，在超外差式调幅广播接收机中，混频器将天线接收到的高频信号(载频为 535～1605kHz 的中波波段各电台的普通调幅信号)，通过混频变成 465kHz 的中频已调幅信号；在调频接收机中，混频器将载频 88～108MHz 的各电台信号变换为中频 10.7MHz 的中频已调频信号。采用混频技术后，接收机增益基本不受接收频率高、低的影响，这样，频段内放大信号的一致性较好，灵敏度高，调整方便，选择性好。

5.4.1　混频电路

混频器是一个三端口网络，它有两个输入电压，输入信号 $u_s(t)$ 和本地振荡信号 $u_L(t)$，工作频率分别为 f_C 和 f_L；输出信号为 $u_I(t)$，称为中频信号，若中频频率 f_I 为差频(即 $f_I=f_L-f_C$)，称为下混频，若中频频率 f_I 为和频(即 $f_I=f_L+f_C$)，称为上混频，通常采用差频混频形式。

当输入信号 $u_s(t)$ 是普通调幅波时，混频器的输出信号 $u_I(t)$ 除了中心频率与输入信号不同外，包络的形状相同，仍然是普通调幅波，其波形与频谱图如图 5.30 所示。从频域上分析，混频器只是将调幅信号的载频从高频位置移到了中频位置，而各频谱分量的相对大小和相互间的距离保持一致。可见，混频过程实质上是完成频谱的线性搬移过程。

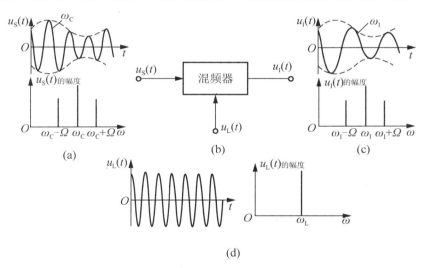

图 5.30　混频功能示意图、波形与频谱举例

完成频谱的线性搬移功能的关键是要获得两个输入信号的差频，找到这个差频项，就可完成所需的线性搬移功能。常用的混频器有晶体管混频器、二极管混频器、模拟乘法器混频器等。从信号的处理过程看，可分为叠加型混频器和乘积型混频器两大类，如图 5.31 所示。

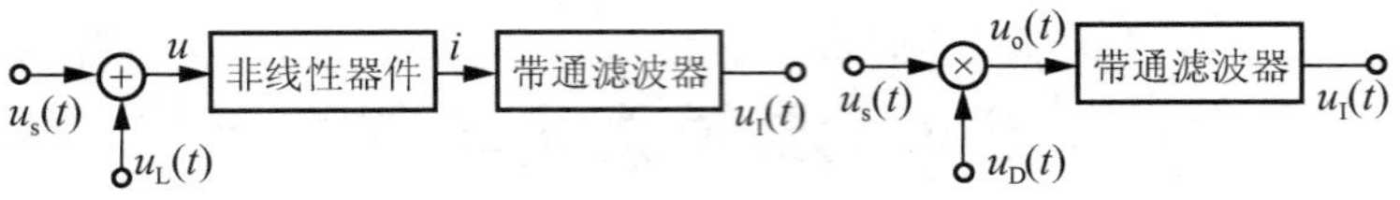

图 5.31 混频器框图

在图 5.31(a)中，为了分析简单，设输入的两个信号分别是余弦波 $u_s(t) = U_{sm}\cos\omega_C t$ 和 $u_L(t) = U_{Lm}\cos\omega_L t$，非线性器件的伏安特性为

$$i = a_0 + a_1 u + a_2 u^2 + \cdots + a_n u^n$$

将 $u = u_s + u_L = U_{sm}\cos\omega_C t + U_{Lm}\cos\omega_L t$ 代入上式，得

$$
\begin{aligned}
i = {} & a_0 + a_1 U_{sm}\cos\omega_C t + a_1 U_{Lm}\cos\omega_L t + \frac{1}{2}a_2 U_{sm}^2 \\
& + \frac{1}{2}a_2 U_{sm}^2 \cos 2\omega_C t + \frac{1}{2}a_2 U_{sm}^2 + \frac{1}{2}a_2 U_{sm}^2 \cos 2\omega_L t \\
& + a_2 U_{sm} U_{Lm}\left[\cos(\omega_C - \omega_L)t + \cos(\omega_C + \omega_L)t\right] \\
& + \cdots + a_n (U_{sm}\cos\omega_C t + U_{Lm}\cos\omega_L t)^n
\end{aligned}
\tag{5.26}
$$

由式(5.26)可见，当两个不同频率的正弦信号作用于非线性器件时，电流 i 中不仅包含有基波分量，还包括新的频率分量(如直流分量、二次谐波分量、和频分量、差频分量等许多组合频率分量)。其中的 $(\omega_C - \omega_L)$ 频谱分量，就是混频后的中频频率 ω_I，而其他频谱分量均是没有用的，可以通过中心频率为 ω_I 的带通滤波器滤除掉，实现混频的目的。

在图 5.31(b)中，乘积型混频器由模拟乘法器和带通滤波器组成，如果两个输入信号一个为普通调幅波 $u_s(t) = U_{Cm}(1 + M_a\cos\Omega t)\cos\omega_C t$，另一个为 $u_L(t) = U_{Lm}\cos\omega_L t$(本振信号)，设乘法器的相乘增益为 A_M，则输出电压为

$$u_o(t) = \frac{A_M}{2}U_{Cm}U_{Lm}(1 + M_a\cos\Omega t)\left[\cos(\omega_C - \omega_L)t + \cos(\omega_C + \omega_L)t\right] \tag{5.27}$$

由式(5.27)可见，若在输出端采用中心频率为 ω_I，带宽 $BW = 2\Omega$ 的带通滤波器就可实现混频。

1. 晶体管混频器

晶体管混频器有共发混频电路和共基混频电路两种组态；本振信号电压有基极或发射极注入两种方式，因此，可组成常用几种混频器电路，如图 5.32 所示。图 5.32(a)、(b)所示是共发射极电路，输入信号 $u_s(t)$ 均从基极注入，而图 5.32(a)所示电路的本振信号 $u_L(t)$ 的注入方式是基极注入，图 5.32(b)所示电路是发射极注入，这种电路形式在广播和电视接收机中应用比较广泛。图 5.32(c)和图 5.32(d)所示是共基极电路，输入信号电压 $u_s(t)$ 均从发射极注入，但本振电压则分别从发射极和基极注入，这种电路适用于工作频率较高的调频接收机中。对于图 5.32(b)和图 5.32(d)所示电路，$u_s(t)$ 和 $u_L(t)$ 都分别加在两个不同的电极上，这样可以减小两种信号之间的相互影响，使电路工作稳定，所以在实际应用中这种注入方式较多。而对于图 5.32(a)和图 5.32(c)所示电路，$u_s(t)$ 和 $u_L(t)$ 均是加在同一电极上，这样的电路对于本振呈现较大的阻抗，使本地振荡器负载较轻，容易起振。但是，由于两个信号加在同一电极上，这种注入方式相互影响较大，可能产生频率牵引现象，致使电路不能正常

工作。

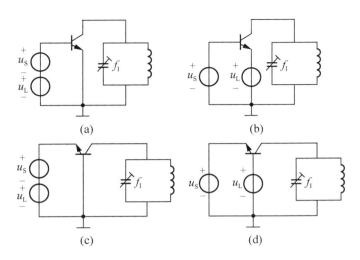

图 5.32　晶体管混频器基本形式图

【例 5.1】　如图 5.33 所示三极管双差分对乘法器，要求在不失真的情况下，实现下列功能。

(1) 实现对 AM 波的混频(取 $f_I = f_L - f_C$)。

(2) 实现 DSB 波调制。

(3) 实现对 SSB 波的同步检波。

各输入端口应加什么信号电压？输出端差动电流 i 包含哪些频率分量？对输出滤波器有什么要求？

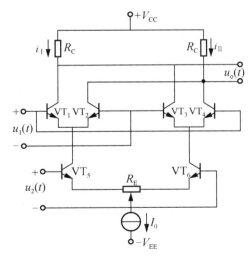

图 5.33　双差分对乘法器

解：输出端差动电流 $i = i_I - i_{II} \approx \dfrac{2u_2}{R_E} \operatorname{th} \dfrac{u_1}{2U_T}$，当 u_1 是小信号，即满足 $u_1 \leqslant 26\text{mV}$ 时，

$$i \approx \frac{u_2 u_1}{R_E U_T}$$ 。

(1) 实现 AM 波的混频，要求 u_1 为信号电压 $u_{AM} = U_{Cm}(1 + M_a \cos \Omega t) \cos \omega_c t$ ，u_2 为本振电压 $u_L = U_{Lm} \cos \omega_L t$ ，输出端电流 i 包含 $\omega_L \pm \omega_c$、$\omega_L \pm \omega_c \pm \Omega$ 频率分量。所以输出端应接中心频率为 $\omega_I = \omega_L - \omega_c$ ，带宽为 2Ω 的 LC 带通滤波器。

(2) 实现 DSB 波调制，要求 $u_1 = u_\Omega = U_{\Omega m} \cos \Omega t$ ，$u_2 = u_C = U_{Cm} \cos \omega_c t$ 。输出端电流 i 包含 $\omega_C \pm \Omega$ 频率分量，故无须接滤波器。

(3) 实现对 SSB 的同步检波，要求 $u_1 = u_{SSB} = U_{SSBm} \cos(\omega_C - \Omega)t$ ，$u_2 = u_r = U_{rm} \cos \omega_C t$ 。输出端电流 i 含 Ω、$2\omega_C \pm \Omega$ 频率分量，输出端需接 RC 低通滤波器。

2．二极管混频器

二极管混频器实际上是采用前面介绍过的二极管调幅器，u_1 为本振信号，取 u_2 为输入信号，即 $u_1 = u_L(t) = U_{Lm} \cos \omega_L t$ ，$u_2(t) = u_S(t) = U_{Sm}(1 + M_a \cos \Omega t) \cos \omega_c t$ ，在差分电流 i 中含有 $\omega_L - \omega_c = \omega_I$ 的中频分量，经带通滤波器可选出 $u_I(t) = U_{Im}(1 + M_a \cos \Omega t) \cos \omega_I t$ 。

1) 二极管平衡混频器

图 5.34 为二极管平衡式混频器，u_L 为本振大信号电压，控制二极管开关工作，而 u_S 为小信号已调波电压，经 LC 带通滤波器滤波，即可实现混频。二极管混频器与二极管调幅器在电路结构上是相同的，它们之间的差别在于输入信号的形式不同，另外负载回路的谐振频率也不相同。

在实际电路中，要做到两个二极管完全相同、变压器中心抽头上下严格对称是难以实现的。必须在电路中采取一定的措施。如图 5.35 所示。在 Tr_2 的次级中心抽头处接入阻值为 50～100Ω 的电位器 RP，将控制电压 $u_L(t)$ 接到 RP 的滑动端，若输出端出现本振电压分量(载漏)时，可以调整 RP，使载漏减小到最小，还可以在二极管 VD_1、VD_2 支路中分别串联一个阻值为几百欧的平衡电阻 R_1 和 R_2，以减小由二极管特性不一致产生的不平衡效应。

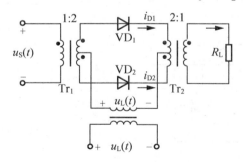

图 5.34　二极管平衡混频器

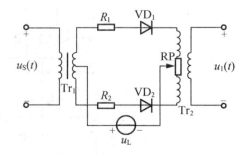

图 5.35　改善型二极管混频电路

实际二极管本身存在导通电压 $U_{D(on)}$，当本振电压 $u_L(t)$ 的幅度较大时，需要给两个二极管加适当正向偏置，以抵消 $U_{D(on)}$，使二极管工作在开关状态。

2) 二极管环形混频器(二极管双平衡混频器)

图 5.36 所示为二极管环形混频器已广泛应用于高质量的通信系统中，其原理已在调幅器中论述，在此不再赘述。

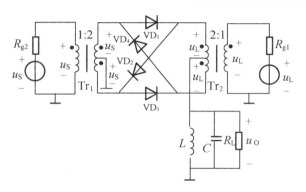

图 5.36　二极管环形组件混频器

环形混频器的输出电压是平衡混频器的两倍，且减少了电流频谱中组合频率分量，这样就会减少输出信号中的组合频率干扰。与其他(晶体管和场效应管)混频器比较，二极管混频器虽然没有变频增益，但是由于具有动态范围大、线性好及使用频率高等优点，仍然得到了广泛的应用。特别是在微波范围内，晶体管混频器的变频增益下降，噪声系数增大，若采用二极管混频器，混频后再进行放大，则可以减小整机的噪声系数。

3．集成混频电路

如图 5.37 所示，设本振电压为 $u_L = U_{Lm}\cos\omega_L t$，外来信号电压为调幅波，即 $u_s = U_{Cm}(1 + M_a\cos\Omega t)\cos\omega_C t$，且 $\omega_L > \omega_C \gg \Omega$，则乘法器输出为

$$u_o'(t) = A_M U_{Lm}\cos\omega_L t \times U_{Sm}(1 + M_a\cos\Omega t)\cos\omega_C t$$

$$= \frac{1}{2}A_M U_{Lm}U_{sm}(1 + M_a\cos\Omega t)\left[\cos(\omega_L + \omega_C)t - \cos(\omega_L - \omega_C)t\right]$$

若中频取 $\omega_I = \omega_L - \omega_C$，经带通滤波器输出的电压为

$$u_o(t) = \frac{1}{2}A_M U_{Lm}U_{sm}(1 + M_a\cos\Omega t)\cos\omega_I t$$

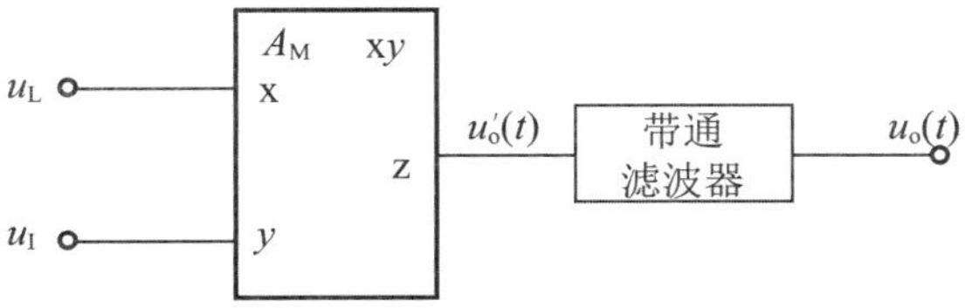

图 5.37　用乘法器实现混频

若用 MC1595 四象限乘法器实现混频 $\omega_L > \omega_C \gg \omega_I \gg \Omega$，则只能工作在低频下，用于医疗工程、生态分析等场合。

在通信系统中应用 MC1596 可在很高的工作频率上实现混频，实用电路如图 5.38 所示。图中本振电压 u_L 由⑧端输入，它的振幅约为 100mV。信号电压 u_s 由①端输入，最大电压约为 15mV。由⑥端输出电压为 $u_o'(t)$，经输出滤波器选频后，就得到中频信号电压 $u_o(t)$，滤波器中心频率为 9MHz，其 3dB 带宽为 450kHz。当输入端不接调谐回路时，可输入 HF(即高频 3～30MHz)或 VHF(即甚高频 30～300MHz)信号。例如输入信号的频率为

200MHz，这时混频增益为 9dB，灵敏度为 14μV。当输入端接有阻抗匹配的调谐回路时，可获得更高的混频增益。

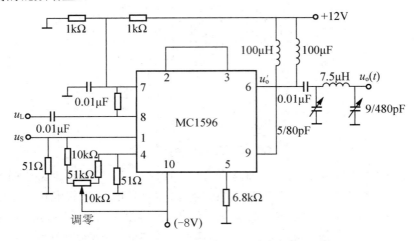

图 5.38　用 MC1596 构成混频器

实践证明，用集成乘法器构成的混频器要比晶体管混频器的组合频率分量少，寄生干扰小；对本振电压没有严格要求，不会因 U_{Lm} 较小而严重失真；有较高的混频增益；输入信号 $u_s(t)$ 与本振信号 $u_L(t)$ 隔离好，相互牵引也小。这种混频器体积小，具有调整稳定性好和可靠性高等突出优点。

5.4.2　混频干扰

混频器是由非线性器件组成的，它的非线性效应是产生各种组合频率干扰的根源，尤其是组合频率干扰是混频器所特有的。对接收机和频率合成器等电子设备都会产生有害的影响，因此，减小干扰和非线性失真是必须考虑的。

1. 组合频率干扰

当混频输入端加入频率为 f_C 的信号电压 u_s 和频率为 f_L 的本振信号电压 u_L(即 $u = u_s + u_L = U_{sm}\cos\omega_C t + U_{Lm}\cos\omega_L t$)时，由于混频器伏安特性为非线性，即

$$i = a_0 + a_1 u + a_2 u^2 + a_3 u^3 + \cdots$$

因此在 i 中将出现 $f_{p,q} = |\pm p f_L \pm q f_C|$ 组合频率分量，其中只有 $p=q=1$ 对应着频率为 f_L-f_C 的分量是所需要的中频信号，其余都是无用分量，有些甚至有害，这些无用的频率分量统称为组合频率干扰，组合频率干扰有两种类型，下面分别进行讨论。

1) 干扰哨声

(1) 形成。组合频率中 p、q 值满足如下关系：

$$|\pm p f_L \pm q f_C| = f_I \pm F \tag{5.28}$$

式中，F 为可听的音频频率。由于混频输出端接中频带通滤波器(即中心频率为 f_I 通频带为 $2\Delta f_{0.7}$ 的谐振回路)，因此对于有用的中频 f_I 和无用的近似中频 $f_I \pm F$ 分量，都能经过中频放大进入检波电路中，产生差拍频率为 F 的信号，这时在接收机输出端会出现音频为 F 的哨

声，称为干扰哨声。

(2) 产生干扰哨声的条件。由式(5.28)可以分解为下列四个关系式：

$$\begin{cases} -pf_L + qf_C = f_I \pm F \\ pf_L - qf_C = f_I \pm F \\ pf_L + qf_C = f_I \pm F \\ -pf_L - qf_C = f_I \pm F \end{cases}$$

如果取 $f_I = f_L - f_C$，则上式只有前两式是有意义的，加以合并即可得满足干扰哨声的输入有用信号频率

$$f_C = \frac{p \pm 1}{q-p} f_I \pm \frac{F}{q-p} \tag{5.29}$$

一般 $f_I \gg F$，因而式(5.29)可简化为

$$f_C = \frac{p \pm 1}{q-p} f_I \tag{5.30}$$

式(5.30)表明输入信号频率接近于 f_I 整数倍或分数倍时，就有可能产生干扰哨声。

理论上有许多 p、q 组合能满足式(5.30)，产生干扰哨声。但实际上组合频率分量电流随 $p+q$ 的增加而迅速减少，因而只有 $p+q$ 值较小的频率分量才会产生明显的干扰哨声。例如，f_C=931kHz、f_I=465kHz，则 f_L=1396kHz。这时 $p=1$、$q=2$ 所对应的组合频率分量 $2f_C-f_L$=466kHz，与中频频率仅差 1kHz，显然可以通过混频器进入检波器。与有用中频信号作用后产生 F=(466−465)kHz=1kHz 的差拍信号，在输出端产生明显的干扰哨声。

2) 寄生通道干扰

当混频器输入的是干扰信号频率 f_M 时，也会产生组合频率 $f_{p,q} = |\pm pf_L \pm qf_M|$，其中一些通道的 p 和 q 满足

$$|\pm pf_L \pm qf_M| = f_I \tag{5.31}$$

这表明干扰信号通过寄生通道后可变为频率等于中频的寄生中频，这样有用中频信号与寄生中频信号均会通过中放、检波，在输出端除了可以收听有用信号声音外，还同时收到了干扰信号声音，这种干扰称为寄生通道干扰。这类干扰最强两个是中频干扰和镜频干扰。

(1) 中频干扰。当干扰信号频率 $f_M = f_I$ 时(即 $p=0, q=1$)称为中频干扰，由于干扰信号频率等于或接近于中频，它可以直接通过中频放大器形成干扰。

抑制中频干扰的方法主要是提高前端电路的选择性，以降低作用在混频器输入端的干扰电压值，如加中频陷波电路，滤除外来的中频干扰电压。此外，要合理选择中频数值，中频要选在工作波段之外，最好采用高中频方式。

(2) 镜频干扰。当 $p=q=1$ 时，由式(5.31)可知，$f_M = f_L + f_I = f_C + 2f_I$，相应的干扰电台频率等于本振频率 f_L 与中频 f_I 之和，实际上 f_M 恰好是 f_I 的镜像，故称为镜频干扰或镜像干扰。抑制镜频干扰的方法是提高混频器前面各级电路的选择性和提高中频 f_I，由于 f_I 提高，f_C 与 f_M 之间的频率间隔 $2f_I$ 加大，有利于对 f_M 的抑制。

抑制这种干扰的主要方法是提高中频频率和提高前端电路的选择性。此外，选择合适的混频电路，以及合理地选择混频管的工作状态都有一定的作用。

2. 非线性失真

混频器和谐振功率放大器、中频放大器一样会产生非线性失真，非线性失真包括包络失真和强信号阻塞、互调失真和交调失真等，已在第 1 章讨论。

3. 减小干扰和非线性失真的措施

根据上述各种干扰和非线性失真形成的原因，一般采取以下措施减小其影响。

(1) 提高混频器前端电路(天线回路和高频放大器滤波性能)的选择性，使干扰信号进入混频器前大部分被抑制，这样就大大减小了由于干扰信号产生的寄生通道干扰和交调、互调失真。为减少中频干扰，还可以在输入端的输入回路加入中频陷波器。

(2) 限制混频器前端的高频放大增益，以适当减小输入信号的幅度，也可以有效地抑制各种干扰，而且已调信号的放大主要由混频器以后的电路来承担。此外，为了减小干扰，本振信号的幅度不宜过大。

(3) 合理选择中频频率，使中频频率置于频段之外，同时也可有效地发挥混频前各级电路的滤波作用，将最强的干扰信号滤除。具体可采用低中频和高中频两种方案。

所谓低中频方案是将中频选在低于接收频段的低端频率。例如，对于 535～1605kHz 的中波波段，中频选为 465kHz，则产生中频干扰的 465kHz 外来干扰无法通过混频电路之前的选频网络，同时中频频率低，中频放大器可以实现高增益和高选择性。

所谓高中频方案是将中频选在高于接收频段的高端频率，高中频方案可将混频前镜频干扰及某些寄生通道干扰有效地滤除。中频越高，镜像干扰和某些寄生通道干扰的频率离有用信号频率就越远，因而，混频前电路对它们的滤除能力也就越强。但是，采用高中频方案会使中频放大器的工作频率增高，从而影响中频放大器的性能。可以再进行一次混频，将信号频谱从高中频频段搬移到较低的第二中频频段，这样可以提高第二中频放大器的增益和选择性，从而改善整个接收机的性能，这也称为"二次混频技术"。在近代短波通信接收机中，广泛采用高中频方案。同时，混频后的中频放大器，相应采用集中选频滤波器作为中频滤波网络，以克服因工作频率高而导致选择性差的缺点。

(4) 合理选择混频器的静态工作点，使主要工作在转移特性平方律区域，或选用具有平方律特性的场效应管，可以减少各种干扰。

(5) 采用各种平衡电路，例如由晶体管或二极管组成的平衡混频电路或环形混频电路。利用平衡抵消原理，可使输出电流组合频率数目大为减少，从而减小了组合频率干扰。

5.4.3 混频器的性能指标

评价混频电路的性能，必须有一定的质量指标，例如混频增益、输入输出阻抗以及干扰与噪声等，其主要性能指标有以下四个。

1. 混频增益

它表示输出中频信号电压振幅 U_{Im} 与输入高频信号电压振幅 U_{Sm} 之比，表示为

$$A_{uc} = \frac{U_{Im}}{U_{Sm}}$$

一般要求混频增益大些，这样有利于提高接收机的灵敏度，但随着增益提高，非线性干扰也会增加，对晶体管混频器来说，还应有混频功率增益的质量指标，即混频器的中频输出信号功率 P_I 与高频输入信号 P_S 之比，表示为

$$A_{Pc} = \frac{P_I}{P_S}$$

2．隔离度

隔离度是指三个端口(输入、本振和中频)相互之间的隔离程度，即本端口的信号功率与其泄漏到另一个端口的功率之比。例如，本振口至输入口的隔离度定义为

$$10 \lg \frac{\text{本振口的本振信号功率}}{\text{泄漏到输入口的本振信号功率}} (\text{dB})$$

显然，隔离度应越大越好。由于本振功率较大，故本振信号的泄漏更为重要。

3．失真和干扰

混频器的失真包括频率失真和非线性失真。除此之外，还会产生组合频率干扰、交调、互调干扰和各种非线性干扰。因此要求混频器不仅频率特性好，而且要工作在非线性特性曲线的平方律区域，使之既能完成混频，又能抑制各种干扰。

4．混频噪声

混频器处于接收机的前端，它的噪声电平高低对整机有较大影响，降低混频器的噪声十分重要。希望混频器的噪声系数越小越好。

上述的几个质量指标是相互关联的，应该正确选择管子的工作点、合理选择本地振荡电路和中频频率的高低，使得几个质量指标相互兼顾，整机取得良好的效果。作为实例，下面给出混频器 MC13143 的一些主要性能指标。MC13143 是由模拟乘法器组成的双平衡混频器，电源电压为 1.8～6.5V，工作频带从直流一直到 2.4GHz，非线性输入 1dB 压缩点功率 P_{i1dB} 和三阶互调截点输入功率 IIP_3 分别可以达到 3.0dBm 和 20dBm。当电源电压为 3V，输入信号频率为 1GHz，功率为-25dBm，本振功率为-50.0dBm，负载电阻为 800Ω时，典型值混频功率增益为-2.6dB，混频电压增益为 9.0dB，噪声系数为 14dB，本振口至输入口、输出口的隔离度分别为 40dB 和 33dB。

5.5　实用电路举例

TA7641BP 是 AM 单片机集成电路，它的特点是将调幅收音机所需要的从变频器到功率放大器的所有电路都集成到芯片上，外接元器件少，静态电流小，使用方便。

图 5.39(a)所示是 TA7641BP 的内部组成框图。它包括变频、中放、AM 振幅检波和低放、功放等电路。它是硅单片集成电路，采用 16 引脚双列直插塑料封装结构。由天线回路接收已调高频信号从⑯脚送入片内，与变频器内的本机振荡器产生的本振信号进行混频，

产生的中频调幅信号从①1 脚输出；经外接中频调谐回路选频，再由③脚送到中频放大器进行放大；然后送给检波器进行检波。检波后的音频信号由⑦脚输出，经外接音量电位器分压后，送入⑬脚给功率放大器放大，再经⑩脚到外接扬声器。电路内部设置了自动增益控制电路(AGC)，以控制中放级的增益。为了使电路工作稳定，低频功率放大器的电源与中放、检波器等电路分开设置。直流电压由④脚馈入。

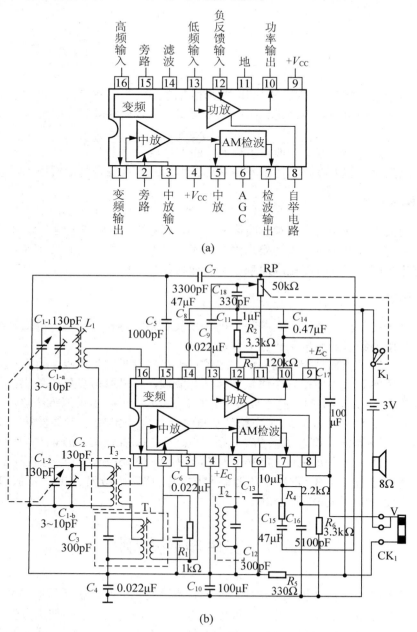

(a)

(b)

图 5.39　TA7641BP 的内部组成及其单片 AM 收音机集成电路

图 5.39(b)是 TA7641BP 组成的单片收音机电路。图中 L_1 是磁棒天线，双连电容 C_{1-1}

与 L_1 的初级电感组成天线回路，选择电台信号送至⑯脚变频器的输入端。本振变压器 T_3 构成互感耦合振荡器，双连电容 C_{1-2} 与 T_3 的初级电感组成本机振荡回路，产生本振频率，用于选择电台并选择频率，使与天线输入信号频率相差 465kHz 的中频信号。T_1 是变压器的负载回路，也是中频放大器的输入回路，需要调谐于 465kHz。T_2 是中频放大器的负载回路，调谐于 465kHz。RP 是音量调节电位器，并附带电源开关，调节后的音频信号回送到 ⑬脚，经低频功率放大器放大后由⑩脚送到扬声器。

本 章 小 结

　　本章主要介绍了三部分内容：调幅、检波和混频。它们在时域上都表现为两信号的相乘，在频域上都属于频谱的线性搬移。三种电路的原理电路模型相同，都由非线性器件实现频率变换和用滤波器来滤除不需要的频率分量。不同之处是输入信号、参考信号、滤波器特性在实现调幅和检波时各有不同的形式，以完成特定要求的频谱搬移。

　　用调制信号去控制载波信号的幅度，称为振幅调制(调幅)。调幅有三种方式，普通调幅、双边带调幅和单边带调幅。三种调幅波的数学表达式、波形图、功率分配、频带宽度等各不相同，其检波也采取不同的电路模型。

　　解调是调幅的逆过程。幅度调制波的解调称为检波。振幅解调的原理是将已调信号通过非线性器件产生包含有调制信号的新频率成分，再通过低通滤波器取出原调制信号。本章主要介绍了只适用于普通调制波检波的二极管包络检波器和适用于三种调幅波的同步检波器。

　　混频(又称为变频)，它的基本功能是在保持调制类型和调制参数不变的情况下，将高频振荡的频率 f_C 变换为固定频率的中频 f_I，以利于提高接收机的灵敏度和选择性。在频域上，其工作原理是将载波为高频的已调波信号的频谱不失真地搬移到中频载波上。因此，混频电路属于频谱线性搬移电路。具有这种功能的电路称为混频器。本章主要介绍了混频概念与实现模式、混频原理、混频器(如二极管混频器、晶体管混频器、集成混频器)的分析方法，及混频器的干扰和非线性失真等问题。

思考与练习

　　1. 有一调幅波，载波功率为 100W，试求当 $M_a=1$ 与 $M_a=0.3$ 时的总功率和两个边频功率各为多少？

　　2. 已知已调波的电压波形及其频谱图分别如图 5.40(a)、(b)所示。u_1 和 u_2 各是何种已调波；写出它们的载波和调制信号的频率；写出 u_1 和 u_2 的函数表达式。

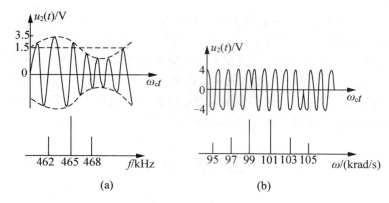

图 5.40 题 5.2 图

3. 图 5.41 所示为用频率 1000kHz 的载波信号同时传送两路信号的频谱图，

(1) 求输出电压 u_o 的表达式；

(2) 画出用理想模拟乘法器实现该调幅框图；

(3) 估算在单位负载上的平均功率 P_{av} 和频谱宽度 BW。

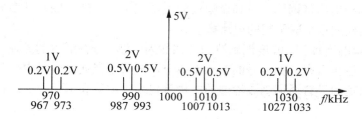

图 5.41 题 5.3 图

4. 如图 5.42 所示各电路中，调制信号电压 $U_{1m}\cos\omega_1 t$，载波电压 $U_{2m}\cos\omega_2 t$，并且 $\omega_2 \gg \omega_1$，$U_{2m} \gg U_{1m}$，二极管 VD_1 和 VD_2 的伏安特性曲线相同，均为以原点出发，斜率为 g_D 的直线。试问哪些电路能实现双边带调制？如能实现，u_1、u_2 各应加什么电压信号？输出电流 i 中含有哪些频谱分量？需要什么条件？

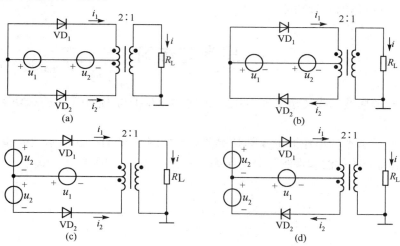

图 5.42 题 5.4 图

5．电路组成框图如图 5.43 所示，试根据电路功能写出电路的名称。

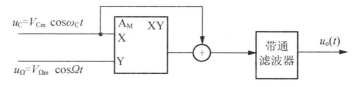

图 5.43　题 5.5 图

6．利用图 5.44 所示乘法器，实现：

(1) 对 AM 波的混频(取 $f_I=f_I-f_C$)。

(2) 对 DSB 波调制。

(3) 实现对 SSB 波的同步检波。要求写出输入端口应加什么信号电压？乘法器输出端电流 i 中包含哪些频率分量？对输出滤波器有什么要求？设输出电压幅值为 U_m，写出输出电压 u_o 的表达式。

7．如图 5.45 所示的检波电路，若调幅系数 $M_a=0.6$，$R_L=4.7\text{k}\Omega$。试问：当载波频率 $f_C=465\text{kHz}$，调制信号最高频率 $F=3400\text{Hz}$ 时，电容 C_L 应如何选择？检波器输入电阻为多少？

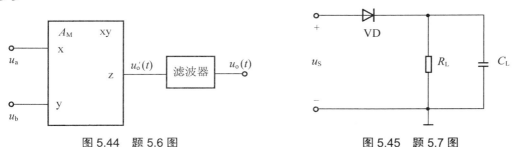

图 5.44　题 5.6 图　　　　　　　图 5.45　题 5.7 图

8．如图 5.46 所示检波电路，已知 $u_s=0.5(1+0.8\cos 5\times 10^3 t)\cos 465\times 10^3 t\ \text{V}$，二极管正向电阻 $R_D=100\Omega$，检验能否产生惰性失真，并计算不产生负锋切割失真的范围 R_{i2} 的值。

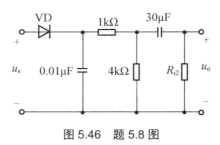

图 5.46　题 5.8 图

9．在超外差式接收机中，混频器的作用是什么，混频器是怎么组成的，画出混频前后的波形和频谱示意图。

10．在一超外差广播收音机中，中频频率 $f_I=f_L-f_C=465\text{kHz}$。试分析下列现象属于何种干扰，又是如何形成的？

(1) 当收听到频率 $f_C=932\text{kHz}$ 的电台时，伴有频率 2kHz 的哨叫声。

(2) 当收听到频率 $f_C=540\text{kHz}$ 的电台时，听到频率为 1470kHz 的强电台播音。

(3) 当收听到频率 $f_C=1386\text{kHz}$ 的电台播音时，听到频率 693kHz 的强电台播音。

第 6 章　角度调制与解调电路

本章导读

● 角度调制器和解调器的输入和输出信号频谱与振幅调制、解调有何区别？

● 角度调制、解调电路如何构成？有哪些类型？何谓直接调频和间接调频？

● 在鉴频电路中，利用 LC 并联回路的幅频特性和相频特性，分别可将调频信号转换成什么信号？

知识要点

● 调频和调相波信号的定义、表达式、相互关系、波形、频谱的基本特征。

● 最大频偏 Δf_m、最大相偏 $\Delta\varphi_\mathrm{m}$（即调制指数 M_f 或 M_p）和带宽 BW 是调角信号的三个重要参数。区别 Δf_m 和 BW 两个不同概念。

● 直接调频和间接调频电路的结构、工作原理和性能特点。

● 斜率鉴频和相位鉴频电路的结构、工作原理和性能特点。

● 数字调制与解调的基本概念。

　　用低频调制信号去控制载波信号的频率或相位而实现的调制，分别称为调频(FM)或调相(PM)。调频和调相都表现为载波信号的瞬时相位受到控制，因此通称为角度调制。本章在振幅调制的基础上深入讨论了角度调制和解调信号的基本特性，以及实现角度调制和解调电路的基本工作原理，并给出一些在通信设备中实际应用的相关电路。

6.1　调角信号的基本特性

　　角度调制是用调制信号去控制载波信号频率或相位变化的一种信号变换形式。如果控制的是频率称为调频(FM)，如果控制的是相位称为调相(PM)，调频和调相通称为角度调制。
　　在角度调制过程中，载波信号的幅度都不受调制信号的影响。
　　调频信号的解调称为鉴频，调相信号的解调称为鉴相。它们都是从已调信号中还原出原调制信号。
　　角度调制与解调和幅度调制与解调的最大区别是在频率变换前后频谱结构的变化不同，角度调制在频率变换前后频谱结构发生了变化，属于非线性频率变换。而且角度调制后的信号带宽通常比原调制信号带宽大得多，频带利用率较低。但角度调制的抗干扰能力较强，因此 FM 被广泛应用于广播、电视、通信以及遥测方面，PM 主要应用于数字通信。

6.1.1　调角波的表达式

高频载波信号的一般表达式为

$$u_C(t) = U_{Cm} \cos \varphi(t) = U_{Cm} \cos(\omega_C t + \varphi_0) \tag{6.1}$$

式中，U_{Cm} 为振幅；$\varphi(t)$ 为总相位；ω_C 为角频率；φ_0 为初相角。

1. 调频波的表达式及波形图

设单频调制信号为 $u_\Omega(t) = U_{\Omega m} \cos \Omega t$，如果我们用它去控制载波的频率 ω_C，那么调频波的瞬时角频率 $\omega(t)$ 将随调制信号 $u_\Omega(t)$ 线性变化，即

$$\omega(t) = \frac{d\varphi(t)}{dt} = \omega_C + \Delta\omega(t) = \omega_C + k_f u_\Omega \tag{6.2}$$

式中，k_f 为比例系数，也称为调频灵敏度，表示调制信号对角频偏的控制能力，它是单位调制电压产生的频差，单位为 $(rad/s)/V$；ω_C 是未调制的载波频率，称为调频波的中心频率。$\Delta\omega(t)$ 为瞬时角频偏(或称角频偏)，表示为

$$\Delta\omega(t) = k_f u_\Omega = k_f U_{\Omega m} \cos \Omega t = \Delta\omega_m \cos \Omega t \tag{6.3}$$

式中，$\Delta\omega_m = k_f U_{\Omega m}$ 是 $\Delta\omega(t)$ 的最大值，称为最大角频偏，而 $\Delta f_m = \Delta\omega_m / 2\pi$ 称为最大频偏。

由式(6.2)，调频波的瞬时相位为

$$\varphi(t) = \omega_C t + k_f \int_0^t u_\Omega(t)dt + \varphi_0 = \omega_C t + \frac{\Delta\omega_m}{\Omega} \sin \Omega t + \varphi_0$$

设载波信号初相角 $\varphi_0 = 0$，则在单频调制信号下，调频波(FM)的表达式为

$$u_{FM}(t) = U_{Cm} \cos\left[\omega_C t + k_f \int_0^t u_\Omega(t)dt\right] = U_{Cm} \cos(\omega_C t + M_f \sin \Omega t) \tag{6.4}$$

式中，$M_f = \dfrac{\Delta\omega_m}{\Omega}$ 称为调频指数。与 AM 波不同的是，调频指数 M_f 一般大于 1，且 M_f 越大，抗干扰性能越好，频带越宽。图 6.1 表明了 $U_{\Omega m}$ 一定时，$\Delta\omega_m$ 和 M_f 随 Ω 变化的曲线。

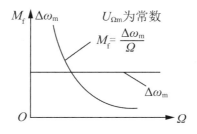

图 6.1　$U_{\Omega m}$ 一定时，$\Delta\omega_m$ 和 M_f 随 Ω 变化的曲线

图 6.2 是调频波波形图，当 u_Ω 为正值最大时，$\omega(t)$ 也最高，波形最密；当 u_Ω 为负值最大时，$\omega(t)$ 最低，波形最疏。可见调频波是波形疏密随调制信号变化的等幅波。

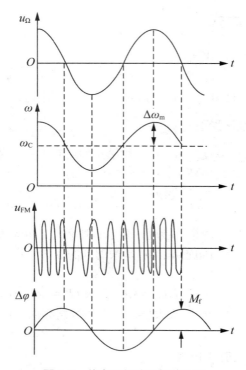

图 6.2　单音调制的调频波波形

2．调相波的表达式及波形图

调相波的瞬时相位$\varphi(t)$随调制信号u_Ω成线性变化，即

$$\varphi(t) = \omega_{\mathrm{C}}t + k_{\mathrm{p}}u_\Omega(t) = \omega_{\mathrm{C}}t + k_{\mathrm{p}}U_{\Omega m}\cos\Omega t \tag{6.5}$$

式中，$\omega_{\mathrm{C}}t$ 为未调制时载波的相位角；k_{p} 称为调相灵敏度，单位是 rad/V，它表示单位调制电压所引起的相位偏移值。令 $M_{\mathrm{p}} = k_{\mathrm{p}}U_{\Omega m}$ 称为调相指数或表示调相波最大的相位偏移。于是式(6.5)可写成：

$$\varphi(t) = \omega_{\mathrm{C}}t + M_{\mathrm{p}}\cos\Omega t = \omega_{\mathrm{C}}t + \Delta\varphi$$

调相波的电压表达式为

$$u_{\mathrm{PM}}(t) = U_{\mathrm{Cm}}\cos(\omega_{\mathrm{C}}t + M_{\mathrm{p}}\cos\Omega t)$$

图 6.3 为单音调制的调相波波形图。

调相波的瞬时角频率为

$$\begin{aligned}
\omega(t) = \frac{\mathrm{d}\varphi(t)}{\mathrm{d}t} &= \omega_{\mathrm{C}} - k_{\mathrm{p}}U_{\Omega m}\Omega\sin\Omega t \\
&= \omega_{\mathrm{C}} - M_{\mathrm{p}}\Omega\sin\Omega t \\
&= \omega_{\mathrm{C}} - \Delta\omega_{\mathrm{m}}\sin\Omega t
\end{aligned} \tag{6.6}$$

由式(6.6)可见，调相波的最大角频偏为

$$\Delta\omega_{\mathrm{m}} = M_{\mathrm{p}}\Omega = k_{\mathrm{p}}U_{\Omega m}\Omega$$

图 6.4 所示为 $U_{\Omega m}$ 一定时，$\Delta \omega_m$ 和 M_p 随 Ω 变化的曲线。

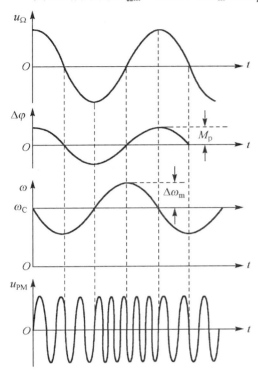

图 6.3　单音调制的调相波波形　　图 6.4　$U_{\Omega m}$ 一定时，$\Delta \omega_m$ 和 M_p 随 Ω 变化的曲线

将调频波与调相波进行比较，从波形图上看，调频波和调相波都是等幅疏密波，只是调相波的相位比调频波延迟了 90°，只有在已知调制信号的情况下，才能从波形上区分调频波和调相波。在调频时，调频波瞬时频率的变化与调制信号呈线性关系，瞬时相位的变化与调制信号的积分呈线性关系。在调相时，瞬时相位的变化与调制信号呈线性关系，瞬时频率的变化与调制信号的微分呈线性关系。

综上所述，单频调制的调频波和调相波中存在着三个与频率有关的参数，ω_C、$\Delta \omega_m$ 和 Ω，其中载波频率 ω_C 表示瞬时角频率变化的平均值；调制信号的角频率 Ω 表示瞬时频率变化快慢的程度；最大角频偏 $\Delta \omega_m$ 表示瞬时角频率偏移 ω_C 的最大值。

频率和相位之间存在着微分和积分的关系，即

$$\omega(t) = \frac{\mathrm{d}\varphi(t)}{\mathrm{d}t} \ \text{或} \ \varphi(t) = \int_0^t \omega(t) \cdot \mathrm{d}t$$

所以 FM 与 PM 之间是可以互相转换的。如果先对调制信号积分，再进行调相，就可以实现间接调频；如果先对调制信号微分，再进行调频，就可以实现间接调相。

6.1.2　调角波信号的频谱和带宽

由于调频波和调相波都是时间的周期函数，因此可以展开成傅里叶级数。以调频波为例，FM 波的表达式为

$$u_{\text{FM}}(t) = U_{\text{Cm}} \cos(\omega_C t + M_f \sin \Omega t) = R_e \left(U_{\text{Cm}} e^{j\omega_C t} e^{jM_f \sin \Omega t} \right)$$

因为式中的 $e^{jM_f \sin \Omega t}$ 是周期为 $2\pi/\Omega$ 的周期性时间函数，可以将它展开为傅里叶级数，其基波频率为 Ω，即

$$e^{jM_f \sin \Omega t} = \sum_{n=-\infty}^{\infty} J_n(M_f) e^{jn\Omega t} \tag{6.7}$$

式中

$$J_n(M_f) = \frac{1}{2\pi} \int_{-\pi}^{\pi} e^{j(M_f \sin x - nx)} \mathrm{d}x$$

式中，$J_n(M_f)$ 称为宗数，为 M_f 的 n 阶第一类贝塞尔函数，其值可由表或从曲线(见图 6.5)查得。

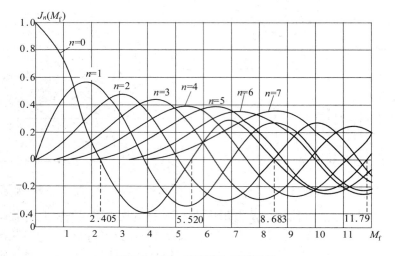

图 6.5　第一类贝塞尔函数曲线

因而，调频波的级数展开式为

$$u_{\text{FM}}(t) = U_{\text{Cm}} R_e \left[\sum_{n=-\infty}^{\infty} J_n(M_f) e^{j(\omega_C t + n\Omega t)} \right]$$

$$= U_{\text{Cm}} \sum_{n=-\infty}^{\infty} J_n(M_f) \cos(\omega_C + n\Omega)t \tag{6.8}$$

分析式(6.8)可以看出，在单一频率信号调制下，调角波的频谱不像振幅调制那样(已调波信号是调制信号频谱的线性搬移)，而是由 $n=0$ 时的载波分量和 $n \geqslant 1$ 时无穷多个边带分量所组成，相邻两个频率分量相隔为 Ω，载频分量和各边带分量的相对幅度由相应的贝塞尔函数值决定，由图 6.5 可见随着 M_f 值的增大，边频分量数目增加，但各边带分量和载频分量振幅呈衰减振荡趋势，且有时候为零(如在 $M_f=2.405$，5.520，8.683，…时，载频分量为零)。图 6.6 是 $U_{\Omega m}$ 一定时，根据式(6.8)作出的三个不同调制频率和调制指数下的调频信号频谱图。可见调角是完全不同于调幅的一种非线性频率变换过程。显然，作为调角的逆过程，角度解调也是一种非线性频率变换过程。

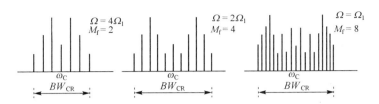

图 6.6　$U_{\Omega m}$ 一定时调频波的频谱图

由图 6.6 可知，不论 M_f 为何值，随着阶数 n 的增大边频分量的振幅总趋势是减小的，M_f 越大具有较大振幅边频的分量就越多。理论上分析调频波的带宽应为无穷大，但从能量观点看，调频波能量的绝大部分实际上是集中在载频附近的有限带宽上，对于任一给定的 M_f 值，高到一定次数的边频分量的振幅已经小到可以忽略，以至忽略这些边频分量对调频波不会产生显著影响。因此，调频信号的频谱宽度实际上可以认为是有限的。由于 $|n| > M_f + 1$ 的那些边频分量振幅小于载波振幅的 10%($\left|J_n(M_f)\right|_{n > M_f + 1} < 0.1$)，可以略去不计，考虑到上下边频是成对出现的，因此调频波频谱的有效宽度(简称频带宽度)可由式(6.9)计算：

$$BW = 2(M_f + 1)F = 2(\Delta f_m + F) \tag{6.9}$$

由式(6.9)可以看出，当 $M_f \ll 1$ 时，$BW = 2F$，说明窄带调频时频带宽度与调幅波的频带基本相同，窄带调频广泛应用于移动通信中；当 $M_f \gg 1$ 时，$BW = 2\Delta f_m$，说明宽带调频的频带宽度可按最大频偏的两倍来估算，而与调制频率无关，因此宽带调频又称为恒定带宽调制。

如果调制信号为多频率的复杂信号，则调频波所含的频谱分量将增多，除了有 $\omega_C \pm n_1\Omega_1$、$\omega_C \pm n_2\Omega_2 \cdots$ 等上下边带分量外，还会有 $\omega_C \pm n_1\Omega_1 \pm n_2\Omega_2 \pm \cdots$ 等组合频率分量，而且随着调频指数的增大，其幅度有明显的下降趋势。因此对于多频信号调制的调频波，其频带宽度可估算为

$$BW_{CR} = 2(\Delta f_m + F_{max})$$

通常调频广播中规定的最大频偏 $\Delta f_m = 75\text{kHz}$，最高调制频率 F 为 15kHz，故 $M_f = 5$，由式(6.9)可计算出 FM 信号的频带宽度为 180kHz。

对于调相波来讲，由于调相指数 M_p 与调制信号 F 无关，所以 $U_{\Omega m}$ 不变时 M_p 不变，而 BW_{CR} 与 F 成正比，如图 6.7 所示。对于多频调制信号的调相波，其频带宽度可估算为

$$BW_{CR} = 2(M_p + 1)F_{max}$$

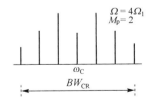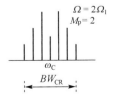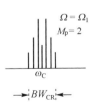

图 6.7　$U_{\Omega m}$ 一定时调相波的频谱图

6.2 调 频 电 路

6.2.1 调频的主要性能指标

1．调制特性

所谓调频波的调制特性是表示调频波的角频偏 $\Delta\omega$(或频偏 Δf)与输入信号 $u_\Omega(t)$ 的关系(其中 $\Delta\omega = 2\pi\Delta f$, $\Delta\omega = \omega - \omega_c$),即若 $\Delta\omega - u_\Omega$ 是成正比关系,说明调制特性是线性的。但实际电路中难免会产生一定程度的非线性失真,应力求避免,提高调制的线性度。

2．调制灵敏度

单位调制电压产生的频率偏移称为调制灵敏度,通常用 $S = \Delta f_m / U_{\Omega m}$ 或 $k_f = \Delta\omega_m / U_{\Omega m}$ 来估算。

3．最大频偏

最大频偏与调制信号的频率无关。

4．频率稳定度

未调制的载波(即已调波的中心频率)要稳定,即具有一定的频率稳定度。

6.2.2 直接调频电路

利用调制信号直接控制振荡器的振荡频率,使其按调制信号变化规律变化,称为直接调频。在 LC 振荡器中,决定振荡频率的主要元件是电感 L 和电容 C。在 RC 振荡器中,决定振荡频率的主要元件是电阻 R 和电容 C。因此用调制信号去控制可控电感、电容或电阻的数值就能实现直接调频。

1．变容二极管直接调频电路

变容二极管是根据 PN 结的结电容随反向电压变化的原理而设计工作的。利用变容二极管的结电容随反偏电压变化这一特性,将变容二极管接到振荡器的振荡回路中充当可控电容元件,则回路的电容量会随调制电压变化,从而改变振荡频率,达到调频的目的。

1) 变容二极管

变容二极管也是单向导电器件,在反向偏置时,它始终工作在截止区,反向电流极小,PN 结呈现一个与反向偏置电压 u 有关的结电容 C_j(主要是势垒电容)。C_j 与 u 的关系是非线性的,所以变容二极管电容 C_j 属于非线性电容。

变容二极管的结电容 C_j 与其两端所加反向偏置电压 u 的关系为

$$C_j = \frac{C_j(0)}{\left(1 + \dfrac{u}{U_B}\right)^n} \tag{6.10}$$

式中，U_B 为 PN 结的内建电压差(锗管为 0.2V，硅管为 0.6V)；u 为外加电压；$C_j(0)$ 为 $u=0$ 时的结电容；n 为变容指数。变容二极管结电容随外加电压变化的曲线如图 6.8 所示。

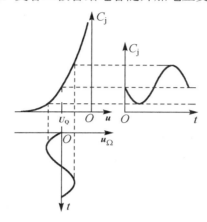

图 6.8　变容二极管的反向电压与结电容的变化曲线

为了保证变容二极管在调制过程中保持反偏工作，必须加一个大于 $U_{\Omega m}$ 的反向偏压 U_Q，所以外加电压 $u = U_Q + u_{\Omega}(t)$，当调制信号电压 $u_{\Omega}(t) = U_{\Omega m}\cos\Omega t$ 时，有

$$C_j = \frac{C_j(0)}{\left(1 + \dfrac{U_Q}{U_B}\right)^n} \cdot \frac{1}{\left(1 + \dfrac{U_{\Omega m}}{U_B + U_Q}\cos\Omega t\right)^n} = C_{jQ}\big/\left(1 + m\cos\Omega t\right)^n \tag{6.11}$$

式中，$m = \dfrac{U_{\Omega m}}{U_B + U_Q}$ 称为电容的调制指数，它反映了调制电压幅值与直流电压之比，表明调制深度；$C_{jQ} = \dfrac{C_j(0)}{\left(1 + \dfrac{U_Q}{U_B}\right)^n}$ 表示反偏电压 U_Q(即 $u_{\Omega}(t) = 0$)时的结电容。

2) 变容二极管直接调频的原理电路

将变容二极管接在振荡器的振荡回路里，使它成为回路总电容或回路电容的一部分，就构成了变容二极管直接调频电路。下面分两种情况进行分析，一种是以 C_j 为回路总电容接入回路，一种是以 C_j 作为回路部分电容接入回路。

(1) 变容二极管作为振荡回路的总电容。图 6.9(a)是一个 C_j 作为回路总电容接入回路的直接调频的原理电路。为了便于调频性能的分析，振荡器部分只画出了高频交流等效电路，没有画出直流馈电电路。

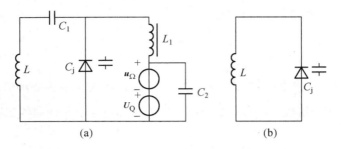

图 6.9　变容二极管为振荡回路总电容的原理电路

图 6.9 中，L 和变容二极管 C_j 为振荡回路的电感和电容，调制信号电压 u_Ω 和直流偏置电压 U_Q 作用在变容二极管的控制电路上，U_Q 的取值应保证变容二极管在 $u_\Omega(t)$ 的变化范围内保持反偏工作。C_2 为高频滤波电容，它对高频的容抗很小，接近短路，而对调制频率的容抗很大接近开路。L_1 为高频扼流圈，它对高频的感抗很大，接近开路，而对调制信号相当于短路。它们的作用是防止电路对振荡回路性能的影响，由图 6.9 可知，变容二极管上加了 u_Ω 和 U_Q。此时的振荡频率为

$$\omega(t) = \frac{1}{\sqrt{LC_j}} = \frac{1}{\sqrt{LC_{jQ}}}\left(1 + m\cos\Omega t\right)^{\frac{n}{2}} = \omega_C\left(1 + m\cos\Omega t\right)^{\frac{n}{2}} \tag{6.12}$$

式中，$\omega_C = \dfrac{1}{\sqrt{LC_{jQ}}}$ 为不加调制信号时的振荡频率，即中心频率。在式(6.12)中，若 $n = 2$，则有

$$\omega(t) = \omega_C\left(1 + m\cos\Omega t\right) = \omega_C + \Delta\omega(t) \tag{6.13}$$

式中，$\Delta\omega(t) = \omega_C u_\Omega(t)/(U_Q + U_B)$ 正比于 $u_\Omega(t)$，即频率与调制信号成正比，实现了线性调频。

在一般情况下，$n \neq 2$，这时式(6.13)可以展开成幂级数

$$\omega(t) = \omega_C\left[1 + \frac{n}{2}m\cos\Omega t + \frac{1}{2!}\cdot\frac{n}{2}\left(\frac{n}{2} - 1\right)m^2\cos^2\Omega t + \cdots\right]$$

忽略高次项，$\omega(t)$ 可近似为

$$\omega(t) = \omega_C + \frac{n}{8}\left(\frac{n}{2} - 1\right)m^2\omega_C + \frac{n}{2}m\omega_C\cos\Omega t + \frac{n}{8}\cdot\left(\frac{n}{2} - 1\right)m^2\omega_C\cos 2\Omega t \tag{6.14}$$

$$= \omega_C + \Delta\omega_C + \Delta\omega_m\cos\Omega t + \Delta\omega_{2m}\cos 2\Omega t$$

式中，$\Delta\omega_C = \dfrac{n}{8}\left(\dfrac{n}{2} - 1\right)m^2\omega_C$，是调制过程中产生的中心频率漂移，产生 $\Delta\omega_C$ 的原因是 C_j-u 曲线不是直线，使得在一个调制信号周期内，电容的平均值不等于静态工作点的 C_Q，从而引起中心频率的改变；$\Delta\omega_m = \dfrac{n}{2}m\omega_C$ 为最大角频偏；$\Delta\omega_{2m} = \dfrac{n}{8}\cdot\left(\dfrac{n}{2} - 1\right)m^2\omega_C$ 为二次谐波最大角频偏，它也是由 C_j-u 曲线不是直线引起的。

在实际工作中，由于外界条件发生变化，电源电压 U_Q 产生漂移，使 C_{jQ} 发生变化，造成中心频率 f_C 不稳定，其次，振荡回路的高频电压完全作用于变容二极管上，使变容二极

管的结电容受到直流偏置电压 U_Q、调制电压 u_Ω 和振荡高频电压的共同控制，如图 6.10 所示。变容二极管的值由每个高频周期内的平均电容来确定。由图 6.10 可以看出，当高频电压左右摇摆时，会造成平均电容增大；而且高频电压叠加在 u_Ω 之上，每个高频周期的平均电容变化不一样，这样会引起频率不按调制信号规律变化的寄生调制。部分接入方式可以减小加在变容二极管上的高频电压，以减弱寄生调制。

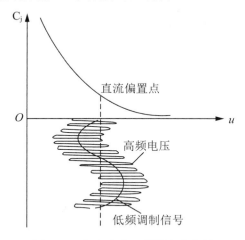

图 6.10　加在变容二极管上的电压

(2) 变容二极管部分接入振荡回路。变容二极管部分接入振荡回路的等效电路如图 6.11 所示。

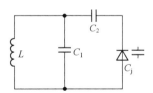

图 6.11　变容二极管部分接入振荡回路

变容二极管和电容 C_2 串联，再和 C_1 并联，构成振荡回路总电容 C_Σ 为

$$C_\Sigma = C_1 + \frac{C_2 C_j}{C_2 + C_j}$$

加单频调制信号后，回路总电容 C_Σ 为

$$C_\Sigma = C_1 + \frac{C_2 C_{jQ}(1 + m\cos\Omega t)^{-n}}{C_2 + C_{jQ}(1 + m\cos\Omega t)^{-n}} = C_1 + \frac{C_2 C_{jQ}}{C_2(1 + m\cos\Omega t)^n + C_{jQ}} \tag{6.15}$$

从式(6.15)可知，瞬时频率取决于回路的总电容 C_Σ，而 C_Σ 可以看成一个等效的变容二极管，C_Σ 随调制电压 u_Ω 的变化规律不仅取决于变容二极管的结电容 C_j 随调制电压 u_Ω 的变化规律，而且还和 C_1、C_2 的大小有关。这样变容二极管的变化对振荡回路的振荡频率影响相对减小，因此中心频率稳定度比全部接入要高，但最大频偏也会减小。

(3) 实际电路举例。图 6.12 是变容二极管部分接入直接调频的典型电路。图 6.12(a)为实际电路，图 6.12(b)为等效电路。

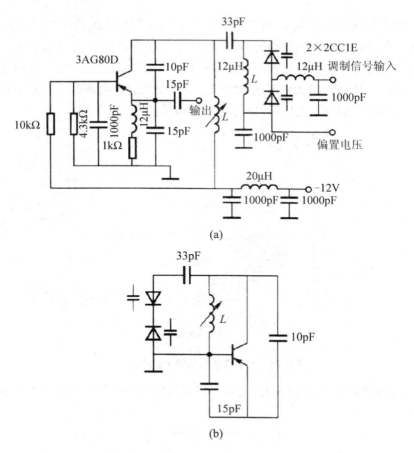

图 6.12　变容二极管直接调频电路

它是一个电容三点式振荡器,变容二极管经 33pF 电容接入振荡回路,调整电感 L 的电感量和变容二极管的偏置电压,可使振荡器的中心频率在 50～100MHz 范围内变化。12μF 的电感为高频扼流圈,对高频相当于开路,1000pF 电容为高频滤波电容。振荡回路由 10pF、15pF、33pF 电容、可调电感及变容二极管组成,高频等效电路如图 6.12(b)所示。

电路中两个变容二极管采用背靠背连接,高频振荡电路电压对两个变容二极管是反向电压,这样能够减小高频振荡电压对变容二极管总电容的影响。而对于调制电压 u_Ω 来说,由于是低频信号,两个 12μF 的高频扼流圈相当于短路,加在两个变容二极管上的电压是相等的。这样加到每个变容二极管的高频电压就降低一半,从而可以减弱高频电压对电容的影响;同时由于两个变容二极管反向串联,能减弱寄生调制。

3) 晶体振荡器直接调频电路

在要求调频波中心频率稳定度较高,而频偏较小的场合,可以采用直接对石英晶体振荡器进行调频。晶体振荡器直接调频电路是将变容二极管接入并联型晶体振荡器的回路中实现调频。

图 6.13 为并联型皮尔斯振荡器的等效电路。此电路的振荡频率为

$$f_0 = f_q\sqrt{1 + \frac{C'_q}{(C_O + C_L)}} \tag{6.16}$$

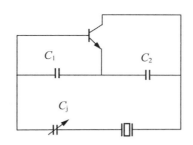

图 6.13　皮尔斯振荡器的等效电路

式中，f_q 为晶体的串联谐振频率；C_q 为晶体的动态电容；C_O 为晶体静态电容；C_L 为 C_1、C_2 和 C_j 的串联电容值，有

$$C_L = \frac{1}{\dfrac{1}{C_1} + \dfrac{1}{C_2} + \dfrac{1}{C_j}} \tag{6.17}$$

由式(6.17)可见，当 C_j 变化时，C_L 将变化，从而使晶体振荡器的振荡频率发生变化。

图 6.14 (a)所示为晶体振荡器的实际电路，图 6.14(b)所示为交流等效电路。它是由 C_1、C_2、变容二极管 C_j 和晶体 J_T 构成的皮尔斯晶体振荡电路，决定频率的回路主要是晶体与晶体串联的小电感 L 和变容二极管的 C_j，以及电容 C_1 和 C_2。晶体必须为一电感元件，因此其振荡频率只能在 $f_q \sim f_p$ 之间变化。因为晶体的并联谐振频率与串联谐振频率相差很小，其调频的频偏不可能大。在图 6.14(a)所示的电路中，采用晶体支路上串联小电感 L 的方法来扩大调频频偏。

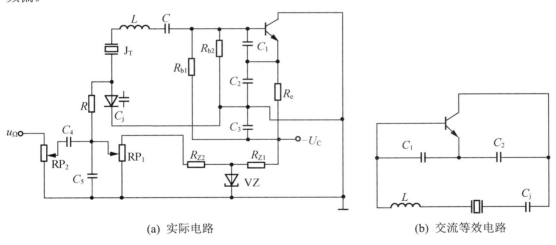

(a) 实际电路　　　　　　　　　　　　　　　　(b) 交流等效电路

图 6.14　晶体振荡器直接调频电路

6.2.3　间接调频电路

间接调频的频率稳定度高，被广泛地应用于广播发射机和电视伴音发射机中。由前述间接调频的原理可知，如果先对调制信号 $u_\Omega(t)$ 进行积分得到 $\int u_\Omega(t)\,dt$，然后用 $\int u_\Omega(t)\,dt$ 对

载波 $u_C(t)$ 调相，就可实现对 $u_\Omega(t)$ 而言的调频波 $u_{FM}(t)$，如图 6.15 所示。

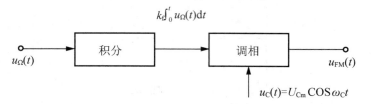

图 6.15   间接调频电路的实现框图

由此可见，间接调频的关键在于如何实现调相。常用的调相方法主要有移相法调相和可变时延调相(脉冲调相)。

1．移相法调相

将载频信号通过一个相移受调制信号控制的移相网络，即可实现调相，原理框图如图 6.16 所示。

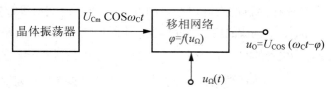

图 6.16   移相法调相电路的实现框图

常用的移相网络有多种形式，如 RC 移相网络、LC 调谐回路移相网络等。目前应用最广的是变容二极管调相电路。

如图 6.17 所示电路，是用变容二极管对 LC 回路作可变移相的一种调相电路。它的工作原理是用调制电压 u_Ω 去控制变容二极管电容 C_j 的变化，由 C_j 的变化实现调谐回路对输入载波 f_C 的相移，具体过程为

$$u_\Omega \to C_j \to f_0 \to \Delta f(= f_0 - f_C) \to \Delta \varphi$$

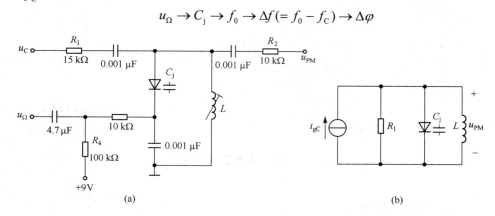

图 6.17   变容二极管移相法调相电路

根据 LC 调相回路的分析，在 $u_\Omega = 0$ 时，回路谐振于载频 $f_0 - f_C = 0$，呈纯阻性，回路相移 $\Delta\varphi = 0$；当 $u_\Omega \neq 0$ 时，回路失谐 $f_0 - f_C \neq 0$，呈电感性或电容性，得移相 $\Delta\varphi > 0$ 或

$\Delta\varphi < 0$，数学关系式为

$$\Delta\varphi = -\arctan\left(Q\frac{2\Delta f}{f_{\mathrm{C}}}\right) \tag{6.18}$$

在 $\Delta\varphi < \pi/6$ 时，式(6.18)可近似为

$$\Delta\varphi \approx -Q\frac{2\Delta f}{f_{\mathrm{C}}}$$

由于单级 *LC* 移相特性线性范围不大，因此这种电路得到的频偏不大，必须采取扩大频偏的措施。除了用倍频方法增大频偏外，还应改进调相电路本身。图 6.18 是由三级单谐振回路组成的调相电路。若每级相偏为 $\pi/6$，则三级可移相 $\pi/2$，增大了频偏。为了减小各级之间的相互影响，各级采用小电容耦合，故相互影响很小。

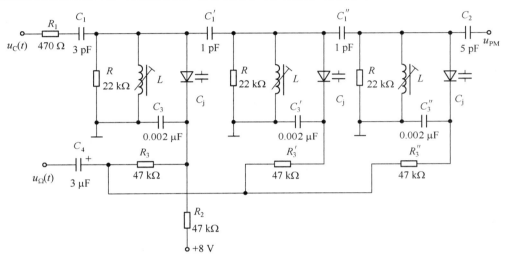

图 6.18　三级单回路变容二极管调相电路

2. 可变时延法调相电路

当一载波信号通过某一延时网络，其延迟时间 τ 受到调制信号的控制，且 $\tau = ku_\Omega(t)$（k 为常数），则输出信号可写为

$$
\begin{aligned}
u_{\mathrm{o}}(t) &= U_{\mathrm{Cm}}\cos\omega_{\mathrm{C}}(t-\tau) = U_{\mathrm{Cm}}\cos\left[\omega_{\mathrm{C}}t - k\omega_{\mathrm{C}}u_\Omega(t)\right] \\
&= U_{\mathrm{Cm}}\cos\omega_{\mathrm{C}}\left[\omega_{\mathrm{C}}t - k_{\mathrm{p}}u_\Omega(t)\right]
\end{aligned}
\tag{6.19}
$$

式中，$k_{\mathrm{p}} = k\omega_{\mathrm{C}}$。而 $u_{\mathrm{o}}(t)$ 就是调相波，其实现框图如图 6.19 所示。

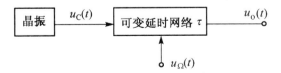

图 6.19　可变时延法调相电路的实现框图

可变时延法调相系统的最大优点是调制线性好，相位偏移大，最大相移可达 144°，被广泛应用在调频广播发射机及激光通信系统中。

6.2.4 扩展最大频偏的方法

调相法所获得的频偏一般是不能满足需要的。在实际调频系统中，如果需要的最大线性频偏不能用调频电路达到，则可利用多级倍频的方法来获得符合要求的调频频偏。采用混频器变换频率可得到符合要求的调频波工作频率范围。

利用倍频器可将调频信号的载波频率 f_C 和其最大线性频偏 Δf_m 同时增大 n 倍(其相对频偏保持不变)。利用混频器可以降低载波频率，但可以保持绝对频偏不变。

总之，倍频器可以扩展调频波的绝对频偏，混频器可以扩展调频波的相对频偏。利用倍频器和混频器的特性，就可以在要求的载波频率上，扩展调频波的线性频偏。

【例 6.1】 某调频发射机要求发射中心频率为 $f_C = 100\text{MHz}$，最大频偏为 $\Delta f_m = 75\text{kHz}$ 的调频信号。而现有的发射机中心频率为 $f_{C1} = 1\text{MHz}$，最大频偏为 $\Delta f_{m1} = 250\text{Hz}$。问如何实现要求。

解：首先利用变频器进行 n 倍频，即

$$n = \frac{\Delta f_m}{\Delta f_{m1}} = 300$$

300 倍频后 $\Delta f_{m2} = 75\text{kHz}$，$f_{C2} = 300 \times f_{C1} = 300\text{MHz}$，显然这个数值不符合要求。我们可以利用混频的方法达到要求。于是有

$$f_{C3} = f_L - f_{C2} = f_C \Rightarrow f_L = 100 + 300 = 400(\text{MHz})$$
$$\Delta f_m = 75\text{kHz}$$

从而实现调频发射机的要求。

6.3 鉴 频 电 路

调角波的解调就是从调角波中恢复出原调制信号的过程。调频波的解调电路称为频率检波器或鉴频器，调相波的解调电路称为相位检波器或鉴相器。我们这里只讨论应用较广泛的鉴频器。

6.3.1 鉴频的主要性能指标

鉴频器的主要特性是鉴频特性，即反映输出电压 u_o 与输入调频波频率 f 之间的关系，典型的鉴频特性曲线如图 6.20 所示。在线性解调的理想情况下，此曲线为一直线，但实际上是呈"S"形。鉴频器的主要性能指标大都与鉴频特性曲线有关。

1. 鉴频灵敏度 S_D

鉴频灵敏度是指鉴频特性曲线原点处的斜率，它表示的是单位频偏所能产生的解调输出电压，即 $S_D = \dfrac{\Delta u_o}{\Delta f}(\text{V/Hz})$，其中 $\Delta f = \dfrac{\Delta \omega}{2\pi}(\text{Hz})$。

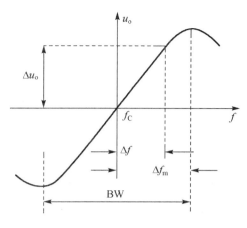

图 6.20　典型鉴频特性曲线

2. 鉴频线性范围

为了实现线性鉴频，鉴频特性曲线在鉴频带宽 BW 内应呈线性。但实际上只有在频率等于 f_C 附近才有较好的线性。鉴频线性范围就是指鉴频特性近似直线的范围，一般 $BW = 2\Delta f_m$。

3. 非线性失真

由于鉴频特性不是线性的，会使输出解调信号 u_o 产生失真，因此应尽可能小到允许范围。

下面将主要介绍两种常用的鉴频器。

6.3.2　斜率鉴频器

1. 单失谐回路振幅鉴频器

振幅鉴频器(斜率鉴频器)的基本原理是将调频波通过频率－幅度线性变换网络，变换为频率和振幅都随调制信号变化的调频－调幅波，然后经过包络检波还原成原调制信号。

最简单的斜率鉴频器由单失谐回路和二极管包络检波器组成，如图 6.21 所示。如果使 LC 谐振回路的谐振频率 ω_0 大于调频波的载波频率 ω_C，那么对于调频波来说，就工作在并联谐振回路的失谐区，尽量利用幅频特性的倾斜部分。如图 6.22 所示，当 $\omega_0 > \omega_C$ 时，回路失谐小，谐振回路两端电压 u'_s 大；当 $\omega_0 > \omega_C$ 时，回路失谐大，谐振回路两端电压 u'_s 小，这样在已调波 u_s 的频率随调制信号发生变化时，回路阻抗的失谐度也随之变化，使谐振回路两端的电压 u'_s 的幅值也随着变化，形成了调频－调幅波，再经包络检波就可得到原调制信号。

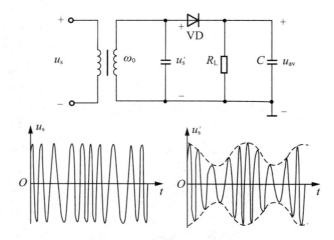

图 6.21 单失谐回路斜率鉴频器

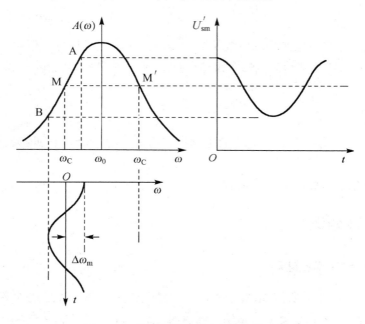

图 6.22 单失谐回路斜率鉴频工作原理

实际上单失谐回路谐振曲线的倾斜部分的线性度是较差的。为了扩大线性范围，多采用双失谐回路斜率鉴频器。

2．双失谐回路斜率鉴频器

双失谐回路斜率鉴频器是由三调谐回路组成的，如图 6.23 所示。在变压器的输出端，上下两个回路分别调谐于 f_{01} 和 f_{02} 上，它们各自位于输入调谐波的载波频率 f_C 的两侧，并与 f_C 之间的失谐量相等，且 $f_{01} - f_C = f_C - f_{02}$。回路的谐振特性如图 6.24 所示。设上下两谐振回路的幅频特性分别为 $A_1(\omega)$ 和 $A_2(\omega)$，并且上下两包络检波器的检波电压传输系数为 η_d，则双失谐回路频率鉴频器的输出电压为

$$u_{av} = u_{av1} - u_{av2} = U_{sm}\eta_d\left[A_1(\omega) - A_2(\omega)\right] \tag{6.20}$$

式中，U_{sm} 是输入调频波振幅。当 U_{sm} 和 η_d 一定时，鉴频器的输出电压 u_{av} 随 ω 的变化就是上下两个回路幅频特性相减的合成特性。

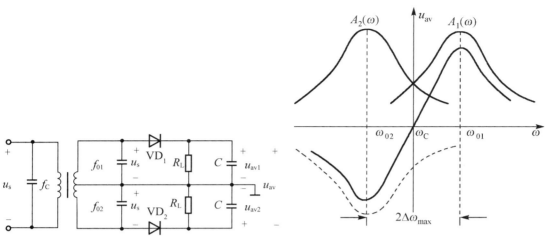

图 6.23　双失谐回路斜率鉴频器　　　　图 6.24　双失谐回路斜率鉴频的特性曲线

3．差分峰值斜率振幅鉴频器

差分峰值斜率鉴频器是一种在集成电路中常用的振幅鉴频器，如图 6.25 所示。VT_1、VT_2 为射极跟随器；VT_3、VT_4 为检波管，它们的发射极分别与 C_3、C_4 构成峰值包络检波器；VT_5、VT_6 组成差分对放大器。C_1、C_2、L_1 组成频—幅变换网络。

L_1C_1 并联电路的谐振频率为

$$f_{01} = \frac{1}{2\pi\sqrt{L_1C_1}} \tag{6.21}$$

L_1、C_1 和 C_2 组成的并、串联谐振回路的谐振频率为

$$f_{01} = \frac{1}{2\pi\sqrt{L_1(C_1 + C_2)}} \tag{6.22}$$

比较式(6.21)和式(6.22)，可以得到 $f_{01} > f_{02}$。

当调频波的瞬时频率 $f = f_{01}$ 时，L_1C_1 回路并联谐振，呈现的并联谐振阻抗最大，这时 u_1 也最大，而由于回路电流最小，u_2 最小；当调频波的瞬时频率 $f = f_{02}$ 时，L_1、C_1 和 C_2 组成的回路发生并联谐振，呈现最大的谐振阻抗，L_1C_1 回路失谐，谐振阻抗最小(L_1、C_1 和 C_2 网络电抗的频率特性曲线如图 6.25(b)所示)，因而这时 u_1 最小，u_2 最大。u_1、u_2 的峰值包络随频率 f 变化的曲线如图 6.25(c)所示。由此可见由 L_1、C_1 和 C_2 组成的移相网络的作用是将输入的调频波转换为两个反相的调频—调幅波。

根据以上分析，输入调频波信号 u_s 被分为两个反相的调频—调幅波 u_1 和 u_2。u_1 和 u_2 分别经射极跟随器加于峰值包络检波器 VT_3 和 VT_4 的输入端，输出峰值检波电压经差分放大器 VT_5 和 VT_6，可得到鉴频之后的原调制信号 u_{av}，图 6.25(d)给出了鉴频特性曲线。集成斜率鉴频器波形如图 6.26 所示。

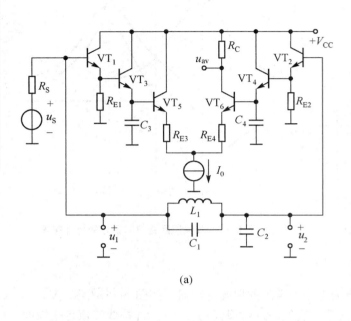

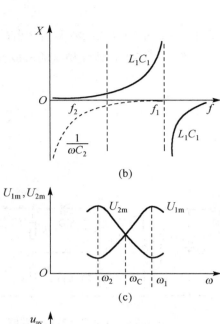

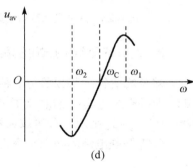

(a)

图 6.25　差分斜率鉴频器

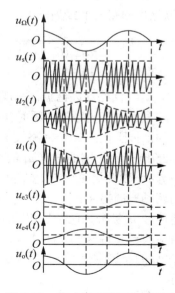

图 6.26　集成斜率鉴频器波形图

6.3.3　相位鉴频器

相位鉴频器也是利用波形变换进行鉴频的一种方法。它是利用具有频率－相位变特性的线性相移网络，将调频波变成调频－调相波(FM-PM)，然后把调频－调相波和原来的调频波一起加到鉴相器上，就可通过相位检波器解调此调频波信号。我们这里介绍一种相移乘法鉴频器。

图 6.27 所示为相移乘法鉴频器的原理框图。电路主要由移相器、乘法器和低通滤波器组成。

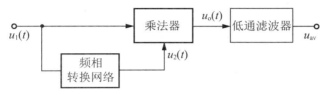

图 6.27　相移乘法鉴频器原理框图

1. 频率相位变换网络

目前广泛采用的频率相位变换网络如图 6.28 所示，由 C_1 和 LC_2R 谐振回路构成。设输入电压为 $\dot{U}_1$，则输出电压 $\dot{U}_2$ 为

$$\dot{U}_2 = \dot{U}_1 \frac{\left(\dfrac{1}{R} + j\omega C_2 + \dfrac{1}{j\omega L}\right)^{-1}}{(1/j\omega C_1) + \left(\dfrac{1}{R} + j\omega C_2 + \dfrac{1}{j\omega L}\right)^{-1}} = \dot{U}_1 \frac{j\omega C_1}{\dfrac{1}{R} + j\omega (C_1 + C_2) + (1/j\omega L)}$$

令 $\omega_0 = \dfrac{1}{\sqrt{L(C_1 + C_2)}}$，$Q_e = \dfrac{R}{\omega_0 L} = R\omega_0(C_1 + C_2)$，如果，$\omega$ 在 ω_0 附近变化，即在失谐不大的情况下，有

$$\dot{U}_2 = \dot{U}_1 \frac{j\omega C_1 R}{1 + jQ_e \dfrac{2(\omega - \omega_0)}{\omega_0}} = \dot{U}_1 \frac{j\omega C_1 R}{1 + j\xi} \qquad (6.23)$$

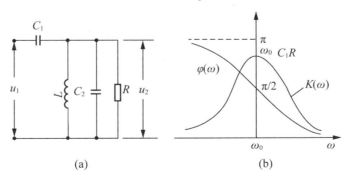

(a)　　　　　　　　　　(b)

图 6.28　相移网络及其特性

式(6.23)中，$\xi = \dfrac{2Q_e(\omega - \omega_0)}{\omega_0} = \dfrac{2Q_e\Delta\omega}{\omega_0}$ 为广义失谐量。由式(6.23)可求得网络的幅频特性 $K(\omega)$ 和相频特性 $\varphi(\omega)$ 为

$$K(\omega) = \frac{\omega C_1 R}{\sqrt{1 + j\xi^2}}$$

$$\varphi(\omega) = \frac{\pi}{2} - \arctan\xi$$

由图 6.28 可知，当 $\varphi(\omega)$ 以 $\dfrac{\pi}{2}$ 为中心，在 $|\arctan\xi| < \dfrac{\pi}{6}$ 时，$\varphi(\omega)$ 可近似为直线。此时

$$\varphi(\omega) \approx \left(\frac{\pi}{2} - \xi\right) \propto \Delta\omega \propto u_\Omega(t)，可以实现不失真的频率－相位变换。$$

2. 相移乘法鉴频器

经过相移网络产生的调频－调相波与原调频信号同时输入乘法器进行相位比较，再经低通滤波器就可输出原调制信号。其工作原理框图如图 6.27 所示。

设输入调频波为

$$u_1(t) = U_{1m}\cos\left(\omega_C t + M_f\sin\Omega t\right)$$

原调制信号为

$$u_\Omega(t) = U_{\Omega m}\cos\Omega t$$

$u_1(t)$ 经移相乘法鉴频器输出调频－调相波 $u_2(t)$ 为

$$u_2(t) = K(\omega)U_{1m}\cos\left[\omega_C t + M_f\sin\Omega t + \varphi(\omega)\right]$$

在 $u_1(t)$ 和 $u_2(t)$ 为小信号的情况下，乘法器的输出电流为

$$i = K_N K(\omega)U_{1m}^2\cos(\omega_C t + M_f\sin\Omega t)\cos\left[\omega_C t + M_f\sin\Omega t + \varphi(\omega)\right]$$

$$= \frac{1}{2}K_N K(\omega)U_{1m}^2\cos\varphi(\omega) + \frac{1}{2}K_N K(\omega)U_{1m}^2\cos\left[2(\omega_C t + M_f\sin\Omega t) + \varphi(\omega)\right]$$

设低通滤波器的传输系数为 1，负载为 R_L，则乘法器输出电流经低通滤波器后，输出电压为

$$u_0 = \frac{1}{2}K_N K(\omega)R_L U_{1m}^2\cos\varphi(\omega)$$

$$= \frac{1}{2}K_N K(\omega)R_L U_{1m}^2\cos(\frac{\pi}{2} - \arctan\xi) \tag{6.24}$$

$$= \frac{1}{2}K_N K(\omega)R_L U_{1m}^2\sin(\arctan\xi)$$

由式(6.24)可知，当 $|\xi| < \dfrac{\pi}{6}$ 时，有

$$u_0 \approx \frac{1}{2} K_N K(\omega) R_L U_{1m}^2 \xi$$

$$= \frac{1}{2} K_N K(\omega) R_L U_{1m}^2 \frac{2Q_e \Delta \omega}{\omega_C}$$

$$= \frac{1}{2} K_N K(\omega) R_L U_{1m}^2 \frac{2Q_e}{\omega_C} k_f u_\Omega(t)$$

这种鉴频电路实现了线性鉴频，鉴频器的核心是乘法器，便于集成化，在集成电路调频接收机中被广泛应用。

6.4　调频制的抗噪电路

在前面讨论调频信号的解调器中，都没有考虑干扰和噪声。实际上在任何方式的解调过程中，都必然伴有干扰和噪声。因此要求各种解调电路应具有良好的抗噪声能力。

6.4.1　预加重与去加重电路

各种信息信号的能量并不是均匀分布的，它们的大部分能量都集中在较低频率范围内，在高频段内，能量会随频率的升高而下降。这对调制信号的接收不利。为了改善鉴频器输出端的信噪比，目前广泛采用预加重和去加重措施。

预加重就是在发射机的调制器前利用预加重网络对调制信号的高频分量的振幅进行人为的提升，使得调制频率高端的信噪比得以提高。但这样做的同时也使原调制信号中各调制频率振幅之间的比例发生了变化，产生了失真。因此需要在接收端采取相反的措施，即利用去加重网络来恢复原来调制频率分量之间的比例关系。

1．预加重网络

由于鉴频器输出端的噪声频谱是随着信号频率按抛物线上升的，如果将信号作相应的处理，即预加重网络使信号功率也按抛物线规律提升，同时输出端调制频率中高频端的信噪比也得以提升。所以要求预加重网络的特性为

$$H(j2\pi F) = j2\pi F$$

这是个微分电路。相当于对信号微分后再调频，实际是对调制信号进行了间接调相。考虑到对信号的低端不应加重，所以，预加重网络传递函数在低频端为一常数，在高频端相当于微分电路。近似这种响应的典型预加重 RC 网络如图 6.29(a)所示，图 6.29(b)为预加重网络的频率响应特性曲线。

对于调频广播发射机中的预加重网络参数 C、R_1、R_2 的选择，常使 $F_1 = 1/2\pi R_1 C$，$F_2 = 1/2\pi RC$，其中 $(R = R_1 /\!/ R_2)$，CR_1 的典型值为 75μS。因为 $F_1 = 1/2\pi R_1 C$，所以在 2.1kHz 以上的频率分量都被"加重"。

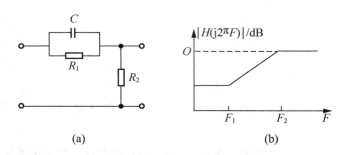

图 6.29　预加重网络及其特性曲线

2．去加重网络

为了克服预加重网络带来的失真，去加重网络应具有与预加重网络相反的频率响应特性。

图 6.30 所示为去加重网络及其频率响应特性曲线，它实际是一个积分电路。在广播调频接收机中，当 $F < F_2$ 时，预加重和去加重网络总的频率传递函数近似为一常数，这是保证鉴频器还原调制信号不失真所需的条件。

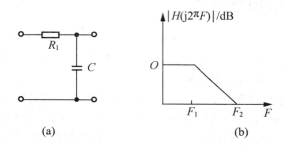

图 6.30　去加重网络及其特性曲线

6.4.2　限幅器

在前面的分析中，为了简化问题，都假定调频波是等幅的，在实际中，调频波经过信道传输，接收后经变频处理、中频放大，叠加了许多干扰信号，变得不再是等幅波了，这样必然会导致解调信号出现非线性失真和噪声。为了抑制这一不良影响，需要在鉴频之前，对信号采用限幅处理。

限幅器有多种实现电路。下面扼要地介绍常用的二极管限幅器和差分对管限幅器。

1．二极管限幅器

常用的二极管限幅器如图 6.31 所示。当输入调频波幅度小于二极管的导通电压 U_D 时，二极管截止，输出电压 u_o 等于在 R_L 上的分压，即

$$u_o = \frac{R_L}{R_L + R} u_i$$

当输入信号的振幅大于二极管的导通电压 U_D 时，二极管 VD_1、VD_2 导通，输出电压的

振幅被限制在二极管的正向导通电压上，输出电压将会被上下削波，可用 LC 带通滤波器滤出其基波，使输出端得到等幅的调频波。

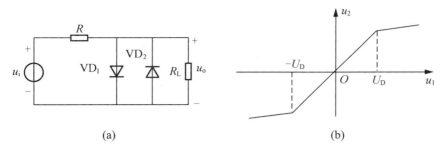

图 6.31　二极管限幅器

2．差分对管限幅器

利用晶体管做削波元件组成的限幅电路，如图 6.32 所示。从形式上来看，它与一般调谐放大器没有什么区别，但其工作状态有别于调谐放大器。在输入信号较小时，限幅器处于放大状态，起普通中频放大器的作用。当输入信号较大时，正半周受饱和特性削波，负半周被截止特性削波，起限幅器的作用。

差分对管限幅器的缺点是电路比较复杂，延时时间比较大；优点是具有一定的放大能力。

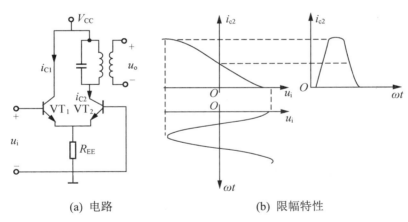

(a) 电路　　　　　(b) 限幅特性

图 6.32　差分对管限幅器

6.4.3　静噪电路

在输入信噪比高于鉴频器的信噪比门限值时，FM 接收机的输出信噪比要比 AM 接收机的高。否则 FM 系统的性能不仅不比 AM 系统的性能好，而且还比 AM 系统更差。这就是调频系统的门限效应。

在调频接收机工作时，会遇到无信号、弱信号的情况，这时鉴频器的输入信噪比低于门限值，使得鉴频器的输出噪声急剧增加，以至于将有用信号淹没。在这种情况下，应采用静噪电路来抑制噪声的输出，即在系统设计时要尽可能地降低鉴频器的门限值。

静噪电路的作用是去控制调频接收机鉴频后的低频放大器，使低频放大器在没有收到信号时(此时噪声较大)自动闭锁，达到静噪的目的。当有信号时，噪声较小，静噪电路又能自动解除闭锁，使信号经低频放大后输出。

静噪的方式和电路是多种多样的。静噪电路的类型主要有两种，一种是接在鉴频器的输入端，另一种是接在鉴频器的输出端。两种静噪电路的接入方式如图 6.33 所示。

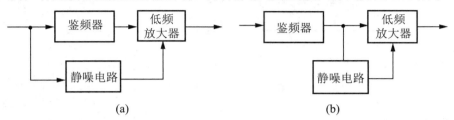

图 6.33　静噪电路的接入方式

6.5　数字调制与解调

6.5.1　概述

模拟信号调制是对载波信号的参量进行连续调制，在接收端对载波信号的调制参量连续地进行解调；而数字调制则是用载波信号的某些离散状态来表征所传送的信息，在接收端对载波信号的离散调制参量进行检测。因此，数字调制信号也称为键控信号。数字信号的角度调制也分为频率调制和相位调制。由于数字信号的变化是不连续的，故相应的调频称作频移键控(FSK)，相应的调相称作相移键控(PSK)。数字调频、解调的原理和方法与模拟调频、解调的原理和方法较为近似。

6.5.2　频移键控调制与解调

频移键控(FSK)是用数字基带信号控制载波信号的频率，利用不同频率的载波来传送数字信号的。二进制频移键控是用两个不同频率的载波来代表数字信号的两种电平。接收端收到不同的载波信号后，再进行逆变换成为数字信号，完成信息传送过程。

1．频移键控信号

二进制频移键控的表达式为

$$u_{\text{FSK}}(t) = U_{\text{Cm}} \cos\left[2\pi(f_{\text{C}} + u_{\text{m}}(t)\Delta f)t\right]$$

式中，f_{C} 为载波中心频率；Δf 为频率偏移量峰值；$u_{\text{m}}(t)$ 为调制信号。由于调制信号是在两个电压之间变化的二进制信号，这样载波就随着两个二进制数据 0 和 1 进行切换，当输入为逻辑 1 时，有

$$u_{\text{FSK}}(t) = U_{\text{Cm}} \cos\left[2\pi(f_{\text{C}} + \Delta f)t\right]$$

当输入为逻辑 0 时，有

$$u_{\text{FSK}}(t) = U_{\text{Cm}} \cos\left[2\pi(f_{\text{C}} - \Delta f)t\right]$$

由此可见，当输入信号在 0 和 1 之间切换时，输出频率也在两个频率，即 $f_{\text{C}} + \Delta f$ 和 $f_{\text{C}} - \Delta f$ 之间变化。如果设 $f_{\text{C}} + \Delta f = f_{\text{m}}$、$f_{\text{C}} - \Delta f = f_{\text{S}}$，则二进制频移键控的输入、输出信号波形如图 6.34 所示。

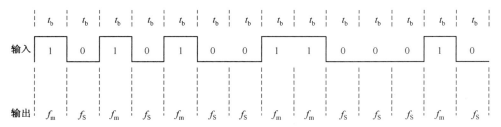

图 6.34　频移键控信号波形

f_{m} 和 f_{S} 这两个频率可以根据系统设计任意分配，如果两个频率的载波信号分别由独立的振荡器提供，则二者的相位互不相干，产生的是相位不连续的数字调频信号；如果用数字基带信号直接对载波进行调频，则可以产生相位连续的数字调频信号。

2．FSK 信号的调制

频移键控信号可以用类似于模拟频率调制的方法来实现，也可以用压控振荡器来实现，还可以利用键控法产生。图 6.35 是利用两个独立的分频器，以频率键控法来实现 FSK 调制原理图。

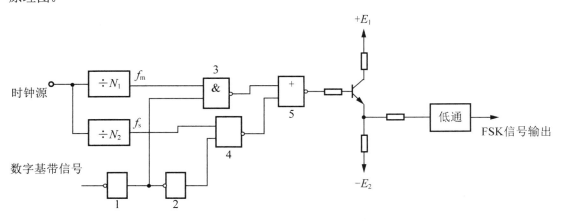

图 6.35　频率键控法 FSK 调制

在图 6.35 中，与非门 3 和 4 起到了转换开关的作用。当数字基带信号为"1"时，与非门 4 打开，f_{S} 输出，当数字基带信号为"0"时，与非门 3 打开，f_{m} 输出，f_{S} 信号和 f_{m} 经或非门相加后输出，从而实现了 FSK 调制。

3．FSK 信号的解调

数字频率键控信号(FSK)的解调方法有多种。常用的有包络解调法、过零检测法等。

1) 包络解调法

FSK 信号的包络解调框图如图 6.36 所示。FSK 输入信号通过功率分配器分为两路，分别进入两个带通滤波器，这两个滤波器将 f_m 信号和 f_s 信号分开，再分别进行包络检波，获得基带数字信号，比较器只判决哪个输入信号大，如果 $U_1 > U_2$，则输出逻辑 1，否则输出逻辑 0。

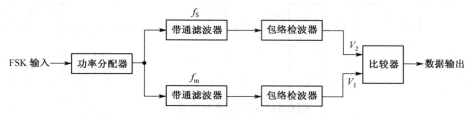

图 6.36　包络检波法 FSK 解调框图

2) 过零检测法

过零检测法框图如图 6.37 所示，它是利用信号波形在单位时间内与零电平轴交叉的次数来测定信号频率。输入的 FSK 信号经限幅放大器后，成为矩形脉冲波，再经微分电路得到双向尖脉冲，然后经过整流得到单向尖脉冲，每个脉冲表示信号的一个过零点。将尖脉冲去触发一单稳电路，产生一定宽度的矩形脉冲序列，该序列的平均分量与输入信号成正比。所以经过低通滤波器输出的平均分量的变化即反映了输入信号频率的变化，这样就把码元"1"与"0"在幅度上区分开来，恢复出数字基带信号。

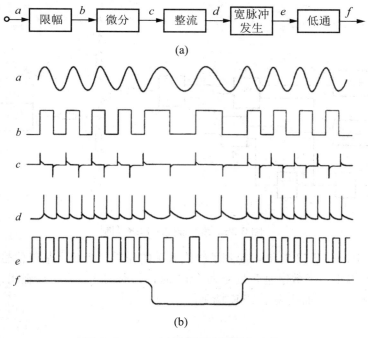

图 6.37　FSK 过零检测法框图及波形

6.5.3　相移键控调制与解调

相移键控是利用载波相位的变化来传送数字信息的。二进制相移键控用同一个载波的两种相位来代表数字信号。由于 PSK 系统抗噪声性能优于 ASK 和 FSK，而且频带利用率高，因此，在中高速数字通信中被广泛采用。

1．绝对调相和相对调相

数字调相分为绝对调相与相对调相两种。以未调载波的相位作为基准的调制，称为绝对调相。在二进制调相(BPSK)中，设码元取"1"时已调波的相位与未调载波的相位相同，取"0"时，则相位相反。

相对调相也称为差分相移键控(DPSK)，是用调相前、后码元载波相位的相对变化来表示数字信息的，如图 6.38 所示。

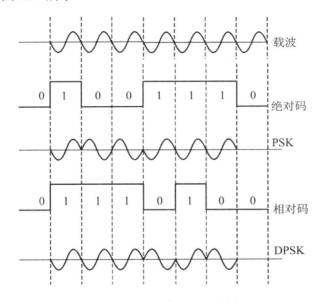

图 6.38　PSK 和 DPSK 波形

由图 6.38 可以看出，实现 DPSK 可以把绝对码基带数字信号先变为相对码基带数字信号，然后进行绝对调相。从调制过程来看，BPSK 和 DPSK 实际上没有任何区别，只不过 BPSK 用绝对码作为调制信号，而 DPSK 用相对码作为调制信号。

BPSK 用绝对相位来传送数字信息，它的相位是固定的，在传送和解调的过程中，如果载波发生倒相，解调后的信号就会在 0 和 1 中产生颠倒，而发生错误的时间和倒相存在的时间是不可预估的，而 DPSK 中数字信息只取决于载波码元的相对相位，和绝对相位无关，因此实际中几乎都采用 DPSK。

2．BPSK 信号的调制

BPSK 可用环形乘法器来实现，称为直接调相法，如图 6.39 所示。

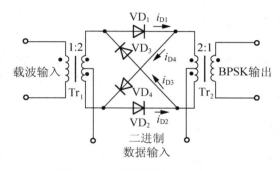

图 6.39　直接调相法产生 BPSK

基带数字信号是大信号，控制二极管 $VD_1 \sim VD_4$ 处于开关状态。当基带信号为正时，VD_1、VD_2 导通，输出载波与输入载波同相；当基带信号为负时，VD_3、VD_4 导通，输出载波与输入载波反相，从而实现了 BPSK 调制。

3．DPSK 信号的调制

DPSK 信号是通过码变换加 BPSK 调制产生，其原理如图 6.40 所示。这种方法是把原基带信号经过绝对码－相对码变换后，用相对码进行 BPSK 调制，其输出便是 DPSK 信号。

图 6.40　DPSK 信号产生框图

4．BPSK 信号的解调

极性比较法(又称相干解调法)是 BPSK 信号的解调方法之一，它的原理框图如图 6.41 所示。

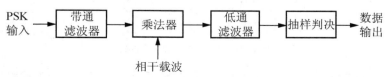

图 6.41　BPSK 相干解调的原理

由图 6.41 可见，由相干载波恢复电路恢复出载波信号，其频率和相位与发送端载波是相干的，乘法器将输入信号与载波的极性进行比较，再经过低通滤波器和抽样判决电路后，还原数字基带信号。

若输入为 DPSK 信号经图 6.41 电路解调，还原的是相对码，要得到原基带信号，还必须经过相对码－绝对码变换，即在图 6.41 所示电路的输出端加一个相对码－绝对码变换器。

6.6　集成调频发射与接收芯片举例

近年来由于高频集成电路的迅速发展，低功率调频发射系统和低功率接收系统均有多种单片集成电路产品。下面对 MC2833 集成调频发射机和 MC3362 集成调频接收机集成电路产品的内部电路结构和典型应用作扼要说明。

6.6.1　MC2833 集成调频发射机

MC2833 是低功率单片调频发射系统，其工作频率可达 100MHz 以上。图 6.42 是 MC2833 内部组成及外接应用电路。

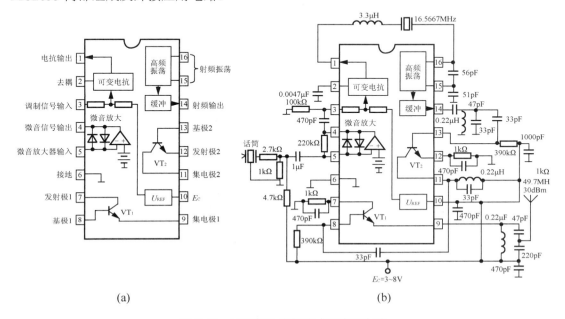

图 6.42　MC2833 内部组成及应用电路

在图 6.42 (a)中，根据芯片内部结构，芯片各引脚的名称和作用如下：①脚为可变电抗输出端。②脚为去耦端，外接一电容到地。③脚为调制信号输入端，控制片内的可变电抗，实现频率调制，产生调频波。④脚和⑤脚为微音放大器输出、输入端，即音频信号经放大后输出。为提高电路的发射功率，片内设置了两级放大器，即 VT$_1$ 和 VT$_2$，这两个放大器可用作高频放大器或倍频器。在图 6.42 (b)中，VT$_1$ 和 VT$_2$ 均用作放大器，缓冲级和片外三倍频调谐网络输出的调频信号由⑬脚送入片内 VT$_2$ 的基极，经放大后由⑪脚经⑧脚送入片内的 VT$_1$ 基极，经放大后由⑨脚输送给选频匹配网络，最后由天线将调频信号辐射到天空。⑭脚为高频输出端，由片内调谐振荡器经缓冲器送来，外接调谐匹配网络至发射天线。在频率为 49.7MHz 时，输出阻抗为 50Ω，谐波衰减大于 25dB。⑮、⑯脚为高频振荡器输入端。可变电抗由①脚外接小电感及石英晶体加到⑯脚，这些元件与外接的 56pF、51pF 电容组成高频压控振荡器，产生调频波输出。

MC2833 的电源电压范围为 2.8～9.0V，耗电电流的典型值仅 2.9mA。MC2833 通常用于无线电话和调频通信设备中，具有使用方便、工作可靠、性能良好等优点。

6.6.2　MC3362 集成调频接收机

MC3362 为单片调频接收电路，它的特点是：一是接收灵敏度高；二是工作频率高(片内振荡频率高达 200MHz，利用外部本机振荡器，工作频率可达 450MHz)；三是供电电压低、功耗小。

MC3362 主要由两个本机振荡器、两个混频器、一个正交鉴频器以及用于频移键控(FSK)的比较器等电路组成，其内部组成及典型应用电路如图 6.43 所示。

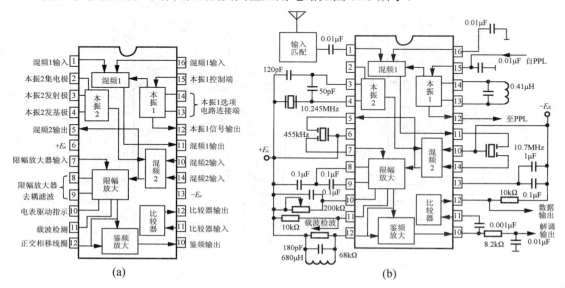

图 6.43　MC3362 内部组成及应用电路

在图 6.43(b)中，调频或频移键控信号由接收天线经输入匹配网络送至①脚的第一混频级，该混频器将调频信号变换为 10.7MHz 的中频信号，此中频信号由⑰脚、⑱脚输入第二混频级，变换为 455kHz 的中频信号，此中频信号经限幅后进入正交鉴频器，鉴频器解调出的音频信号由⑬脚输出，输出幅度约为 350mV，若接收的是频移键控信号，则⑬脚的解调信号耦合到⑭脚，经片内比较器等数字整形电路，获得原调制数码信号由⑮脚输出。

第一混频级的本机振荡器 LC 振荡器，振荡回路从㉑、㉒脚输入，振荡器的输出信号可由⑳脚送到片外锁相环路，锁相环路的输出控制信号由㉓脚输入本机振荡器，可以对本振频率实现控制。⑦、⑧、⑨脚是限幅放大器的相关引脚，⑦脚是限幅放大器输入端、⑧、⑨脚是限幅放大器去耦滤波端。⑩、⑪脚是监测限幅放大器的端子。⑫脚是外接正交相移线圈端子。

本　章　小　结

本章主要讨论了调频、调相及鉴频、鉴相等频率非线性变换的原理和电路。

调频和调相通称为调角，它们分别是调制信号 $u_\Omega(t)$ 对高频载波 $u_C(t)$ 的频率及相位进行调制，与振幅调制不同的是，调角波在时域上不是两个信号的简单相乘，在频域上也不是频谱的线性搬移，而是频谱的非线性变换，会产生无数多个组合频率分量，其频谱结构与调制指数有关。

实现调频的方法有两种，即直接调频和间接调频。直接调频的原理是，在振荡器的谐振回路中引入决定振荡频率的可变电抗元件(通常引入变容二极管)，此电抗元件的参数随调制信号变化，从而达到调制信号控制振荡器输出信号频率的目的。间接调频的原理是，根据调频与调相的关系，先对调制信号 $u_\Omega(t)$ 进行积分得到 $\int u_\Omega(t)\mathrm{d}t$，然后用 $\int u_\Omega(t)\mathrm{d}t$ 对载波 $u_C(t)$ 调相，就可实现对 $u_\Omega(t)$ 而言的调频波 $u_{FM}(t)$。

调角波的平均功率与调制前的等幅载波功率相等。调制的作用是将原来的载波功率重新分配到各个边频上，而总的功率不变。

调频波的解调称为鉴频，完成鉴频功能的电路称为鉴频器；调相波的解调称为鉴相，完成鉴相功能的电路称为鉴相器。斜率鉴频器是将频率变化通过一个频-幅线性变换网络，将调频波变成调频-调幅波，再通过包络检波器得到原调制信号。各类相位鉴频器则是先将频率变化通过频-相线性变换网络，将调频波变成调频-调相波，再进行鉴相。

调频波的解调电路有许多种，本章主要介绍了斜率鉴频器、相位鉴频器。

在任何解调方式的过程中，都必然伴有干扰和噪声。因此要求各种解调电路应具有良好的抗噪声能力。本章对目前广泛采用的抗噪电路(预加重和去加重电路)进行了简单的介绍。

思考与练习

1．有一调角波数学表示式 $u=10\cos(2\pi\times10^6 t+10\cos2000\pi t)$V，试问这是 FM 波还是 PM 波？求中心角频率、调制角频率、最大角频偏、信号的带宽以及在单位负载上的功率。

2．调制信号 $u_\Omega=\cos2\pi\times10^3 t+2\cos3\pi\times10^3 t$，载波为 $u_C=10\cos2\pi\times10^7 t$，调频灵敏度 $k_f=3\mathrm{kHz/V}$。试写出 FM 波的数学表达式。

3．已知调制信号的频率 $F=1\mathrm{kHz}$，调频、调相指数为 $M_f=M_p=10$。试求：

(1) 两种调制信号的最大频偏 Δf_m 和带宽 BW。

(2) 若 $U_{\Omega m}$ 不变，F 增大一倍，两种调制信号的 Δf_m 和 BW 如何变化？

(3) 若 F 不变，$U_{\Omega m}$ 增大一倍，两种调制信号的 Δf_m 和 BW 如何变化？

4．为什么调幅波的调制系数不能大于 1，而角度调制的调制系数可以大于 1？

5．如图 6.44 所示，已知载波信号 $u_C=10\cos\omega_C t$，调制信号 $u_\Omega(t)$ 为周期性方波，试画出调频波、瞬时频偏 $\Delta\omega(t)$ 和瞬时相偏 $\Delta\varphi(t)$ 的波形图。

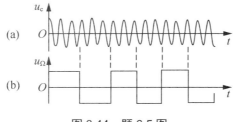

图 6.44　题 6.5 图

6. 如图 6.45 所示，$u_C(t) = 10\cos 2\pi \times 10^8 t \, \mathrm{V}$，$u_\Omega(t) = 3\cos 2\pi \times 10^3 t \, \mathrm{V}$，变容指数 $n = 3$，$Q_e = 8$。试分析电路的功能，写出输出电压表达式。

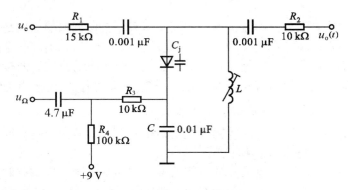

图 6.45 题 6.6 图

7. 某调频设备结构组成框图如图 6.46 所示。直接调频器输出调频波的中心频率为 100kHz，调制频率为 1kHz，最大频偏为 15kHz。试求：

(1) 该设备输出信号的中心频率 f_C 和最大频偏 Δf_m。

(2) 放大器 1 和放大器 2 的中心频率和带宽各为多少？

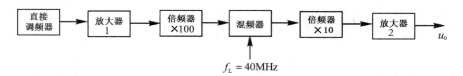

图 6.46 题 6.7 图

8. 电路如图 6.47 所示，已知 $u_\Omega(t) = 3\cos 2\pi \times 10^3 t \, \mathrm{V}$，直接调频电路的中心频率 $f_C = 10^8 \, \mathrm{Hz}$，$k_f = 2\pi \times 10^4 \, \mathrm{rad/(s \cdot V)}$，输出电压振幅 $U_{om} = 3\mathrm{V}$。试说明：

(1) 当 R=33kΩ，$C = 0.1\mu\mathrm{F}$ 时，电路的功能。

(2) 当 R=100Ω，$C = 0.03\mu\mathrm{F}$ 时，电路的功能。

9. 某鉴频器的鉴频特性曲线如图 6.48 所示。鉴频器输出电压为 $u_o(t) = 10\cos 6\pi \times 10^4 t \, \mathrm{V}$。

试求：

(1) 鉴频灵敏度 S_D。

(2) 写出输入信号 $u_{FM}(t)$ 和调制信号 $u_\Omega(t)$。

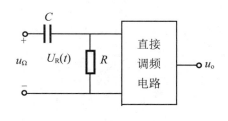

图 6.47 题 6.8 图

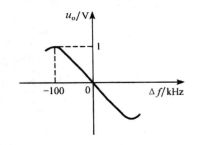

图 6.48 题 6.9 图

第 7 章　反馈控制电路

本章导读

- 在高频通信系统中，有哪些反馈控制电路？它们起何作用？
- 锁相环电路有哪些用途？

知识要点

- 自动增益控制原理。
- 自动频率控制原理。
- 锁相环电路的基本工作原理与应用。

　　本章从应用的角度出发讨论在实际电路中广泛使用的反馈控制电路。一般来说，前面各章所述的各个功能电路可以构成一个完整的通信系统，但为使电路工作稳定、性能完善，仍需要各种反馈控制电路。根据被控制目的的不同，反馈控制电路可以分成：为控制输出信号幅度电平的自动增益控制(Automatic Gain Control，AGC)电路，也称自动电平控制电路(ALC)；为控制工作频率并使其稳定的自动频率控制(Automatic Frequency Control，AFC)电路；为控制和锁定相位的自动相位控制(Automatic Phase Control，APC)电路，也称锁相环(Phase Locked Loop，PLL)电路。

7.1　自动增益控制电路

7.1.1　自动增益控制电路的作用

　　作为重要的电子设备辅助电路，自动增益控制(AGC)电路的作用是：在输入信号的幅度变化很大的情况下，通过对前端可控增益放大电路增益的控制，以使输出信号的幅度电平基本恒定或在规定的较小范围内变化。比如某接收机要求：输入信号变化 28dB 时，输出变化不超过 4dB。一些应用设置要求更高，如美国 Harris 公司生产的短波电台，甚至要求自动增益控制电路达到信号输入在 $10\mu V \sim 1V$ 内变化(即变化 100dB)时，输出仅变化 2dB。

1. AGC 电路的工作原理

　　如图 7.1 所示，输入信号 u_i 通过可控增益放大器放大后得到输出信号 u_o。而可控增益放大器的增益受到控制信号 u_c 的控制，AGC 电路的作用就是当输入信号 u_i 剧烈变化时，可控增益放大器的输出 u_o 基本保持不变。当输入信号增大时，输出信号 u_o 增加，经电平检测器、低通滤波器和直流放大器放大后，与参考信号 u_r 比较，得到输出误差信号 u_e 就会增加，该误差信号 u_e 驱动控制信号产生控制信号 u_c，以使可控增益放大器的增益减小，使该放大器的输出 u_o 减小，反之，输入信号 u_i 减小，则经过 AGC 电路控制后将使 u_o 的减小趋势得到扼制，从而维持输出信号 u_o 的基本稳定或变化范围很小。

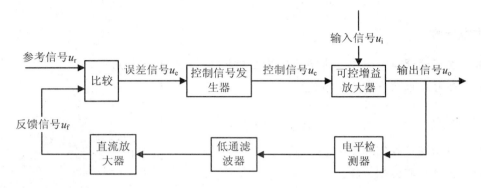

图 7.1   AGL 电路原理图

需要说明的是，图 7.1 的控制过程可以通过模拟电路的方式实现(如压控增益放大器)，也可以通过数字方式实现(如数字程控增益放大器)。

2．AGC 电路的性能指标

(1) 动态范围。给定输出信号的变化范围，容许输入信号变化的范围称为动态范围，显然 AGC 电路的动态范围越大，性能越好。

(2) 响应时间。AGC 电路的控制响应跟随输入信号变化的速度，根据响应时间的长短，分为慢速 AGC 和快速 AGC。由于 AGC 电路是一个反馈控制系统，环路带宽越宽，响应时间越短，反之则越长。响应时间短可以很好地跟随输入信号的变化，但易引起反调制，如对调幅信号，过短的 AGC 响应时间会抵消调幅效果。

7.1.2   自动增益控制电路的类型

根据不同的控制要求和输入信号的特点，确定自动增益控制电路的类型。

1．简单 AGC 电路

在简单 AGC 电路中，参考信号 $u_r=0$。这时，只要输入信号增大，AGC 电路就会使可控增益放大器的增益减小，反之，则会使可控增益放大器的增益增加。其控制特性曲线如图 7.2 所示。

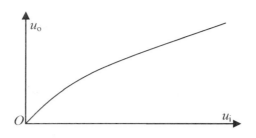

图 7.2　简单 AGC 电路特性曲线

图 7.3 是一个电视视频信号接收机的 AGC 电路框图，其中对中频放大器的控制采用简单 AGC 电路。

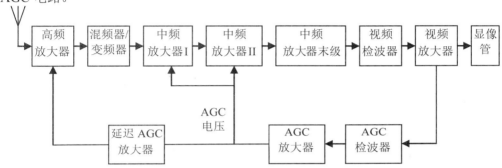

图 7.3　含有简单 AGC 电路的电视视频信号接收机原理框图

2. 延迟 AGC 电路

如果图 7.1 中 AGC 电路中的参考电压 u_r 为某一设定的非零值，则 AGC 电路的反馈控制信号 u_f 必须与该非零值 $u_r=U_{min}$ 进行比较。当反馈控制信号小于该 $u_r=U_{min}$ 时，则 AGC 电路将不会启动，放大电路的增益不会改变；而当反馈控制信号 u_f 大于 U_{min} 但小于 U_{max} 时，则 AGC 电路启动，使输出信号在规定的范围之内，其特性曲线如图 7.4 所示。

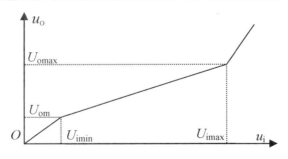

图 7.4　延迟 AGC 电路特性曲线

如图 7.3 所示，其中控制高频放大器的 AGC 电路就是延迟 AGC 电路，使输出信号较小时，AGC 电路并不会使高频放大器的增益发生变化。

需要说明的是，在图 7.1 中，用于产生反馈控制的输出信号 u_o，如果取自解调电路之前(如取自高频或中频放大器输出信号)，则称为前置 AGC；若取自解调后的输出，则称为后置 AGC。随着接收机后端处理的数字化，AGC 也可以完全在基带数字化后进行处理，称为基带 AGC。

7.2 自动频率控制电路

自动频率控制(AFC)电路，用于自动调节振荡器的频率，以减少频率变化，提高系统的频率稳定度。

7.2.1 工作原理

自动频率控制(AFC)电路包括频率比较器、低通滤波器、可控频率电路，如图 7.5 所示。

图 7.5　自动频率控制电路组成

频率比较器将输出频率 f_0 与参考频率 f_r 进行比较，并将频率误差转换为控制用误差信号 u_e。频率比较器通常可由鉴频器或混频-鉴频器完成频率比较。在鉴频器中，鉴频器的中心频率就是参考频率 f_r。这样参考频率就是所要输出的频率值 f_0。在混频-鉴频器中，反馈频率 f_f 与参考频率 f_r 先混频获得混频输出信号频率 $f_r - f_f$，该误差频率通过中心频率为 f_0 的鉴频器获得误差控制信号 u_e，如果混频输出频率 $f_r - f_f$ 与 f_0 相等，误差控制信号 u_e 则为零，该误差控制信号 u_e 通过低通滤波器滤波后产生 u_c 去控制可控频率电路产生需要的频率 f_0。

低通滤波器将频率比较器的输出误差电压的高频成分滤除，只允许频率差变化较慢的信号通过，从而获得控制可控频率电路的控制信号 u_c。

可控频率电路就是在控制电压 u_c 的作用下产生随控制电压变化的频率输出电路，常见的实际电路是压控振荡器(VCO)。其输出频率满足：$f_0 = f_{0r} - K_c u_c$，其中 f_{0r} 是 VCO 在控制电压为零时的固有振荡频率，K_c 是压控灵敏度。u_c 控制 VCO，调整 VCO 的振荡频率输出，使输出频率满足所需的 f_0 要求。

由于自动频率控制电路利用频率比较误差信号的反馈作用来控制频率输出，并使之稳定。达到稳定状态时，误差控制不会为零，从而可控频率电路输出频率不会与参考频率完全相等，必然存在频率误差 $\Delta f = f_0 - f_r$，当然实际应用中这个频率误差 Δf 越小越好。

7.2.2 应用举例

1. 用于接收机中频频率稳定

现代超外差接收机，利用混频器将不同频率的接收信号与本地振荡信号混频后获得一个中频信号，利用中频放大器的高增益和选择性完成高质量的接收。但是要求混频后输出的中频频率要稳定，为此需要采用 AFC 电路使接收频率与本振信号频率之差保持为稳定的中频频率。具有 AFC 的调幅接收机电路如图 7.6 所示，具有 AFC 的调频接收机电路如图 7.7 所示。

图 7.6、图 7.7 均是载波跟踪型 AFC 电路，要求压控振荡器输出与输入信号混频后的中频信号越稳定越好，因此环路中的低通滤波器带宽足够窄，以使加在压控振荡器上控制电压仅反映中频频率的偏移的缓慢变化。

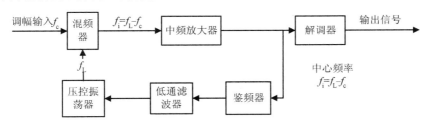

图 7.6　具有 AFC 的调幅接收机电路框图

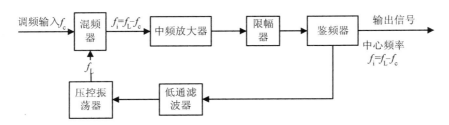

图 7.7　具有 AFC 的调频接收机电路框图

2．用于改善调频接收机的解调质量

鉴频器的工作对输入信号的信噪比有一定的要求，当输入信号的信噪比高于解调门限，则解调输出信噪比高，反之则解调后的输出信噪比急剧下降。由于调频接收机鉴频器的前一级是中频放大器，为提高输入鉴频器的信号信噪比，就必须提高中频放大器的输出信噪比，而这可以通过压缩中频放大器的带宽减小噪声功率的方法实现。采用 AFC 可实现压缩中频放大器带宽的目的，该系统称为调频负反馈解调器，如图 7.8 所示。

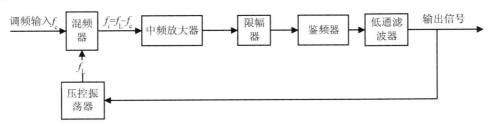

图 7.8　调频负反馈解调器电路框图

从图 7.8 的原理可以看到，采用调频负反馈可以减小中频放大器的输出噪声，但是以压缩中频频偏为代价，使调频的解调输出信号的动态范围减小。同时应注意的是，调频负反馈解调电路中环路低通滤波器带宽应足够宽，以使解调信号通过。

3．用于稳定调频发射机的中心频率

图 7.9 所示的电路是一个载波跟踪型电路，利用晶体振荡器的高频率稳定性，并将限幅鉴频器的中心频率设定为 f_r-f_c，环路低通滤波器带宽应小于调制信号的最低频率，即不允许调制信号反馈回来，而只允许反映调频输出信号中心频率漂移的缓慢变化电压加入调频高频振荡器的控制信号，使调频发射机的中心频率 f_c 稳定。

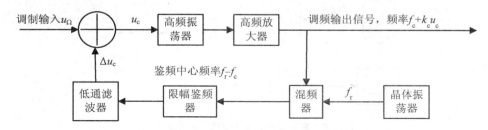

图 7.9　具有自动频率控制电路的调频发射机框图

7.3　锁　相　环　路

锁相环路(PLL)是一个闭环的自动相位控制系统。该系统将参考信号的相位与输出信号的相位进行比较，产生的相位误差电压去调整输出信号的相位，以达到消除频率误差、与参考信号同频率的目的。正如前面 AFC 电路中必然存在频率误差一样，锁相环路系统稳定时仍然存在相位误差，但是比较小，可以实现无频率误差的相位和频率跟踪。

锁相环可分为模拟锁相环和数字锁相环。模拟锁相环的鉴相器将输出信号相位与参考信号的相位进行比较，其输出的误差信号是连续的，从而对环路输出信号的相位调节是连续的，数字锁相环则与上述相反。这里主要讨论模拟锁相环的基本原理和主要性能。

7.3.1　锁相环路的基本组成

基本的锁相环路主要由鉴相器(PD)、环路滤波器(Loop Filter，LF)以及压控振荡器(VCO)三部分组成，如图 7.10 所示。

图 7.10　锁相环路的基本构成方框图

鉴相器比较输入参考信号 $u_r(t)$ 的相位 $\theta_r(t)$ 和压控振荡器输出信号 $u_o(t)$ 的相位 $\theta_0(t)$，产生与相位误差 $\theta_d(t)=\theta_r(t)-\theta_0(t)$ 对应的误差电压 $u_d(t)$，该误差电压经环路滤波器滤除高频分量和部分噪声后，产生压控振荡器的控制电压 $u_c(t)$。压控振荡器在控制电压 $u_c(t)$ 的控制下，将减小输出信号 $u_o(t)$ 相位与参考信号 $u_r(t)$ 相位之间的误差。当输出信号 $u_o(t)$ 频率与参考信号 $u_r(t)$ 频率之间的误差为零时，压控振荡器的输出信号频率与参考信号频率相同，环路锁定。

7.3.2 锁相环路的相位模型和基本方程

为得到锁相环路的相位模型，首先介绍基本部件的数学模型。

1. 鉴相器

鉴相器是一个相位比较装置，用于检测输入参考信号相位$\theta_1(t)$与反馈回来的输出信号相位$\theta_0(t)$之间的相位差$\theta_d(t) = \theta_1(t) - \theta_0(t)$，其输出的误差信号$u_d(t)$是相位差的函数：

$$u_d(t) = f[\theta_d(t)] \tag{7.1}$$

函数$f[\theta_d(t)]$可以是多种形式，如正弦形、三角形、锯齿形等。

对正弦鉴相器可采用图 7.11(a)所示方式实现。

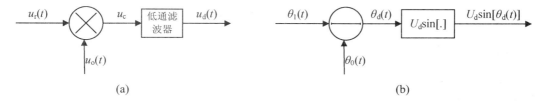

(a)   (b)

图 7.11 正弦鉴相器模型

设乘法器的相乘系数为K_m，输入信号$u_r(t)$，锁相环输出信号$u_o(t)$分别为

$$u_r(t) = U_{rm} \sin[\omega_r t + \theta_r(t)]$$
$$u_o(t) = U_{om} \sin[\omega_{0r} t + \theta_0(t)] \tag{7.2}$$

以输出$u_o(t)$的频率作参考，输入信号$u_r(t)$表示为

$$\begin{aligned}
u_r(t) &= U_{rm} \sin[\omega_{0r} t + (\omega_r - \omega_{0r})t + \theta_r(t)] \\
&= U_{rm} \sin[\omega_{0r} t + \Delta\omega t + \theta_r(t)] \\
&= U_{rm} \sin[\omega_{0r} t + \theta_1(t)]
\end{aligned} \tag{7.3}$$

式中，$\theta_1(t) = (\omega_r - \omega_{0r})t + \theta_r(t) = \Delta\omega t + \theta_r(t)$，是参考信号以输出$u_o(t)$的频率作参考的初相位；$\Delta\omega = (\omega_r - \omega_{0r})$为参考信号角频率与压控振荡器固有频率的之差，称为固有频差。

乘法器输出为

$$\begin{aligned}
K_m u_r(t) u_o(t) &= K_m U_{rm} \sin[\omega_{0r} t + \theta_1(t)] U_{om} \sin[\omega_{0r} t + \theta_0(t)] \\
&= \frac{1}{2} K_m U_{rm} U_{om} \sin[2\omega_{0r} t + \theta_1(t) + \theta_0(t)] \\
&\quad + \frac{1}{2} K_m U_{rm} U_{om} \sin[\theta_1(t) - \theta_0(t)]
\end{aligned} \tag{7.4}$$

经低通滤波后，得到鉴相特性，即

$$\begin{aligned}
u_d(t) &= \frac{1}{2} K_m U_{rm} U_{om} \sin[\theta_1(t) - \theta_0(t)] \\
&= \frac{1}{2} K_m U_{rm} U_{om} \sin[\theta_d(t)] \\
&= U_d \sin[\theta_d(t)]
\end{aligned} \tag{7.5}$$

式中，$\theta_d(t) = [\theta_1(t) - \theta_0(t)]$，$U_d = \frac{1}{2} K_m U_{rm} U_{om}$。

一般，当 $|\theta_d(t)| < \pi/6$ 时，$u_d(t) \approx U_d\theta_d(t)$，线性近似后的误差不超过 5%，如图 7.12 所示。

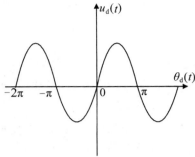

图 7.12　鉴相器输出曲线

2．环路滤波器

环路滤波器具有低通特性，用来滤除鉴相器输出 $u_d(t)$ 的高频等无用的组合频率分量和其他干扰及噪声成分，得到压控振荡器的控制信号 $u_c(t)$，以保证环路达到所要求的性能，并且提高环路的稳定性。

锁相环路中常用的环路滤波器有简单 RC 积分滤波器、无源比例积分滤波器以及有源比例积分滤波器。

1）简单 RC 积分滤波器

如图 7.13 所示，鉴频器输出 $u_d(t)$ 作为输入，经过传递函数 $F(s)$ 得到输出 $u_c(t)$，其中 $F(s)$ 为

$$F(s) = \frac{U_c(s)}{U_d(s)} = \frac{1/sC}{R + 1/sC} = \frac{1}{1 + sRC} \tag{7.6}$$

式中，$U_d(s)$、$U_c(s)$ 分别是 $u_d(t)$、$u_c(t)$ 的拉普拉斯变换。

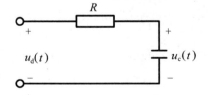

图 7.13　简单 RC 积分滤波器

2）无源比例积分滤波器

如图 7.14 所示，鉴频器输出 $u_d(t)$ 作为输入，经过传递函数 $F(s)$ 得到输出 $u_c(t)$，其中 $F(s)$ 为

$$F(s) = \frac{U_c(s)}{U_d(s)} = \frac{R_2 + 1/sC}{R_1 + R_2 + 1/sC} = \frac{1 + s\tau_1}{1 + s(\tau_1 + \tau_2)} \tag{7.7}$$

式中，$\tau_1 = R_1C$；$\tau_2 = R_2C$。

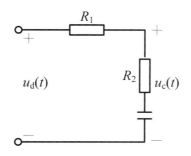

图 7.14 无源比例积分滤波器

3) 有源比例积分滤波器

如图 7.15 所示，当集成运算放大器满足理想运算放大器条件时，鉴频器输出 $u_d(t)$ 作为输入，经过传递函数 $F(s)$ 得到输出 $u_c(t)$，其中 $F(s)$ 为

$$F(s) = \frac{U_c(s)}{U_d(s)} = -\frac{R_2 + 1/sC}{R_1} = -\frac{1 + s\tau_2}{s\tau_1} \tag{7.8}$$

式中，$\tau_1 = R_1 C$；$\tau_2 = R_2 C$。

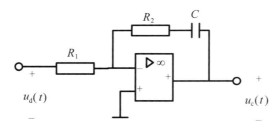

图 7.15 有源比例积分滤波器

一般环路滤波器可以用输入 $u_d(t)$ 与输出 $u_c(t)$ 之间的微分方程描述：

$$u_c(t) = F(p)u_d(t)$$

若鉴相器使用正弦鉴相器有

$$u_c(t) = F(p)U_d \sin[\theta_d(t)] \tag{7.9}$$

一般环路滤波器表示框图如图 7.16 所示。

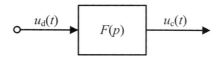

图 7.16 一般环路滤波器表示框图

3. 压控振荡器

压控振荡器(VCO)是一种电压频率变换器。其数学特性可用控制输入电压与输出瞬时频率之间的关系表示。在一般情况下，这种关系是非线性的，如图 7.17 所示。

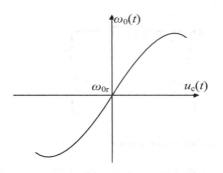

图 7.17　控制电压与输出频率关系

从图中可以看出在一定范围内，可以用线性表示：

$$\omega_0(t) = \omega_{0r} + K_c u_c(t) \tag{7.10}$$

式中，ω_{0r} 是压控振荡器的固有振荡角频率，也就是控制电压 $u_c(t)=0$ 时的压控振荡器输出信号频率；K_c 为压控振荡器角频率-电压特性曲线的斜率，单位为 rad/s·V，即单位控制电压(1V)变化所引起的振荡角频率变化数值。

压控振荡器输出的瞬时相位是瞬时角频率的积分：

$$\int_0^t \omega_0(\tau)d\tau = \omega_{0r}t + K_c \int_0^t u_c(\tau)d\tau \tag{7.11}$$

用于在鉴相器中进行相位比较的 $\theta_0(t)$ 为

$$\theta_0(t) = K_c \int_0^t u_c(\tau)d\tau \tag{7.12}$$

用微分算子 p 在时域数学表示为

$$\theta_0(t) = \frac{K_c}{p} u_c(t) \tag{7.13}$$

可以用图 7.18 表示。

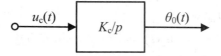

图 7.18　控制电压与相位输出的关系

4．锁相环的相位模型和数学方程

根据前述的锁相环路各组成部分的模型，有如图 7.19 所示的锁相环的相位模型，其数学方程为

$$\theta_0(t) = U_d \sin[\theta_1(t) - \theta_0(t)] \cdot F(p) \cdot \frac{K_c}{p} \tag{7.14}$$

对 $\theta_d(t) = \theta_1(t) - \theta_0(t)$ 两边同时微分

有

$$p\theta_0(t) = p\theta_1(t) - p\theta_d(t)$$

$$p\theta_d(t) + K_d F(p)\sin[\theta_d(t)] = p\theta_1(t) \tag{7.15}$$

式中，$K_d = U_d K_c$。式(7.15)就是锁相环路的非线性微分方程一般形式，下面逐项理解各项的含义。$p\theta_d(t)$ 是瞬时频差，即

$$p\theta_d(t) = \omega_r - \omega_0(t) \tag{7.16}$$

而

$$p\theta_1(t) = \Delta\omega + \frac{\mathrm{d}\theta_r(t)}{\mathrm{d}t} \tag{7.17}$$

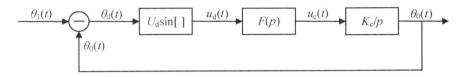

图 7.19　锁相环相位模型

在参考输入信号 $u_r(t)$ 的频率 ω_r 固定的情况下，$\dfrac{\mathrm{d}\theta_r(t)}{\mathrm{d}t} = 0$，那么 $p\theta_1(t) = \Delta\omega = \omega_r - \omega_{0r}$ 为固有频差。$K_d F(p)\sin[\theta_d(t)]$ 是压控振荡器在控制电压 $u_c(t)$ 作用下的输出信号 $u_o(t)$ 的瞬时角频率 $\omega_o(t)$ 与压控振荡器固有角频率 ω_{0r} 的差值。从而锁相环的数学方程表示了如下关系：

瞬时频差+控制频差=固有频差

在环路初始工作时，控制电压作用还未建立(即 $u_c(t)=0$)，控制频差为零，环路瞬时频差等于固有频差。随着时间的推移，控制电压 $u_c(t)$ 不再为零，产生了控制频差，且控制作用将逐渐增强，控制频差增大，在输入固定频率的条件下，固有频差固定不变，因此环路的作用将迫使瞬时频差逐步减小，当瞬时频差等于零时，称为锁相环路锁定。锁相环路锁定时，$\lim\limits_{t\to\infty}[p\theta_d(t)] = 0$，因此有 $\lim\limits_{t\to\infty}[\theta_d(t)] = \theta_d(\infty)$ 是一个常数，因此锁相环路锁定时，环路相差是一个常数。这个常数值为

$$\theta_d(\infty) = \arcsin\left[\frac{\Delta\omega}{K_d F(\mathrm{j}0)}\right] \tag{7.18}$$

式中，$\Delta\omega$ 是固有频差；$F(\mathrm{j}0)$ 是环路滤波器在频率为 0 时的值。

需要注意的是，如果瞬时角频差总不为零，则锁相环路处于失锁状态。

只要 $|\theta_d(t)| < \pi/6$，则有 $\sin[\theta_d(t)] \approx \theta_d(t)$，对基本环路方程两边同时进行拉普拉斯变换有

$$s\Theta_1(s) = s\Theta_d(s) + K_d F(s)\Theta_d(s) \tag{7.19}$$

式中，$\Theta_1(s)$ 是 $\theta_1(t)$ 的拉普拉斯变换，$\Theta_d(s)$ 是 $\theta_d(t)$ 的拉普拉斯变换，$F(s)$ 是 $F(p)$ 的拉普拉斯变换。锁相环路的闭环传递函数 $H(s)$ 和误差传递函数 $H_e(s)$ 分别为

$$H(s) = \frac{\Theta_0(s)}{\Theta_1(s)} = \frac{K_d H(s)}{s + K_d H(s)}$$

$$H_e(s) = \frac{\Theta_d(s)}{\Theta_1(s)} = \frac{s}{s + K_d H(s)} \tag{7.20}$$

式中，$\Theta_0(s)$ 是 $\theta_0(t)$ 的拉普拉斯变换。

7.3.3 锁相环路的捕捉与跟踪

前面讨论了锁相环路的锁定和失锁状态,下面讨论锁相环从失锁进入锁定的过程或称为捕捉过程和环路在锁定状态跟随输入变化的跟踪过程。

1. 锁相环路的捕捉

在实际电路中,锁相环路开始时一般是失锁的,即瞬时频差不为零,但由于环路的反馈作用,压控振荡器的输出信号频率将逐步接近参考输入信号频率,当两个频率靠近到一定程度后,锁相环路就将进入了锁定状态,而这一过程则称为锁相环路的捕获过程。在捕获过程中,允许的参考输入信号的频率与压控振荡器自由振荡频率($u_c(t)=0$)的最大差值称为该锁相环的捕捉带或捕捉范围。也就是说只要频差不超过捕捉带,锁相环就能够经过一定时间进入锁定状态。

若参考输入角频率ω_r一定,则在$u_c(t)=0$的控制电压下,压控振荡器的输出信号角频率为ω_{0r},它们的差称为固定角频差$\Delta\omega=\omega_r-\omega_{0r}$,随着时间增长固有频差信号的相位$\Delta\omega t$将不断增长,这样正弦鉴相器的输出$u_d(t)=U_d\sin[\theta_d(t)]=U_d\sin[\Delta\omega t]$将是一个周期为$2\pi/\Delta\omega$的正弦差拍电压,即该正弦信号的角频率是两个角频率的差值。对于角频差的大小不同,锁相环路的工作过程是不同的。当$\Delta\omega$较小且在环路滤波器的通带内,则差拍控制电压$u_d(t)$能够顺利通过环路滤波器去控制压控振荡器,使压控振荡器的振荡频率随差拍控制电压$u_d(t)$变化而变化,压控振荡器的输出频率将很容易变化到参考输入角频率ω_r,进入锁定状态,鉴相器输出一个稳态反映相位差的直流电压,以维持环路的动态平衡,这一过程也称快捕过程。当$\Delta\omega$较大且处于环路滤波器的通带边界外附近时,正弦差拍电压经过环路滤波器后会受到衰减,使压控振荡器的输出信号频率变化范围较理想情况减小,压控振荡器的输出信号频率达不到参考输入信号频率。这时锁相环的差拍电压将成为一个不对称信号,压控振荡器输出信号频率接近参考输入信号频率时差拍电压随时间变化缓慢,因为瞬时频差较小。而在压控振荡器输出信号频率远离参考输入信号频率时差拍电压随时间变化迅速,因为瞬时频差较大。这种不对称,使差拍电压的均值非零,且趋于变化慢的一边,从而使压控振荡器输出信号的平均频率接近参考输入信号频率,而为使压控振荡器的输出信号频率变化达到参考输入信号的角频率ω_r,需要多个差拍信号周期,以逐步减小压控振荡器的输出信号频率与参考输入信号的角频率ω_r的频差,这个过程称为频率牵引过程,当频差减小到一定程度,使频差进入环路滤波器带宽内时,将进入前述快捕过程,进而很快进入环路锁定状态。当$\Delta\omega$过大且处于环路滤波器的通带外时,差拍信号将被环路滤波器全部滤除,控制压控振荡器的电压几乎为零,环路将一直无法锁定而处于失锁状态。

2. 锁相环路的跟踪

实际的锁相环路在锁定状态下,其稳态相差一般是很小的。环路锁定后,若参考输入信号的频率和相位在一定范围内发生变化,则锁相环路将在鉴相器、环路滤波器的作用下产生控制信号去控制压控振荡器的输出频率和相位跟随输入的变化,这一过程称为跟踪过程。在这一跟踪过程中,能够维持这种跟踪锁定状态的允许最大参考输入信号与环路压控振荡器自由振荡频率($u_c(t)=0$)的最大频差称为同步带、跟踪带或锁定范围、同步范围。

一般锁相环路的捕捉带不同于跟踪带，且跟踪带一般大于捕捉带。

7.4   集成锁相环与应用

锁相环路具有如下的基本特性：环路锁定后，没有频率误差，这时锁相环锁定的频率严格等于输入信号频率，但存在不大的剩余相位误差；锁相环锁定时，压控振荡器的输出频率能在一定范围内跟踪输入信号频率变化，即具有频率跟踪特性；锁相环通过环路滤波器的作用具有窄带滤波特性，比如当压控振荡器输出信号的频率锁定在输入信号频率上时，位于信号频率附近的频率分量通过鉴相器变成低频信号而平移到零频附近，从而环路滤波器的低通作用对输入信号相当于一个高频带通滤波器，若环路滤波器的通带设计得比较窄，整个环路就具有窄的带通特性，若压控振荡器的自由振荡频率为几十兆赫，则低通滤波器带宽可以做到几赫兹或更小。

因此，锁相环可以有很多应用，包括：锁相环倍频、分频及混频，锁相环调频与鉴频电路，锁相接收机，锁相同步检测。

7.4.1   集成锁相环

随着锁相环的应用越来越广泛，为提高可靠性、降低成本，锁相环电路不断向通用化、集成小型化和数字化方向发展。

集成锁相环按其内部结构分为两大类。

(1) 模拟锁相环，主要由模拟电路组成。

(2) 数字锁相环，主要由数字电路组成。

集成锁相环按用途分为通用型和专用型两大类。

(1) 通用型锁相环适用于各种用途，内部主要包括鉴相器和压控振荡器，有些还包括放大器及其他辅助电路。

(2)专用型锁相环是专门为某特定功能设计的锁相环，如用于接收机的频率合成器等。

在集成锁相环中，鉴相器有模拟和数字两种方式，其中模拟鉴相器一般均采用双差分对模拟乘法器，而数字鉴相器一般由触发器及门电路构成，电路形式多样。

集成锁相环中的 VCO 一般采用射极耦合多谐振荡器或积分施密特触发型多谐振荡器，其振荡频率均受电流控制，又称流控振荡器。射极耦合多谐振荡器的振荡频率较高，一般在几十兆赫甚至更高。积分施密特触发型多谐振荡器的振荡频率较低，一般在 1MHz 以下。下面列举两个单片集成锁相环路。

1. CMOS 集成锁相环路 CD4046

CD4046 是一低频多功能单片集成锁相环，主要由数字电路构成。该集成电路电源电压范围宽，功耗低，最高工作频率 1MHz。电路原理框图如图 7.20 所示。

CD4046 内含两个鉴相器(PD_1、PD_2)、一个压控振荡器(VCO)和缓冲放大器(A_2)、内部稳压器及输入信号放大整形电路(A_1)。⑭脚为信号输入端，可输入方波或 1V 左右的小信号，经过 A_1 放大整形，以满足鉴相器所要求的方波信号。

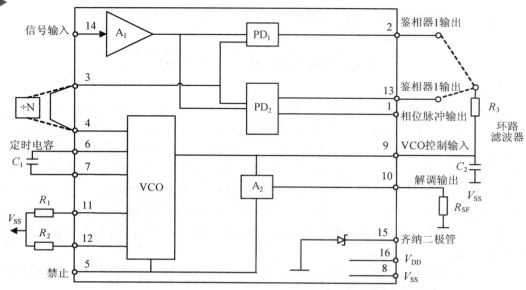

图 7.20　CD4046 集成锁相环路电路原理框图

①脚是 PD_2 的锁相输出指示，锁定时输出为高电平。⑥、⑦脚之间外接的电容 C_1 和⑪脚外接的电阻 R_1，用来决定 VCO 振荡频率的范围，⑫脚接的 R_2 使 VCO 产生一个频移，如果 $R_2=\infty$，频偏为零。R_1、R_2 一般取值范围为 10kΩ~1MΩ，C_1 取值为 50pF。没有输入信号时 VCO 输出设定为最低振荡频率。A_2 是一个跟随器构成的缓冲输出级，用于阻抗变换，增益近似 1。⑤脚控制锁相环是否工作，当为高电平时，VCO 电源被切断，VCO 停振，⑤脚为低电平时则正常工作。CD4046 内部稳压器提供 5V 直流电压，从⑮脚引出，⑮脚必须接限流电阻。使用 CD4046 需要注意，输入信号不允许超过 V_{DD} 和小于 V_{SS}，即使芯片电源断开时，输入电流也不应超过 10mA。使用中未用引脚应根据情况连接到 V_{DD} 或 V_{SS}。使用中输出端不应对 V_{DD} 或 V_{SS} 短路，否则会引起器件因功耗过大而损坏，一般 $V_{SS}=0V$。

2. 通用单片集成锁相环路 L562

通用单片集成锁相环路 L562 是一个工作频率可达 30MHz 的单片模拟集成锁相芯片。如图 7.21 所示，内部包括鉴相器 PD、压控振荡器、放大器 $A_1 \sim A_3$ 和限幅器。VCO采用射极耦合多谐振荡器，外接定时电容 C 接在⑤、⑥脚之间。鉴相器使用双差分对模拟乘法器电路，芯片 L562 的⑬、⑭脚可外接电阻、电容元件构成环路滤波器。限幅器用于限制锁相环路的直流增益，控制环路同步带的大小；⑦脚注入的电流可以控制限幅器的限幅电平和直流增益，从而控制了锁相环路的跟踪范围，当注入电流超过 0.7mA 时，环路被切断，压控振荡器处于自由振荡状态。环路中放大器 A_1、A_2、A_3 起放大、缓冲隔离作用。L562 可使用单电源供电，最大电源电压 30V，信号输入端⑪、⑫脚之间最大电压 3V。常见工作状态见表 7.1。

表 7.1 L562 参数(电源电压 V=+18V 测试温度=25℃)

特 性	规范值			单位	测试条件
	最小值	典型值	最大值		
最低工作频率		0.1		Hz	
最高工作频率	15	30		MHz	
电源电流	10	12	14	mA	
锁定信号的最小输入		200		μV	
动态参数范围		80		dB	
VCO 温度系数	±0.06	±0.15		%/℃	在 2MHz 下测量
VCO 电源电压调整	±0.3	±2		%/℃	在 2MHz 下测量
输入电阻		2		kΩ	
输入电容		4		pF	
输入直流电平	+3	+4	+6	V	
输出直流电平	+10	+12.5	+15	V	⑨脚接 15 kΩ电阻到地
有效输出振幅		4		V	在⑨脚测量
调幅衰减量	30	40		dB	
去加重电阻		8		kΩ	
偏置参考源电压	+6.5	+7.5	+8.5	V	①脚
直流电平	+11	+13	+16	V	⑬、⑭脚

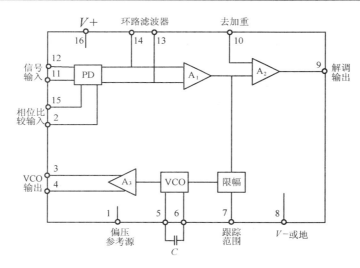

图 7.21 L562 模拟通用集成锁相环路 L562

7.4.2 锁相环的应用

1. 在频率合成器中的应用

利用一个频率准确且稳定的晶振信号以一定方式产生一系列离散频率信号的电路,称为频率合成器。锁相环是频率合成器的一个核心部件，分为单环频率合成器、多环频率合成器、变模频率合成器等。

1) 单环频率合成器

图 7.22 是一个单环频率合成器。

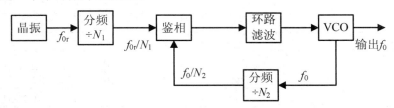

图 7.22　单环频率合成器

其中高稳定晶体的振荡频为 f_{0r}，经过 N_1 分频后输出 f_{0r}/N_1 的频率信号，在压控振荡器输出信号频率经 N_2 分频后输出频率与 f_{0r}/N_1 锁定后，VCO 的输出频率 f_0 为

$$f_0 = f_{0r}\frac{N_2}{N_1} \tag{7.21}$$

只要改变分频比 N_2/N_1，就可以得到一系列频率信号。只要环路滤波器的带宽足够窄则频率合成器的输出频率将是很纯的单频信号。对单环频率合成器存在如下问题：其最小频率间隔为 f_{0r}/N_1，为减小频率间隔即要么增加 N_1 要么减小 f_{0r}，而减小 f_{0r}/N_1 对锁相环路提出了减小环路滤波器带宽的要求，以滤除鉴相器输出的参考频率及其倍频，环路带宽的减小，使频率合成器从一个频率变换到另一个频率时需要的稳定时间增加；锁相环路内使用了分频器 $1/N_1$，这将使锁相环路的增益下降为原来的 $1/N_1$，对于输出频率变化范围较宽的频率合成器，在频率间隔 f_{0r}/N_1 很小时 N_1 的变化范围将很大，这样环路的增益将变化很大，使锁相环路的动态性能受到影响；可编程分频器的输入是 VCO 的输出，当要求的 VCO 输出频率很高时，对可编程分频器的工作频率要求较高。为进一步减小频率间隔又不降低参考频率 f_{0r}，可采用多环频率合成器。

2) 多环频率合成器

图 7.23 是一个三环频率合成器的框图。其中输出频率为(其中混频使用频率差输出)

$$f_0 = f_B + f_A/M = f_{0r}\frac{N_4}{N_2} + f_{0r}\frac{N_3}{N_1 M} = f_{0r}\left(\frac{N_4}{N_2} + \frac{N_3}{N_1 M}\right) \tag{7.22}$$

频率间隔可低至 $\dfrac{f_{0r}}{N_1 M}$，若 f_{0r}=100kHz，N_1=100，M=100，频率间隔为 10Hz。

3) 变模频率合成器

变模频率合成器也称吞脉冲锁相频率合成器。如图 7.24 所示，一般固定分频器的工作速度远比可编程分频器的高，因此可利用固定分频器与可变分频器的结合来提高输出频率而又不提高频率间隔。

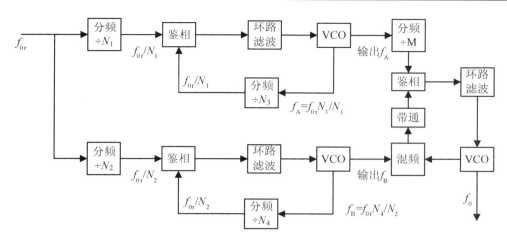

图 7.23　三环频率合成器的框图

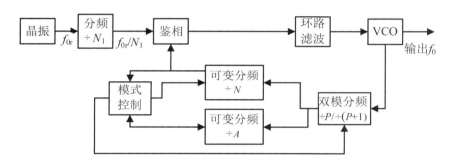

图 7.24　变模频率合成器

由图 7.24 可知，双模分频器具有 P 和 $P+1$ 两种固定分频比，当模式控制输出为高电平时，双模分频器以 $P+1$ 分频，VCO 输出频率 f_0，分频输出同时进入可变分频器 A 和 N，其中 $N>A$，当 A 分频计数完成时输出信号给模式控制，使模式控制输出为低电平，该低电平控制双模分频器开始进行 P 分频，同时分频输出送给 N 计数器继续计数，当 N 分频计数完成时模式控制输出高电平开始新一轮计数。这样一个周期内共分频 f_0 输出为 $M=(P+1)A+P(N-A)=PN+A$，这样输出频率与参考频率关系为

$$f_0 = \frac{PN + A}{N_1} f_{0\mathrm{r}} \tag{7.23}$$

2．锁相倍频、分频和混频

图 7.25 是一个锁相倍频电路。

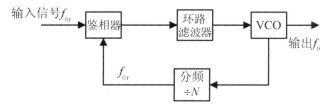

图 7.25　锁相倍频电路

显然，在上述电路中，输出信号频率为 $f_0=Nf_{0r}$。若将分频器变为 N 倍频器则输出信号频率将是输入信号频率的 $1/N$。

图 7.26 是一个锁相混频电路。

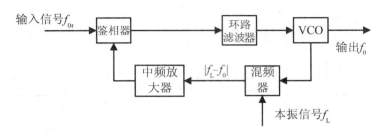

图 7.26　锁相混频电路

如图 7.26 所示，当环路锁定时，$f_{0r}=|f_0-f_L|$，从而输出信号频率 $f_0=f_L\pm f_{0r}$，其中 f_L 是本振频率。

3．锁相接收机

一般超外差接收机如果接收到的信号或本振信号不稳定，会引起中频信号频率波动，为此中频放大器就要增加带宽，却带来接收机噪声增大。

锁相接收机就是要将接收机的混频输出中频信号频率稳定在标准中频频率上，从而缩小中频放大器带宽，提高信噪比。

从图 7.27 可以看到，只要本地标准参考的中频信号频率稳定，那么无论输入信号频率还是本振的频率变化，由于锁相环的作用均不会引起中频放大器的输出频率漂移。

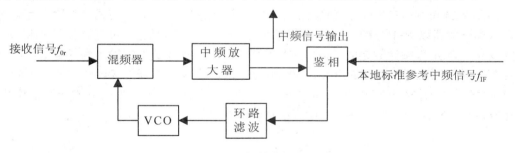

图 7.27　锁相接收机原理图

4．锁相调频和鉴频

锁相调频器原理如图 7.28 所示，调频的输出频率通过锁相环稳定在中心频率上，需要注意的是环路滤波器的带宽应较窄，以保证滤出调制信号的频谱成分，使调制信号不对环路中心频率产生影响。

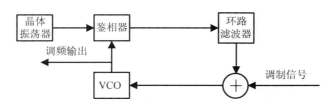

图 7.28　锁相环调频器

锁相环调频信号解调(鉴频)器如图 7.29 所示。

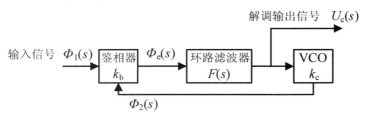

图 7.29　锁相环调频解频器

输入信号为

$$u_{FM}(t) = U_m \sin\left[\omega_C t + k_f \int u_\Omega(\tau)\mathrm{d}\tau\right]$$
$$= U_m \sin[\omega_C t + \phi_1(t)] \tag{7.24}$$

式中，$u_\Omega(t)$ 是待解调的调制信号；k_f 是调频灵敏度；ω_C 为载频，且 $\phi_1(t)\overset{L}{\Longleftrightarrow}\Phi(s)$，$\phi_e(t)\overset{L}{\Longleftrightarrow}\Phi_e(s)$，$\phi_2(t)\overset{L}{\Longleftrightarrow}\Phi_2(s)$，$u_\Omega(t)\overset{L}{\Longleftrightarrow}U_\Omega(s)$；$L$ 表示取拉普拉斯变换。解调中调节 VCO 的中心角频率与载频 ω_c 相等，有

$$u_\Omega(t) = \frac{1}{k_f}\frac{\mathrm{d}\phi_1(t)}{\mathrm{d}t} \Rightarrow U_\Omega(s) = \frac{1}{k_f}s\Phi_1(s) \tag{7.25}$$

而

$$\Phi_e(s) = \frac{s\Phi_1(s)}{s + k_c k_b F(s)} \tag{7.26}$$

$$U_c(s) = \Phi_e(s)F(s) = \frac{s\Phi_1(s)F(s)}{s + k_c k_b F(s)}$$
$$= \frac{k_f U_\Omega(s)F(s)}{s + k_c k_b F(s)} = \frac{k_f U_\Omega(s)T(s)}{k_c k_b} \tag{7.27}$$

其中

$$T(s) = \frac{k_b k_c F(s)}{s + k_b k_c F(s)}$$

若在 $T(s)$ 的通带内幅频特性为常数 A_T，相频特性为线性，斜率为 $-\tau_T$，则解调输出经拉普拉斯反变换有

$$u_c(t) = \frac{k_f A_T}{k_c k_b}u_\Omega(t - \tau_T) \tag{7.28}$$

本 章 小 结

反馈控制电路在电子技术中得到广泛应用。目的是通过反馈环路的调节，使输入与输出之间保持一种预定的关系。本章主要介绍了反馈控制电路增益的自动增益控制(AGC)电路、控制频率的自动频率控制(AFC)电路，最后介绍了对相位进行控制的锁相环(PLL)电路也称自动相位控制(APC)电路。

自动增益控制电路的目的是当输入信号很强时，通过自动增益控制电路减小环路的增益；而当信号较弱时，通过自动增益控制电路增加环路的增益；若输入信号很弱时，自动增益控制电路将不起作用，最终使输出信号维持稳定。

自动频率控制电路的目的是使输出信号的频率维持稳定。而这种稳定的维持必须以环路最终存在一个稳定的频率差为代价。

自动相位控制电路的目的是通过控制调节相位使输出信号的频率误差被消除。当环路锁定时，最终存在一个稳定的相位差，输出信号的频率误差却得到消除。

在自动相位以及自动频率控制电路中，若环路原先是锁定的，当输入信号频率发生变化，环路通过调节来维持锁定时最大允许的输入信号频偏称为同步带或跟踪带；若环路原先是失锁的，当输入参考信号与输出信号频差减小到一定数值时，环路就能够由失锁进入锁定状态，这个由失锁到锁定的过程称为捕获，而能够进入由失锁到锁定所允许的最大频差称为捕获带，一般来说，捕获带小于同步带。

思 考 与 练 习

1．反馈控制电路分为几种类型？每种类型控制的参数是什么？

2．各种反馈控制电路各由哪几部分组成？叙述它们的工作原理。

3．若要实现稳定频率的功能，锁相环电路与自动频率控制电路优先使用哪个，为什么？

4．分析图 7.30，试证明：

(1) $T(s) = \dfrac{\Phi_2(s)}{\Phi_1(s)} = \dfrac{k_b k_c F(s)}{s + k_b k_c F(s)}$ ，

(2) $T_e(s) = \dfrac{\Phi_e(s)}{\Phi_1(s)} = \dfrac{s}{s + k_b k_c F(s)}$

式中， $\Phi_e(s) = k_b[\Phi_1(s) - \Phi_2(s)]$ 。

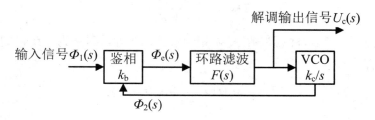

图 7.30 题 7.4 图

5．图 7.31 是一个双环频率合成器，两个输入频率 $f_1=1kHz$，$f_2=100kHz$，可变分频器的分频比范围分别为 $N_1=10\ 000\sim11\ 000$，$N_2=720\sim1000$，固定分频比为 $N_3=10$。求输出频率 f_0 的频率范围和频率间隔步长。

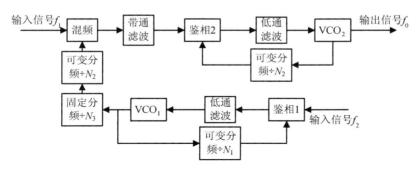

图 7.31 题 7.5 图

6．如图 7.32 所示，已知晶体振荡频率为 1024kHz，当要求输出频率 f_0 的范围为 40～500kHz，频率间隔为 1kHz 时，确定图中的分频比 R_0 及 N 的值。

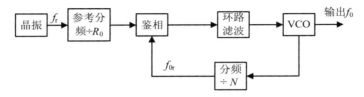

图 7.32 题 7.6 图

第8章 高频电路的分布参数分析

本章导读

- 工作在高频的器件在什么情况下应采用分布参数的分析方法？
- 如何对传输线建模？它有哪些工作参数？
- Smith 圆图是如何构成的？它有哪些用途？
- 为什么工作在高频特别是微波频段的器件广泛采用 S 参数模型？它与其他参量有何关系？

知识要点

- 传输线方程与解。
- 传输线特性阻抗、输入阻抗、反射系数、驻波系数、行波系数的定义，它们之间的相互关系。
- Smith 圆图的组成：等反射系数圆、等相位线、等电阻圆及等电抗圆、等电导圆及等电纳圆。它们的应用。
- 传输线阻抗匹配。
- S 参数的意义。

器件的尺寸与器件内所通过的电信号的波长相比，如远小于一个数量级就是集总参数器件，是电阻的就是电阻，是电容、电感的还是电容、电感。也就是这个器件的阻、容、感都在器件内集中部分，器件的引脚导线等的阻、容、感可忽略。如在同一个数量级内，就可以认为这个器件是分布参数器件。器件中分散在机械结构中原来被忽略的阻、容、感都会起作用，被看做是分布参数器件的引脚也就不能忽略了。这时低频应用见不到的效应就会出现，电场和磁场的空间分布必须加以考虑，连接导线的分布参数不能忽略。比如虽然电力传输线中的电磁信号频率只有 50Hz，波长达 6000km，但是当电力传输线的长度超过几万米时，就要考虑分布参数，有可能驻波大了，发电厂会烧损了。在高频电路中，随着信号频率升高、波长减少，一般当器件的尺寸与通过它的电信号波长之比(该值称为电长度)大于 0.1(大约的，不是绝对的)时，就必须使用分布参数进行分析。本章介绍一些分布参数的相关知识，主要包括传输线、Smith 圆图、S 参数的基本概念及应用。

8.1 传 输 线

引导电磁波能量沿一定方向传输的各种传输系统均被称为传输线(Transmission Line)，

其所引导的电磁波称为导波，传输线也被称为导波系统。

在高频及微波电路中使用的传输线包括同轴线、矩形波导、平行双导线等。按照传输线中传输的电磁波型分为：传播的是 TEM 波(Transverse Electric Magnetic Wave)的传输线包括同轴线、带状线、微带线和平行双导线等，特点是频带宽，但高频段传输的电磁波能量损耗增大；传播 TE 波(Transverse Electric Wave)、TM 波(Transverse Magnetic Wave)的单导体金属波导传输线，也称为色散波传输线，包括矩形波导、圆波导、脊波导及椭圆波导等，特点是功率容量大、损耗小，但是体积大、频带窄；传播表面波的表面波传输线如介质波导、单根表面波传输线、镜像线等，特点是电磁能量沿传输线表面传播，因此简单、体积小、功率容量大。

由于波长与电路的几何尺寸可比拟，信号通过传输线时产生的电流、电压不仅与时间有关，也与空间位置有关。一般的分析方法应使用电磁场理论，即以场的观点进行分析。本节讨论均匀传输线在空间位置只有一维，且认为其中的电磁波是平面波，这样使分析得到简化。

8.1.1　传输线方程和特性阻抗

根据传输线上的分布参数是否均匀分布，可将其分为均匀传输线和不均匀传输线。我们可以把均匀传输线分割成许多小的微元段 $\mathrm{d}z(\mathrm{d}z \ll \lambda)$，这样每个微元段可看做集总参数电路，用一个 Γ 形网络来等效。于是整个传输线可等效成无穷多个 Γ 形网络的级联。以 R_0、C_0、L_0、G_0 表示均匀传输线上单位长度上的电阻、电容、电感、电导。对一个长度为 $\mathrm{d}z$ 的均匀传输线，建立均匀传输线的电路模型，如图 8.1 所示。

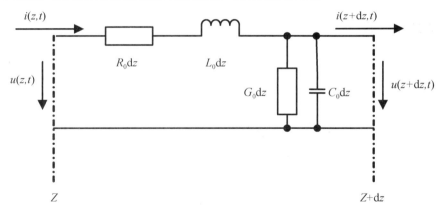

图 8.1　传输线电路模型

根据基尔霍夫电流、电压定理，可得图 8.1 的电流、电压方程如下：

$$\left. \begin{array}{l} i(z,t) - i(z + \mathrm{d}z,t) = G_0 \mathrm{d}z u(z + \mathrm{d}z,t) + C_0 \mathrm{d}z \dfrac{\partial u(z + \mathrm{d}z,t)}{\partial t} \\[2mm] u(z,t) - u(z + \mathrm{d}z,t) = R_0 \mathrm{d}z i(z + \mathrm{d}z,t) + L_0 \mathrm{d}z \dfrac{\partial i(z + \mathrm{d}z,t)}{\partial t} \end{array} \right\} \tag{8.1}$$

对式(8.1)两边同除 $\mathrm{d}z$，令 $\mathrm{d}z \to 0$，有

$$-\frac{\partial i(z,t)}{\partial z} = G_0 u(z,t) + C_0 \frac{\partial u(z,t)}{\partial t} \left.\right\} \tag{8.2}$$
$$-\frac{\partial u(z,t)}{\partial z} = R_0 i(z,t) + L_0 \frac{\partial i(z,t)}{\partial t}$$

式(8.2)就是均匀传输线方程，或电报方程。

如果信号源是角频率为 ω 的正弦信号，则电流 $i(z,t)$、电压 $u(z,t)$ 可用其复振幅 $I(z)$、$U(z)$ 表示：

$$i(z,t) = \mathrm{Re}[I(z)\mathrm{e}^{j\omega t}] \left.\right\} \tag{8.3}$$
$$u(z,t) = \mathrm{Re}[U(z)\mathrm{e}^{j\omega t}]$$

将式(8.3)代入式(8.2)有

$$\frac{\mathrm{d}I(z)}{\mathrm{d}z} = -(G_0 + j\omega C_0)U(z) \left.\right\} \tag{8.4}$$
$$\frac{\mathrm{d}U(z)}{\mathrm{d}z} = -(R_0 + j\omega L_0)I(z)$$

令

$$\gamma^2 = (R_0 + j\omega L_0)(G_0 + j\omega C_0) \tag{8.5}$$

式(8.4)整理为

$$\frac{\mathrm{d}^2 I(z)}{\mathrm{d}z^2} = -\gamma^2 I(z) \left.\right\} \tag{8.6}$$
$$\frac{\mathrm{d}^2 U(z)}{\mathrm{d}z^2} = -\gamma^2 U(z)$$

式(8.6)的稳态通解为

$$I(z) = A_1 \mathrm{e}^{-\gamma z} + A_2 \mathrm{e}^{\gamma z} \left.\right\} \tag{8.7}$$
$$U(z) = A_3 \mathrm{e}^{-\gamma z} + A_4 \mathrm{e}^{\gamma z}$$

由式(8.4)

$$I(z) = -\frac{1}{Z_1}\frac{\mathrm{d}U(z)}{\mathrm{d}z} = \frac{\gamma}{Z_1}\left(A_3 \mathrm{e}^{-\gamma z} - A_4 \mathrm{e}^{\gamma z}\right) = \frac{1}{Z_0}\left(A_3 \mathrm{e}^{-\gamma z} - A_4 \mathrm{e}^{\gamma z}\right) \left.\right\} \tag{8.8}$$
$$U(z) = A_3 \mathrm{e}^{-\gamma z} + A_4 \mathrm{e}^{\gamma z}$$

式中

$$Z_1 = R_0 + j\omega L_0, Y_1 = G_0 + j\omega C_0 \tag{8.9}$$

定义：

$$Z_0 = \frac{Z_1}{\gamma} = \sqrt{\frac{R_0 + j\omega L_0}{G_0 + j\omega C_0}} \tag{8.10}$$

$$\gamma = \sqrt{(R_0 + j\omega L_0)(G_0 + j\omega C_0)} = \alpha + j\beta \tag{8.11}$$

Z_0 称为传输线的特性阻抗，当无损耗时 $R_0 = 0, G_0 = 0, Z_0 = \frac{Z_1}{\gamma} = \sqrt{\frac{L_0}{C_0}}$。$\gamma$ 称为传播常

数，其实部 α 称为衰减常数，虚部 β 称为相移常数。无损耗时，传播常数的实部 $\alpha = 0$。

观察 $e^{-\gamma z} = e^{-\alpha z} \cdot e^{-j\beta z}$ 可知，其是一个离开信号源向负载方向传播的入射波，只是 $e^{-\alpha z}$ 项表示波的衰减，无损耗时无衰减，而 $e^{-j\beta z}$ 表示波的传播方向。$e^{\gamma z} = e^{\alpha z} \cdot e^{j\beta z}$ 表示离开负载向源方向传播的反射波。可见传输线上任意一点的电流、电压均是入射波与反射波的叠加。对应的电流、电压的瞬时值为

$$
\left.
\begin{aligned}
i(z,t) &= \mathrm{Re}[I(z)e^{j\omega t}] \\
&= \frac{A_3}{|Z_0|}e^{-\alpha z}\cos(\omega t - \beta z + \varphi_1') - \frac{A_4}{|Z_0|}e^{\alpha z}\cos(\omega t + \beta z + \varphi_2') \\
&= i_i(z,t) + i_r(z,t) \\
u(z,t) &= \mathrm{Re}[U(z)e^{j\omega t}] \\
&= A_3 e^{-\alpha z}\cos(\omega t - \beta z + \varphi_1) - A_4 e^{\alpha z}\cos(\omega t + \beta z + \varphi_2) \\
&= u_i(z,t) + u_r(z,t)
\end{aligned}
\right\} \tag{8.12}
$$

式(8.12)表明电压、电流是入射波与反射波的叠加。而电压、电流的初始相位一般不相等即有相差，只有当特性阻抗为纯电阻时同相。

为确定通解中的常数 A_3、A_4，需要通过边界条件来得到，如图 8.2 所示。

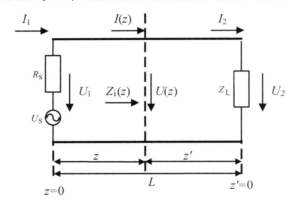

图 8.2　传输线输入阻抗与边界条件

1) 源端由电源激励

这时有 $z=0$，$U(0) = U_1, I(0) = I_1$ 代入式(8.8)可得

$$
A_3 = \frac{1}{2}(U_1 + Z_0 I_1)
$$
$$
A_4 = \frac{1}{2}(U_1 - Z_0 I_1) \tag{8.13}
$$

代入式(8.8)有

$$
\begin{aligned}
I(z) &= \frac{U_1 + Z_0 I_1}{2Z_0}e^{-\gamma z} - \frac{U_1 - Z_0 I_1}{2Z_0}e^{\gamma z} \\
&= I_i(z) + I_r(z) \\
U(z) &= \frac{U_1 + Z_0 I_1}{2}e^{-\gamma z} + \frac{U_1 - Z_0 I_1}{2}e^{\gamma z} \\
&= U_i(z) + U_r(z)
\end{aligned} \tag{8.14}
$$

或写成：

$$\left.\begin{array}{l} I(z) = -\dfrac{U_1}{Z_0}\sinh(\gamma z) + I_1\cosh(\gamma z) \\[3mm] U(z) = U_1\cosh(\gamma z) - I_1 Z_0\sinh(\gamma z) \end{array}\right\} \tag{8.15}$$

式中

$$\left.\begin{array}{l} \sinh(\gamma z) = \dfrac{\mathrm{e}^{\gamma z} - \mathrm{e}^{-\gamma z}}{2} \\[4mm] \cosh(\gamma z) = \dfrac{\mathrm{e}^{\gamma z} + \mathrm{e}^{-\gamma z}}{2} \end{array}\right\} \tag{8.16}$$

$$\left.\begin{array}{l} I_\mathrm{i}(z) = \dfrac{U_1 + Z_0 I_1}{2Z_0}\mathrm{e}^{-\gamma z} \\[4mm] I_\mathrm{r}(z) = -\dfrac{U_1 - Z_0 I_1}{2Z_0}\mathrm{e}^{\gamma z} \\[4mm] U_\mathrm{i}(z) = \dfrac{U_1 + Z_0 I_1}{2}\mathrm{e}^{-\gamma z} \\[4mm] U_\mathrm{r}(z) = \dfrac{U_1 - Z_0 I_1}{2}\mathrm{e}^{\gamma z} \end{array}\right\} \tag{8.17}$$

2) 终端接负载

这时有 $z=L$，$z'=0=L-z$，$U(L)=U_2, I(L)=I_2$ 代入式(8.8)，有

$$\left.\begin{array}{l} A_3 = \dfrac{1}{2}(U_2 + Z_0 I_2)\mathrm{e}^{\gamma L} \\[3mm] A_4 = \dfrac{1}{2}(U_2 - Z_0 I_2)\mathrm{e}^{-\gamma L} \end{array}\right\} \tag{8.18}$$

于是有

$$\begin{aligned} I(z') &= \frac{U_2 + Z_0 I_2}{2Z_0}\mathrm{e}^{\gamma z'} - \frac{U_2 - Z_0 I_2}{2Z_0}\mathrm{e}^{-\gamma z'} = I_\mathrm{i}(z') + I_\mathrm{r}(z') \\ &= \frac{U_2}{Z_0}\sinh(\gamma z') + I_2\cosh(\gamma z') \\ U(z') &= \frac{U_2 + Z_0 I_2}{2}\mathrm{e}^{\gamma z'} + \frac{U_2 - Z_0 I_2}{2}\mathrm{e}^{-\gamma z'} = U_\mathrm{i}(z') + U_\mathrm{r}(z') \\ &= U_2\cosh(\gamma z') + I_2 Z_0\sinh(\gamma z') \end{aligned} \tag{8.19}$$

式中

$$\left.\begin{array}{l} I_\mathrm{i}(z') = \dfrac{U_2 + Z_0 I_2}{2Z_0}\mathrm{e}^{-\gamma z'} \\[4mm] I_\mathrm{r}(z') = -\dfrac{U_2 - Z_0 I_2}{2Z_0}\mathrm{e}^{\gamma z'} \\[4mm] U_\mathrm{i}(z') = \dfrac{U_2 + Z_0 I_2}{2}\mathrm{e}^{-\gamma z'} \\[4mm] U_\mathrm{r}(z') = \dfrac{U_2 - Z_0 I_2}{2}\mathrm{e}^{\gamma z'} \end{array}\right\} \tag{8.20}$$

8.1.2　传输线的工作参量

传输线的工作参量包括输入阻抗、反射系数、驻波系数、行波系数，下面分别予以介绍。

1. 输入阻抗与输入导纳

在传输线终端接负载的 Z_L 的情况下，由式(8.19)在距离终端 $z'=L-z$ 处，向负载方向看的输入阻抗为

$$
\begin{aligned}
Z_i(z') = \frac{U(z')}{I(z')} &= \frac{U_2 \cosh(\gamma z') + I_2 Z_0 \sinh(\gamma z')}{\dfrac{U_2}{Z_0} \sinh(\gamma z') + I_2 \cosh(\gamma z')} \\
&\overset{U_2 = I_2 Z_L}{=} Z_0 \frac{Z_L + Z_0 \tanh(\gamma z')}{Z_0 + Z_L \tanh(\gamma z')}
\end{aligned}
\tag{8.21}
$$

式中，$\tanh(\gamma z') = \dfrac{\sinh(\gamma z')}{\cosh(\gamma z')}$，$\coth(\gamma z') = \dfrac{\cosh(\gamma z')}{\sinh(\gamma z')}$。令 $z'=L$ 得到传输线起始端向负载端看的输入阻抗为

$$
Z_i(z' = L) = Z_0 \frac{Z_L + Z_0 \tanh(\gamma L)}{Z_0 + Z_L \tanh(\gamma L)}
\tag{8.22}
$$

无损传输线情况下，$\gamma = j\beta$，前述结果变为

$$
\left.
\begin{aligned}
I(z') &= j\frac{U_2}{Z_0} \sin(\beta z') + I_2 \cos(\beta z') \\
U(z') &= U_2 \cos(\beta z') + j I_2 Z_0 \sin(\beta z')
\end{aligned}
\right\}
\tag{8.23}
$$

$$
Z_i(z') = Z_0 \frac{Z_L + j Z_0 \tan(\beta z')}{Z_0 + j Z_L \tan(\beta z')}
\tag{8.24}
$$

$$
Z_i(z' = L) = Z_0 \frac{Z_L + j Z_0 \tan(\beta L)}{Z_0 + j Z_L \tan(\beta L)}
\tag{8.25}
$$

式中，$\tan(\beta z') = \dfrac{\sin(\beta z')}{\cos(\beta z')}$，$\cot(\beta z') = \dfrac{\cos(\beta z')}{\sin(\beta z')}$。当 $z' = \dfrac{n\lambda}{2}$，n 为整数，且 $\beta = \dfrac{2\pi}{\lambda}$，$Z_i(z' = \dfrac{n\lambda}{2}) = Z_L$；当 $Z_i(z' = \dfrac{n\lambda}{2}) = Z_L$，$n$ 为整数，且 $\beta = \dfrac{2\pi}{\lambda}$，$Z_i(z' = \dfrac{(2n+1)\lambda}{4}) = \dfrac{Z_0^2}{Z_L}$。可见在无损耗的情况下，传输线的输入阻抗以 $\dfrac{\lambda}{2}$ 为周期，以 $\dfrac{\lambda}{4}$ 具有阻抗变换特性。类似，在无损耗情况下对于输入导纳：

$$
Y_i(z') = Y_0 \frac{Y_L + j Y_0 \tan(\beta z')}{Y_0 + j Y_L \tan(\beta z')}
\tag{8.26}
$$

式中，$Y_i(z') = \dfrac{1}{Z_i(z')}$，$Y_0 = \dfrac{1}{Z_0}$，$Y_L = \dfrac{1}{Z_L}$。

2. 反射系数

反射系数定义为传输线上距终端 z' 处的任意一点的反射电压(电流)与入射电压(电流)之比,记为 $\Gamma_U(z')$ 或 $\Gamma_I(z')$,即

$$\Gamma_U(z') = \frac{U_r(z')}{U_i(z')} = \frac{A_3 e^{-\gamma z'}}{A_4 e^{\gamma z'}} = \frac{A_3}{A_4} e^{-2\gamma z'} \tag{8.27}$$

$$\Gamma_I(z') = \frac{I_r(z')}{I_i(z')} = -\frac{A_3}{A_4} e^{-2\gamma z'} = -\Gamma_U(z') \tag{8.28}$$

由式(8.19),距终端 z' 处的任意一点的电压反射系数,即

$$\Gamma_U(z') = \frac{U_r(z')}{U_i(z')} = \frac{U_2 - Z_0 I_2}{U_2 + Z_0 I_2} e^{-2\gamma z'} = \Gamma_2 e^{-2\gamma z'} \tag{8.29}$$

显然,Γ_2 是 $z'=0$ 即终端处的电压反射系数,即

$$\Gamma_2 = \frac{U_2 - Z_0 I_2}{U_2 + Z_0 I_2} \overset{U_2 = Z_L I_2}{=} \frac{Z_L - Z_0}{Z_L + Z_0} = |\Gamma_2| e^{j\varphi_2} \tag{8.30}$$

即终端的电压反射系数仅与终端负载 Z_L 与传输线特性阻抗 Z_0 有关。$|\Gamma_2|$ 表示终端反射电压与入射电压的幅度之比,φ_2 表示终端反射电压与入射电压的相位差。当传输线是无损耗时,式(8.29)成为

$$\Gamma_U(z') = |\Gamma_2| e^{j(\varphi_2 - 2\beta z')} \tag{8.31}$$

表示无损耗传输线上任意一点的电压反射系数大小与终端处反射系数相同。相位滞后 $2\beta z'$,意味着,反射系数在向信号源方向移动时相位滞后,反之则相反。

用电压反射系数可以表示传输线上任一点 z' 的电压电流为

$$\begin{aligned} I(z') &= I_i(z') + I_r(z') = I_i(z')[1 - \Gamma_U(z')] \\ U(z') &= U_i(z') + U_r(z') = U_i(z')[1 + \Gamma_U(z')] \end{aligned} \tag{8.32}$$

同样用电压反射系数可以表示传输线上任一点 z' 的输入阻抗为

$$Z_i(z') = Z_0 \frac{1 + \Gamma_U(z')}{1 - \Gamma_U(z')} \tag{8.33}$$

特别当终端负载处的输入阻抗即负载 Z_L 为

$$Z_L = Z_i(z' = 0) = Z_0 \frac{1 + \Gamma_2}{1 - \Gamma_2} \tag{8.34}$$

式中,$\Gamma_2 = \dfrac{Z_L - Z_0}{Z_L + Z_0}$。

3. 驻波系数或驻波比

如终端负载与传输线特性阻抗不相等或不匹配时,传输线上驻波是沿传输线相向传播的同频率入射波和反射波的叠加产生。驻波系数或驻波比定义为传输线上电压(电流)的最大值与最小值的比值,即

$$\rho = \frac{|U|_{\max}}{|U|_{\min}} = \frac{|I|_{\max}}{|I|_{\min}} \tag{8.35}$$

由式(8.32)得

$$\left.\begin{aligned}
|I|_{\max} &= |I_i| + |I_r| = I_i[1 + |\Gamma_I|] \\
|I|_{\min} &= |I_i| - |I_r| = I_i[1 - |\Gamma_I|] \\
|U|_{\max} &= |U_i| + |U_r| = U_i[1 + |\Gamma_U|] \\
|U|_{\min} &= |U_i| - |U_r| = U_i[1 - |\Gamma_U|]
\end{aligned}\right\} \tag{8.36}$$

$$\left.\begin{aligned}
\rho &= \frac{1 + |\Gamma_U|}{1 - |\Gamma_U|} \\
|\Gamma_U| &= \frac{\rho - 1}{\rho + 1}
\end{aligned}\right\} \tag{8.37}$$

4. 行波系数

行波系数是驻波系数的倒数，即传输线上电压(电流)最小值与最大值的比值 K。

$$K = \frac{1}{\rho} = \frac{1 - |\Gamma_U|}{1 + |\Gamma_U|} \tag{8.38}$$

反射系数的模的变化范围为 $0 \leqslant |\Gamma_U| \leqslant 1$，驻波系数 $1 \leqslant \rho \leqslant \infty$，行波系数 $0 \leqslant K \leqslant 1$。当反射系数的模为 1 时，表示全反射波，驻波系数为无限大，行波系数最小为 0；反射系数的模为 0 时，表示无反射波，驻波系数最小为 1，行波系数最大为 1。因此，驻波系数或行波系数表示负载的匹配情况，当完全匹配时，它们为 1。

8.1.3　均匀无损耗传输线的工作状态

1. 行波状态(无反射的情况)

当负载阻抗与特性阻抗完全匹配 $Z_L = Z_0$，有 $\Gamma_U = 0, \rho = 1, K = 1$，传输线中没有反射波。这时传输线上各点的电流、电压为

$$\left.\begin{aligned}
I(z) &= \frac{U_1 + Z_0 I_1}{2Z_0} \mathrm{e}^{-\mathrm{j}\beta z} = I_{10} \mathrm{e}^{-\mathrm{j}\beta z} \\
U(z) &= \frac{U_1 + Z_0 I_1}{2} \mathrm{e}^{-\mathrm{j}\beta z} = U_{10} \mathrm{e}^{-\mathrm{j}\beta z}
\end{aligned}\right\} \tag{8.39}$$

式中，U_1、I_1 是传输线起始端的电压、电流。而

$$\left.\begin{aligned}
I_{10} &= \frac{U_1 + Z_0 I_1}{2Z_0} \\
U_{10} &= \frac{U_1 + Z_0 I_1}{2}
\end{aligned}\right\} \tag{8.40}$$

输入阻抗为

$$Z_i(z) = \frac{U(z)}{I(z)} = Z_0 \tag{8.41}$$

由此可得

$$\left. \begin{array}{l} u(z,t) = u_i(z,t) = U_{10}\cos(\omega t - \beta z) \\ i(z,t) = i_i(z,t) = I_{10}\cos(\omega t - \beta z) \end{array} \right\} \tag{8.42}$$

由上可得行波状态下的分布规律。

(1) 线上电压和电流的振幅恒定不变。

(2) 电压行波与电流行波同相，它们的相位是位置 z 和时间 t 的函数。

(3) 线上的输入阻抗处处相等，且均等于特性阻抗。

2. 驻波状态(全反射情况)

驻波状态即全反射状态，由式(8.30)可知当 $Z_L=0$、∞、$\pm jX$，即终端电路是短路、开路以及纯电抗负载时，有 $|\Gamma|=1$，$\rho=\infty$，$K=0$。这时传输线上入射波将全部反射并与入射波叠加后形成驻波。驻波状态意味着入射波功率一点也没有被负载吸收，即负载与传输线完全失配。

1) 终端短路

这时 $Z_L=0$，$\Gamma_2=-1$，$U_2=U_{2i}+U_{2r}=0$，$U_{2i}=U_{2r}$，$I_2=2I_{2i}$，由式(8.23)有

$$\left\{ \begin{array}{l} I(z') = I_2\cos(\beta z') = 2I_{2i}\cos(\beta z') \\ U(z') = jI_2 Z_0\sin(\beta z') = j2I_{2i}Z_0\sin(\beta z') = j2U_{2i}\sin(\beta z') \end{array} \right. \tag{8.43}$$

式(8.43)表明，传输线上的电压电流波形在确定的位置 z' 随时间作正弦规律变化，在某确定的时刻 t、不同的位置上将随 z' 作正弦规律变化，特别在 $z'=\lambda/2$ 的整数倍位置，在任何时间，均是电压的波节点、电流的波腹点；在 $z'=\lambda/4$ 的奇数倍位置，在任何时间，均是电压的波腹点、电流的波节点。这就是驻波。而各点的输入阻抗，由式(8.24)得

$$Z_i(z') = jZ_0\tan(\beta z') \tag{8.44}$$

式(8.44)表明，在终端短路情况下，传输线上的阻抗为纯电抗，且在 $z'=\lambda/4$ 奇数倍位置，$Z_i(z')=\infty$；在 $z'=\lambda/2$ 整数倍位置，$Z_i(z')=0$；在 $0<z'<\lambda/4$ 时，$Z_{in}(z')=+jX$ 为感性电抗；在 $\lambda/4<z'<\lambda/2$ 时，$Z_i(z')=-jX$ 为容性电抗。

2) 终端开路

这时 $Z_L=\infty$，$\Gamma_2=1$，$U_2=U_{2i}=U_{2r}$，$I_2=I_{2i}+I_{2r}=0$，由式(8.23)有

$$\left. \begin{array}{l} I(z') = j2I_{2i}\sin(\beta z') \\ U(z') = 2U_{2i}\cos(\beta z') \end{array} \right\} \tag{8.45}$$

$$Z_i(z') = -jZ_0\cot(\beta z') \tag{8.46}$$

上式表明，传输线上的电压电流波形在确定的位置 z' 将随时间作正弦规律变化，在某确定的时刻 t，不同的位置上将随 z' 作正弦规律变化，特别在 $z'=\lambda/2$ 的整数倍位置，在任何时间，均是电压的波腹点、电流的波节点；在 $z'=\lambda/4$ 的奇数倍位置，在任何时间，均是电压的波节点、电流的波腹点。传输线上的阻抗为纯电抗，且在 $z'=\lambda/4$ 奇数倍位置，

$Z_i(z') = 0$ ；在 $z' = \lambda/2$ 整数倍位置，$Z_i(z') = \infty$ ；在 $0 < z' < \lambda/4$ 时，$Z_i(z') = -\mathrm{j}X$ 为容性电抗；在 $\lambda/4 < z' < \lambda/2$ 时，$Z_z(z') = \mathrm{j}X$ 为感性电抗。

3) 终端接纯电抗

这时 $Z_L = \pm\mathrm{j}X$ ，由式(8.30)，$|\Gamma_2| = 1$ ，但 $\varphi_2 \neq 0$ ，这样终端的入射波电压(电流)均不再与反射波电压(电流)同相或反相而是有一个相差 $\varphi_2 \neq 0$ ，但是并没有改变会出现波腹、波节的驻波现象。

综上所述，均匀无耗传输线终端无论是短路、开路还是接纯电抗负载，终端均产生全反射，沿线电压电流呈驻波分布，其特点如下。

(1) 驻波波腹值为入射波的两倍，波节值等于零。短路线终端为电压波节、电流波腹；开路线终端为电压波腹、电流波节；接纯电抗负载时，终端既非波腹也非波节。波腹与波节位置相差 $\lambda/4$ 。

(2) 沿线同一位置的电压电流之间相位差为 $90°$ ，所以驻波状态只有能量的存储并无能量的传输。

3. 行驻波状态(部分反射的情况)

当均匀无耗传输线终端接一般复阻抗 $Z_L = R_L + \mathrm{j}X_L$ ，有

$$\Gamma_2 = \frac{Z_L - Z_0}{Z_L + Z_0} = \frac{(R_L + \mathrm{j}X_L) - Z_0}{(R_L + \mathrm{j}X_L) + Z_0} = |\Gamma_2|\mathrm{e}^{\mathrm{j}\phi_2}$$

从而 $0 < |\Gamma| = |\Gamma_2| < 1$ ， $1 < \rho < \infty$ ， $0 < K < 1$ ，由信号源入射的电磁波功率一部分被终端负载吸收，另一部分则被反射，因此传输线上既有行波又有纯驻波，构成混合波状态，故称之为行驻波状态。行波与驻波的相对大小取决于负载与传输线的失配程度。

传输线工作在行驻波状态时，沿线电压电流振幅分布具有如下特点。

(1) 沿线电压电流呈非正弦周期分布。

(2) 当 $\phi_2 - 2\beta z' = \pm 2n\pi$ $(n = 0,1,2,\cdots)$ 时，即 $z' = \dfrac{\phi_2\lambda}{4\pi} \mp n\dfrac{\lambda}{2}$ ，在线上这些点处，电压振幅为最大值(波腹)，电流振幅为最小值(波节)。

(3) 当 $\phi_2 - 2\beta z' = \pm(2n+1)\pi$ $(n = 0,1,2,\cdots)$ 时，即 $z' = \dfrac{\phi_2\lambda}{4\pi} \mp (2n+1)\dfrac{\lambda}{4}$ ，在线上这些点处，电压振幅为最小值(波节)，电流振幅为最大值(波腹)。

(4) 电压或电流的波腹点与波节点相距 $\lambda/4$ 。

(5) 当负载为纯电阻 R_L ，且 $R_L > Z_0$ 时，第一个电压波腹点在终端。当负载为纯电阻 R_L ，且 $R_L < Z_0$ 时，第一个电压波腹点的位置为 $\lambda/4$ 。

(6) 阻抗的数值周期性变化，在电压的波腹点和波节点，阻抗分别为最大值 ρZ_0 和最小值 Z_0/ρ 。

(7) 每隔 $\lambda/4$ ，阻抗性质变换一次；每隔 $\lambda/2$ ，阻抗值重复一次。

8.2 Smith 圆图与阻抗匹配

在高频特别是微波电路中 Smith 圆图是一种有效且常用的图形工具，它在 1939 年由贝尔实验室的 P.Smith 发明。在采用数学方法进行分析计算会感到烦琐耗时的情况下，Smith 圆图却很直观实用。Smith 圆图的使用能极大地简化传输线及集总参数电路中的复杂计算如阻抗匹配问题等。实践也证明了 Smith 圆图是最有用的工具。

Smith 圆图全面反映了反射系数与阻抗或导纳之间的相互换算关系。为使 Smith 圆图使用于任意特性阻抗的传输线的计算，Smith 圆图上的阻抗或导纳均采用归一化值。

8.2.1 Smith 阻抗圆图

Smith 阻抗圆图由等反射系数圆族、等相位线族、等电阻圆族及等电抗圆族组成。下面分别讨论。

1. 等反射系数圆与等相位线

距离终端 z' 处的反射系数为

$$\Gamma(z) = |\Gamma| e^{j\varphi} = |\Gamma| \cos\varphi + j|\Gamma| \sin\varphi = \Gamma_a + j\Gamma_b$$

上式表明，在复平面$(\Gamma_a, j\Gamma_b)$上等反射系数模的轨迹 $\Gamma_a^2 + \Gamma_b^2 = |\Gamma|^2$ 是以坐标原点(0, 0)为圆心、$|\Gamma|$ 为半径的圆，这个圆称为等反射系数圆，由于反射系数的模与驻波比是一一对应的，故又称为等驻波比圆。如图 8.3 所示，由于 $0 \leqslant |\Gamma| \leqslant 1$，所以所有传输线的等反射系数圆都位于半径为 1 的圆内，这个半径为 1 的圆称为单位反射圆。相角 $\varphi = \text{arctg}(\Gamma_b / \Gamma_a)$ 相等的反射系数的轨迹是由原点出发的径向线，称为等相位线，$\varphi = 0$ 的径向线为各种不同负载阻抗情况下电压波腹点反射系数的轨迹；$\varphi = \pi$ 的径向线为各种不同负载阻抗情况下电压波节点反射系数的轨迹。若已知终端反射系数 $\Gamma_2 = \dfrac{Z_L - Z_0}{Z_L + Z_0} = |\Gamma_2| e^{j\varphi_2}$，则距终端 z' 处的反射系数为 $\Gamma(z') = |\Gamma_2| e^{j(\varphi_2 - 2\beta z')}$，说明在确定 $\Gamma_2 = |\Gamma_2| e^{j\varphi_2}$ 的位置后，获得 $\Gamma(z') = |\Gamma_2| e^{j(\varphi_2 - 2\beta z')}$ 的位置只需要在半径为 $|\Gamma_2|$ 圆上，从 $\Gamma_2 = |\Gamma_2| e^{j\varphi_2}$ 位置顺时针旋转 $2\beta z' = 4\pi z'/\lambda$ 角度。反之，已知 $\Gamma(z')$ 位置，则需从该位置逆时针旋转 $2\beta z' = 4\pi z'/\lambda$ 角度就到达 $\Gamma_2 = |\Gamma_2| e^{j\varphi_2}$ 位置。由此可见，传输线上移动长度 $\lambda/2$ 时，对应反射系数矢量转动一周。一般转动的角度用电长度 (或波长数)z'/λ 表示，标明电长度变化的圆称为电刻度圆。为了使用方便，圆图上标有两个方向的波长数数值，且标度波长数的零点位置通常选在 $\varphi = \pi$ 处。如图 8.3 所示，向负载方向移动，读里圈读数；向波源方向移动，读外圈读数。

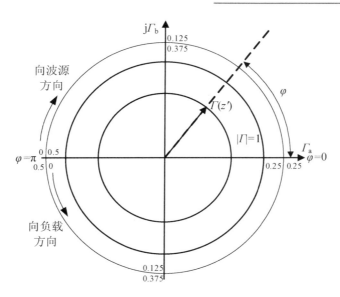

图 8.3 等反射系数圆和等相位线

2．归一化等电阻和等电抗圆

令 $Z_N(z') = Z_i(z') / Z_0 = r + jx$ ， $Z_N(z')$ 称为归一化阻抗， r 称为归一化电阻， x 称为归一化电抗。由式(8.33)可得

$$Z_N(z') = \frac{1+\Gamma}{1-\Gamma} = \frac{1 - \left(\Gamma_a^2 + \Gamma_b^2\right)}{\left(1-\Gamma_a\right)^2 + \Gamma_b^2} + j\frac{2\Gamma_b}{\left(1-\Gamma_a\right)^2 + \Gamma_b^2} = r + jx \tag{8.47}$$

分开实部和虚部得两个方程：

$$\left.\begin{array}{l} r = \dfrac{1 - \left(\Gamma_a^2 + \Gamma_b^2\right)}{\left(1-\Gamma_a\right)^2 + \Gamma_b^2} \\[4mm] x = \dfrac{2\Gamma_b}{\left(1-\Gamma_a\right)^2 + \Gamma_b^2} \end{array}\right\} \tag{8.48}$$

1) 等电阻圆
式(8.48)的实部方程可写为

$$\left(\Gamma_a - \frac{r}{r+1}\right)^2 + \Gamma_b^2 = \left(\frac{1}{r+1}\right)^2 \tag{8.49}$$

式(8.49)为反射系数复平面上的圆方程，其圆心和半径分别为 $\left(\dfrac{r}{r+1}, 0\right)$ 、 $\dfrac{1}{r+1}$ ，该圆上各点反射系数不同但有相同的电阻 r ，因此称为等电阻圆，不同的 r 表示了一族圆，它们都在 D 点(1, 0)处相切，如图 8.4 所示。图中，C 点(−1, 0)是 $r=0$(短路)的单位圆与 Γ_a 的交点。随 r 的增大，等电阻圆越小， $r=\infty$(开路)时收缩为一点(D 点)。

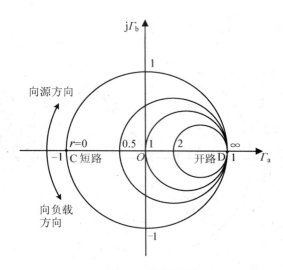

图 8.4　等电阻圆

2) 等电抗圆

式(8.48)的虚部方程可写为

$$(\Gamma_a - 1)^2 + (\Gamma_b - \frac{1}{x})^2 = (\frac{1}{x})^2 \tag{8.50}$$

式(8.50)称为等电抗圆方程，其圆心和半径分别为 $\left(1, \dfrac{1}{x}\right)$、$\dfrac{1}{|x|}$，当 $x>0$ 时，等电抗圆在实轴上方；当 $x<0$ 时，等电抗圆在实轴下方；等电抗圆族也在 D 点(1，0)处相切。当 $x=0$ 时，等电抗圆与实轴重合；$|x|$ 越大，等电抗圆越小，当 $|x|=\infty$ 时，收缩为一点(D 点)。图 8.5 表示的电抗圆族是限制在反射系数为 1 的单位反射圆内的部分。

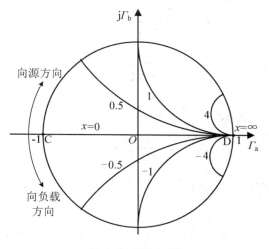

图 8.5　等电抗圆

3. Smith 阻抗圆图的组成

将等反射系数圆、等相位线(波长数)、等电阻圆和等电抗圆叠加在同一张图上，即得

到完整的 Smith 阻抗圆图，如图 8.6 所示。为使 Smith 阻抗圆图不致过于复杂，图中一般不标出等反射系数圆，使用时不难用圆规等工具求出。从图上可以读出 r、x、$|\Gamma|$ 和 φ 四个参量，只要知道其中两个量，就可由 Smith 阻抗圆图求出另外两个量。

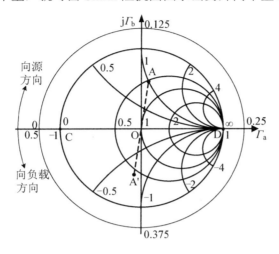

图 8.6　Smith 阻抗圆图

在实际工作中，有时使用导纳值比较方便。令归一化导纳为 $Y_N(z') = \dfrac{1}{Z_N} = g + jb$，$g$ 归一化电导，b 归一化电纳，则由式(8.47)有

$$Y_N(z') = \frac{1}{Z_N} = \frac{1-\Gamma}{1+\Gamma} = \frac{1+\Gamma e^{j\pi}}{1-\Gamma e^{j\pi}} \tag{8.51}$$

将式(8.51)与式(8.47)对比可以看出，如果在 Smith 阻抗圆图上已知某个归一化阻抗点(r, x)，则沿着反射系数圆旋转 180° 后的对应点(r', x')就是与之对应的归一化导纳值(g, b)。若传输线上某一位置对应于圆图上的 A 点，则 A 点的读数即为该位置的输入阻抗归一化值($r+jx$)；若关于 O 点的 A 点对称点为点 A′，则 A′点的读数即为该位置的输入导纳归一化值($g+jb$)。例如，图 8.6 中 A 点($r=0.5$, $x=1$)归一化阻抗为($0.5+j1$)，它沿着反射系数圆旋转 180° 后的对应点为 A′($r'=0.4$, $x'=-0.8$)，故 A 点的归一化导纳值为($0.4-j0.8$)。

也可以将阻抗点在圆图上的位置不变，而将等电阻圆和等电抗圆绕 O 点旋转 180°，成为等电导圆和等电纳圆，得到导纳圆图，如图 8.7 虚线所示。从导纳圆图(虚线)可以直接读出归一化导纳值(g, b)。在工程上通常将阻抗圆图和导纳圆图叠在一起，即得到完整的 Smith 阻抗-导纳圆图，如图 8.7 所示。

Smith 阻抗-导纳圆图具有如下几个特点。

(1) 圆图上有三个特殊点，即

短路点(C 点)，其坐标为($-1,0$)。此处对应于
$r = 0, x = 0, g = \infty, b = \infty, |\Gamma| = 1, \rho = \infty, \varphi = \pi$；

开路点(D 点)，其坐标为($1,0$)。此处对应于
$r = \infty, x = \infty, g = 0, b = 0, |\Gamma| = 1, \rho = \infty, \varphi = 0$；

匹配点(O 点)，其坐标为(0,0)。此处对应于

$r=1, x=0, g=1, b=0, |\Gamma|=0, \rho=1$；

(2) 圆图上有三条特殊线：

圆图上实轴 CD 为 $x=0(b=0)$的轨迹，其中正实半轴为电压波腹点的轨迹，线上的 r 值即为驻波比 ρ 的读数；负实半轴为电压波节点的轨迹，线上的 r 值即为行波系数 K 的读数；最外面的单位圆为 $r=0(g=\infty)$的纯电抗轨迹，即为$|\Gamma|=1$的全反射系数圆的轨迹。

(3) 圆上有两个特殊面：

圆图实轴以上的上半平面(即 $x>0$，$b<0$)是感性阻抗的轨迹；实轴以下的下半平面(即 $x<0$，$b>0$)是容性阻抗的轨迹。

(4) 圆图上有两个旋转方向：

在传输线上 A 点向负载方向移动时，则在圆图上由 A 点沿等反射系数圆逆时针方向旋转；反之，在传输线上 A 点向波源方向移动时，则在圆图上由 A 点沿等反射系数圆顺时针方向旋转。

(5) 圆图上任意一点对应了三对参量：(r, x)、(g, b)和$(|\Gamma|, \varphi)$。知道了任一对参量均可确定该点在圆图上的位置。注意(r, x)和(g, b)均为归一化值，如果要求它们的实际值应分别乘上传输线的特性阻抗 Z_0 或特性导纳 $Y_0=1/Z_0$。

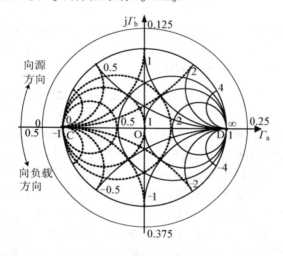

图 8.7　Smith 阻抗-导纳圆图

Smith 阻抗-导纳圆图相当于高频电路计算的“算盘”，应用时按下列方式操作。

(1) 等$|\Gamma|$圆：负载阻抗经过一段传输线等于在等$|\Gamma|$圆上向电源方向旋转相应的电长度。

(2) 等电抗(x)圆：串联电阻等于在等电抗圆上旋转。

(3) 等电阻(r)圆：串联电抗等于在等电阻圆上旋转。

(4) 等电导(g)圆：并联电抗等于在等电导圆上旋转。

(5) 等电纳(b)圆：并联电阻等于在等电纳圆上旋转。

当加入无耗元件(传输线、电容、电感)，对应圆图的操作可以形象的如图 8.8 所示。

图 8.8　Smith 阻抗-导纳圆图的操作图

阻抗圆图是高频工程设计中的重要工具。利用圆图可以解决下面问题。

(1) 根据终接负载阻抗计算传输线上的驻波比。

(2) 根据负载阻抗及线长计算输入端的输入导纳、输入阻抗及输入端的反射系数。

(3) 根据线上的驻波系数及电压波节点的位置确定负载阻抗。

(4) 阻抗和导纳的互算。

(5) 进行阻抗匹配的设计和调整等等。

【例 8.1】　一个特性阻抗为 $Z_0=50\Omega$ 的传输线，已知线上某位置的输入阻抗为 $Z_i=(50+j47.7)\Omega$，试求该点处的反射系数。如图 8.9 所示。

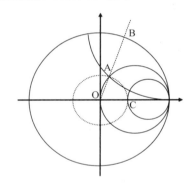

图 8.9　例 1 图

解：(1) 归一化负载阻抗 $Z_N = \dfrac{Z_i}{Z_0} = \dfrac{50+j47.7}{50} = 1+j0.95 = r+jx$，该归一化负载阻抗在圆图位置为 A 点。

(2) 求反射系数相角 φ。A 点对应的电刻度 B 为 0.16，所以有

$$\varphi = 2\beta\Delta z = 2\frac{2\pi}{\lambda}\Delta z = 4\pi(0.25-0.16) = 0.36\pi = 64.8^\circ$$

(3) 求模$\|\Gamma|$。以 OA 为半径作圆与实轴相交于 C 点，该点 $r=2.5$，即 $\rho=2.5$，所以有

$$|\Gamma| = \frac{\rho-1}{\rho+1} = \frac{2.5-1}{2.5+1} \approx 0.43$$

【例 8.2】　在特性阻抗为 $Z_0=50\Omega$ 的传输线上测得 $\varphi=2.5$，距终端负载 0.2λ 处是电压波节点，试求终端负载 Z_L。如图 8.10 所示。

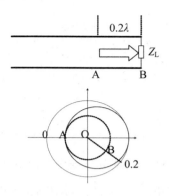

图 8.10　例 2 图

解：(1) $K = 1/\rho = 1/2.5 = 0.4$

在左半实轴找到 $r = 0.4$ 的电压波节点 A。

(2) 沿等$|\Gamma|$圆 A 点逆时针旋转 0.2 电刻度到终端 B 点。

(3) B 点处归一化阻抗为 $z_L = 1.67 - j1.04$

终端负载：$Z_L = z_L \times Z_0 = (1.67 - j1.04) \times 50 = (83.5 - j52\Omega)$

8.2.2　传输线的阻抗匹配

在高频电路的设计中，阻抗匹配是最重要的概念之一，是电路和系统设计时必须考虑的重要问题。如果信号源与传输线不匹配，不仅会影响信号源的频率和输出的稳定性，而且信号源不能给出最大功率。如果传输线与负载不匹配，不仅传输线上有驻波存在，传输线功率容量降低，而且负载不能获得全部的输入功率，电路的信噪比变差。因此，在高频、微波传输系统中，阻抗的匹配非常重要、是必需的。为实现匹配一般在信号源和终端负载处分别加始端和终端匹配装置，如图 8.11 所示。

图 8.11　匹配结构图

关于匹配装置可以分为分布参数电路的匹配和集总参数电路的匹配。这里主要介绍分布参数的电路匹配，对集总参数电路匹配的概念和方法在本书第 1、2、3 章都有介绍。对分布参数的匹配，有两种匹配概念：共轭匹配和无反射匹配。始端一般采用共轭匹配：在共轭匹配情况下，传输线的输入阻抗与信号源的内阻抗互为共轭值，若信号源的内阻抗为：$Z_s = R_s + jX_s$，在传输线初始端输入阻抗 $Z_i = Z_s^* = R_s - jX_s$ 时，信号源能给出最大的输出功率。终端一般采用无反射匹配：传输线与负载之间的匹配，是使线上无反射波存在，即工作于行波状态，负载获得全部的入射功率，对于无损耗的传输线，特性阻抗 Z_0 为实数，若传输线终端所接的负载阻抗为纯电阻且 $R_L = Z_0$，则传输线的终端无反射波，该负载称为匹配负载。如果信号源的内阻为纯电阻且 $R_s = Z_0$，这样就实现了传输线始端无反射匹配，该信号源即为匹配信号源。当传输系统满足 $R_s = Z_L = Z_0$ 时，可同时实现共轭匹配和无反射匹配。

共轭匹配的概念与方法在本书前面的章节已进行过讨论，故下面主要讨论负载端的无反射阻抗匹配方法。阻抗匹配的方法就是在传输线与负载之间加入一阻抗匹配网络。要求这个匹配网络由电抗元件构成，接入传输线时应尽可能靠近负载，且通过调节能对各种负载实现阻抗匹配。其匹配原理是通过匹配网络引入一个新的反射波来抵消原来的反射波。采用 $\lambda/4$ 阻抗变换器和分支匹配器作为匹配网络是两种最基本的传输线匹配方法。

1. $\lambda/4$ 阻抗变换器

$\lambda/4$ 阻抗变换器是使用一段长度为 $\lambda/4$、特性阻抗为 $Z_{\lambda/4}$ 的传输线来构成阻抗匹配网络的。如图 8.12(a)所示。

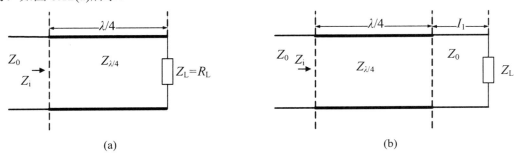

(a)　　　　　　　　　　　　(b)

图 8.12　$\lambda/4$ 阻抗匹配

当 $\lambda/4$ 传输线终端接纯电阻 R_L 时，则输入阻抗为

$$Z_i = Z_{\lambda/4} \frac{R_L + jZ_{\lambda/4} \tan\left(\frac{2\pi}{\lambda} \cdot \frac{\lambda}{4}\right)}{R_L + jR_L \tan\left(\frac{2\pi}{\lambda} \cdot \frac{\lambda}{4}\right)} = \frac{Z_{\lambda/4}^2}{R_L} \tag{8.52}$$

要实现阻抗匹配 $Z_i=Z_0$，为必须使

$$Z_{\lambda/4} = \sqrt{Z_0 R_L} \tag{8.53}$$

原则上 $\lambda/4$ 阻抗匹配只能用于纯电阻负载，如果无损耗传输线的负载阻抗不是纯电阻，也可以使用 $\lambda/4$ 阻抗匹配方法，但是需要先在负载和 $\lambda/4$ 阻抗变换器间接一段长度为 I_1 传输线如图 8.12(b)所示，且 $\lambda/4$ 线须接在电压的波腹或波节处，根据本章 8.1 节讨论知道，该处的输入阻抗为纯电阻。最后由于 $\lambda/4$ 阻抗变换器的长度取决于波长，因此其匹配的实际是该波长决定的中心频率点，当频率偏移时，匹配性能变差，即该匹配是窄带的匹配。

2. 分支匹配器

分支匹配器的基本原理是利用传输线上并接或串接终端短路或开路的分支传输线也称支节，以产生新的反射波来达到抵消原来的反射波，从而实现阻抗匹配。

这些并接或串接的终端短路或开路的分支传输线可以是单支节、双支节或多支节的。这里只分析单支节情况。

1) 串联单支节调节

如图 8.13 所示，负载阻抗为 Z_L，串连终端短路支节的长度为 I_3，支节与主传输线的特

性阻抗都为 Z_0，串联支节距负载距离为 I。可调节 I 和 I_3 使 I 处的输入阻抗等于特性阻抗为 Z_0。

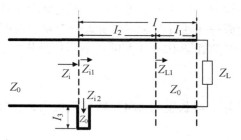

图 8.13　终端短路串联支节调节阻抗匹配

若终端负载处的反射系数为 $|\Gamma_2|e^{j\phi_2}$，驻波系数为 ρ，传输线的波长为 λ，无损耗传输线的特性阻抗为 Z_0。这样由无损耗传输线的分析可知，出现第一个电压波腹点距负载距离 I_1 和其阻抗 Z_{L1} 分别为

$$I_1 = \frac{\lambda}{4\pi}\phi_2 \tag{8.54}$$

$$Z_{L1} = Z_0\rho \tag{8.55}$$

在距离负载 I 处的输入阻抗为

$$Z_{i1} = Z_0\frac{Z_{L1} + jZ_0\tan(I_2\beta)}{Z_0 + jZ_{L1}\tan(I_2\beta)} = R_{i1} + jX_{i1} \tag{8.56}$$

短路支节的输入阻抗为

$$Z_{i2} = jZ_0\tan(I_3\beta) \tag{8.57}$$

其中 $\beta = 2\pi/\lambda$。

则总的输入阻抗为

$$Z_i = Z_{i1} + Z_{i2} = R_{i1} + jX_{i1} + jZ_0\tan(I_3\beta) \tag{8.58}$$

在实现与传输线的特性阻抗匹配情况下有

$$R_{i1} = Z_0$$
$$X_{i1} + Z_0\tan(I_3\beta) = 0 \tag{8.59}$$

式(8.59)有多解，经过计算得到其中一组解为

$$I_2 = \frac{\lambda}{2\pi}\arctan(\frac{1}{\sqrt{\rho}})$$

$$I = I_1 + I_2 \tag{8.60}$$

$$I_3 = \frac{\lambda}{2\pi}\arctan(\frac{\rho-1}{\sqrt{\rho}})$$

这样由式(8.60)，一组关于终端短路的串联支节的位置和长度的解即可求出。

【例 8.3】　若无损耗传输线特性阻抗为 50Ω，工作频率为 300MHz，终端接有负载 $Z_L = 30 + j50\Omega$，请计算终端短路串联匹配支节距离负载的距离 I 以及终端短路的串联支节

的长度 I_3。

解： 由工作频率可以求得工作波长 λ 为 1m。

方法一，公式法

计算终端反射系数为

$$\Gamma_2 = \frac{Z_L - Z_0}{Z_L + Z_0} = 0.1011 + j0.5618 = 0.5708e^{j1.3927}$$

驻波系数为

$$\rho = \frac{1 + |\Gamma_2|}{1 - |\Gamma_2|} = 3.6601$$

第一个波腹点位置为

$$I_1 = \frac{\lambda}{4\pi}\phi_2 = 0.1108\text{m}$$

终端短路的串联支节匹配点距负载距离(仅是其中的一组结果，另一组结果见圆图法)

$$I = I_1 + \frac{\lambda}{2\pi}\arctan(\frac{1}{\sqrt{\rho}}) = 0.1875\text{m}$$

终端短路的串联支节长度为

$$I_3 = \frac{\lambda}{2\pi}\arctan(\frac{\rho - 1}{\sqrt{\rho}}) = 0.1508\text{m}$$

方法二，圆图法

在匹配电路的设计中，推导计算公式一般比较繁杂，而利用 Smith 圆图可以使设计更直观、简便。串联支节法在圆图上首先找到使主传输线归一化输入阻抗 $Z_{i1}/Z_0 = 1 + jx_{i1}$ 的位置(由此可确定主传输线长度 I)，然后找到使分支传输线归一化输入阻抗 $Z_{i2}/Z_0 = -jx_{i1}$ 的位置(由此可确定分支传输线长度 I_3)，则总的归一化输入阻抗 $Z_i/Z_0 = Z_{i1}/Z_0 + Z_{i2}/Z_0 = 1$，实现匹配。具体计算过程如下：

计算归一化负载阻抗为

$$Z_{\text{NL}} = \frac{Z_L}{Z_0} = 0.6 + j$$

给出其 Z_{NL} 在阻抗圆图上的位置 A 点，如图 8.14 所示。过点 A 的等反射系数圆与等电阻圆($r=1$)交于 B、C 点，它们对应主传输线归一化输入阻抗 $Z_{i1}/Z_0 = 1 + jx_{i1}$ 的位置，查图知道 B、C 点对应的归一化阻抗分别为 1+j1.4 和 1−j1.4。这样串联的终端短路的支节归一化输入阻抗($Z_{i2}/Z_0 = -jx_{i1}$)应分别为 −j1.4 和+j1.4。因此，电阻圆($r=0$)与−j1.4 和+j1.4 两个电抗圆的交点 E、D 对应支节传输线归一化输入阻抗 $Z_{i2}/Z_0 = -jx_{i1}$ 的位置。

A 对应的电刻度读数为 0.14，由 B(1+j1.4)、E(−j1.4)对应的电刻度读数 0.174、0.349，得到

$$I = (0.174 - 0.14)\lambda = 0.034\text{m}, \quad I_3 = 0.349\lambda = 0.349\text{m}$$

由 C(1−j1.4)、D(j1.4)对应的电刻度读数 0.326、0.151，得到

$$I = (0.326 - 0.14)\lambda = 0.186\text{m}, \quad I_3 = 0.151\lambda = 0.151\text{m}$$

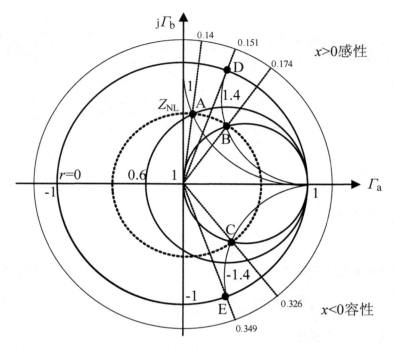

图 8.14　阻抗圆图解串联支节匹配

2) 并联单支节调节

如图 8.15 所示，若无损耗传输线和调节支节的特性导纳均为 Y_0，负载导纳为 Y_L，终端短路的并联调节支节长度为 I_3，且距离负载 Y_L 的距离为 I。若设终端负载处的反射系数为 $|\Gamma_2|\mathrm{e}^{j\phi_2}$，驻波系数为 ρ，传输线的波长为 λ，由无损耗传输线分析知，出现第一个电压波节点离负载的距离 I_1 和其导纳 Y_{L1} 分别为

$$I_1 = \frac{\lambda}{4\pi}\phi_2 \pm \frac{\lambda}{4} \tag{8.61}$$

$$Y_{L1} = Y_0\rho \tag{8.62}$$

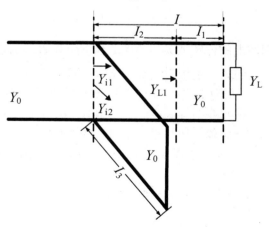

图 8.15　终端短路并联支节调节导纳匹配

在距离负载 I 处的输入导纳为

$$Y_{i1} = Y_0 \frac{Y_{L1} + jY_0 \tan(I_2\beta)}{Y_0 + jY_{L1} \tan(I_2\beta)} = G_{i1} + jB_{i1} \tag{8.63}$$

短路支节的输入导纳为

$$Y_{i2} = -\frac{jY_0}{\tan(I_3\beta)} \tag{8.64}$$

式中，$\beta = 2\pi/\lambda$。则总的输入导纳为

$$Y_i = Y_{i1} + Y_{i2} = G_{i1} + jB_{i1} - \frac{jY_0}{\tan(I_3\beta)} \tag{8.65}$$

在实现与传输线的特性导纳匹配情况下有

$$G_{i1} = Y_0$$

$$B_{i1} - \frac{jY_0}{\tan(I_3\beta)} = 0 \tag{8.66}$$

式(8.66)存在多解，经过计算得到其中一组解为

$$I_2 = \frac{\lambda}{2\pi} \arctan(\frac{1}{\sqrt{\rho}})$$

$$I = I_1 + I_2 \tag{8.67}$$

$$I_3 = \frac{\lambda}{2} + \frac{\lambda}{2\pi} \arctan(\frac{1-\rho}{\sqrt{\rho}})$$

从而终端短路的并联支节的位置和长度即可求出。

利用 Smith 圆图也能图解并联单支节匹配相关参数，但会使用归一化导纳圆图。

对集总参数高频电路的匹配也可以使用圆图设计，一般会联合使用阻抗圆图和导纳圆图，在匹配过程中当使用集成电感或电容进行匹配时，应在等阻抗圆或等导纳圆上移动，通过阻抗和导纳圆图读出匹配的电抗和电纳并根据电路的频率计算出所需要的电感或电容值。需要注意的是，在高频电路中被认为是集总参数元件的电尺寸必须远远小于高频电路中电磁波的波长，否则只能使用分布参数电路分析或场的观点进行分析。

8.3　双端口网络的 S 参数

本书第 2 章引入双口网络的 Y 参数线性等效模型分析小信号放大器，但上述网络参数在高频测量时会遇到一系列问题。原因是这些二端口参数必须在某个端口开路或短路的条件下，通过测量端口电压、电流的方法获得。但是当信号频率很高时，由于寄生元件的存在，理想的开路和短路很难实现，尤其在宽频范围内实现理想的短路和开路会更加困难，即使可以做到接近理想的开路和短路，由于信号的强反射，电路也很有可能不稳定。由于信号以波的形式传播，在不同测量点上幅度和相位都可能不同。这些问题使得基于电压和电流的测量方法难以应用，因此人们提出了 S 参数的概念。S 参数也称散射(Scattering Parameter)参数，它是基于入射波和反射波之间关系的参数，高频电路利用 S 参数就可以避

开不现实的终端条件,容易测量。在绝大多数涉及射频系统的技术资料和设计手册中,网络参量都由 S 参数表示。

8.3.1　S 参数定义

1. 归一化入射波和反射波电压

在高频频段内,网络端口与外界连接的是各类传输线,端口上的场量由入射波和反射波叠加而成。一个二端口网络的模型如图 8.16 所示,其中 Z_{01} 表示端口 1 的传输线特征阻抗,Z_{02} 表示端口 2 的传输线特征阻抗;U_{i1} 和 U_{i2} 分别是端口 1 和端口 2 的入射波电压幅度,U_{r1} 和 U_{r2} 分别是端口 1 和端口 2 的反射波电压幅度;U_1 和 U_2 分别是端口 1 和端口 2 的总电压。

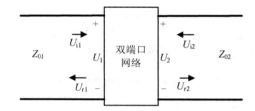

图 8.16　双端口网络模型

将传输线的入射电压波和反射电压波对特征阻抗的平方根归一化,定义如下归一化的入射波电压 a 和反射波电压 b:

$$\left.\begin{aligned} a_k &= U_{ik}\big/\sqrt{Z_{0k}} \\ b_k &= U_{rk}\big/\sqrt{Z_{0k}} \end{aligned}\right\} \quad (k=1,2) \tag{8.68}$$

端口的总电压和总电流与归一化入射波和反射波电压之间关系为

$$\left.\begin{aligned} U_k &= U_{ik} + U_{rk} = (a_k + b_k)\sqrt{Z_{0k}} \\ I_k &= I_{ik} - I_{rk} = (a_k - b_k)\big/\sqrt{Z_{0k}} \end{aligned}\right\} \quad (k=1,2) \tag{8.69}$$

求解上述方程组,可得端口归一化入射波和反射波电压与端口的总电压和总电流之间关系为

$$\left.\begin{aligned} a_k &= (U_k + Z_{0k}I_k)/(2\sqrt{Z_{0k}}) \\ b_k &= (U_k - Z_{0k}I_k)/(2\sqrt{Z_{0k}}) \end{aligned}\right\} \quad (k=1,2) \tag{8.70}$$

端口入射功率和反射功率为

$$\left.\begin{aligned} P_{ik} &= \frac{1}{2}U_{ik}I_{ik}^{*} = \frac{1}{2}U_{ik}\frac{U_{ik}^{*}}{Z_{0k}} = \frac{1}{2}\left|\frac{U_{ik}}{\sqrt{Z_{0k}}}\right|^2 = \frac{1}{2}\left|a_k\right|^2 \\ P_{rk} &= \frac{1}{2}U_{rk}I_{rk}^{*} = \frac{1}{2}U_{rk}\frac{U_{rk}^{*}}{Z_{0k}} = \frac{1}{2}\left|\frac{U_{rk}}{\sqrt{Z_{0k}}}\right|^2 = \frac{1}{2}\left|b_k\right|^2 \end{aligned}\right\} \quad (k=1,2) \tag{8.71}$$

2．S 参数与意义

用端口 1 和端口 2 的归一化入射波来表示端口 1 和端口 2 的归一化反射波，可以得到方程

$$\begin{cases} b_1 = S_{11}a_1 + S_{12}a_2 \\ b_2 = S_{21}a_1 + S_{22}a_2 \end{cases} \quad 或 \quad \begin{bmatrix} b_1 \\ b_2 \end{bmatrix} = \begin{bmatrix} S_{11} & S_{12} \\ S_{21} & S_{22} \end{bmatrix} \begin{bmatrix} a_1 \\ a_2 \end{bmatrix} \tag{8.72}$$

式中，$\begin{bmatrix} S_{11} & S_{12} \\ S_{21} & S_{22} \end{bmatrix}$ 称为散射矩阵，里面的元素称为 S(散射)参数。

1) 公式的物理意义

端口 1 的反射波由两部分组成：一部分是端口 1 的入射波在端口 1 的反射波；另一部分是端口 2 的入射波流经网络之后，透射到端口 1 的透射波。

端口 2 的反射波也类似，由端口 2 自身入射波的反射波和从端口 1 过来的透射波组成。

2)散射参数的物理意义

因为 $b_1 = S_{11}a_1 + S_{12}a_2$

所以 $S_{11} = \dfrac{b_1}{a_1}\bigg|_{a_2=0}$

$a_2=0$ 意味两个条件：端口 2 无激励源；端口 2 终端匹配，b_2 不会被反射回端口 2。故当端口 2 接上匹配负载时，激励端口 1，入射波为 a_1，而 b_1 仅仅是端口 1 的反射波。因此，S_{11} 就是端口 2 接匹配负载时，从端口 1 向网络内看去的反射系数。同理有

$S_{21} = \dfrac{b_2}{a_1}\bigg|_{a_2=0}$，$S_{21}$ 就是端口 2 接匹配负载时，从端口 1 到端口 2 的传输系数。

$S_{22} = \dfrac{b_2}{a_2}\bigg|_{a_1=0}$，$S_{22}$ 是端口 1 接匹配负载时，从端口 2 向网络内看去的反射系数。

$S_{12} = \dfrac{b_1}{a_2}\bigg|_{a_1=0}$，$S_{12}$ 是端口 1 接匹配负载时，从端口 2 到端口 1 的传输系数。

从定义上可以清楚地看到 S 参数的优点。它是在端口 1 和端口 2 匹配的条件下测量的，即 $a_1=0$ 或 $a_2=0$。例如，为了测量 S_{11}，应在输出端匹配的条件下即 $a_2=0$ 时，测量输入端的 b_1/a_1。在传输线终端连接一个与传输线特征阻抗相等的负载，可使 $a_2=0$，这是因为行波入射到这样的负载将会被全部吸收，没有能量返回到输出端口(端口 2)。上述情况如图 8.17 所示，其中 $Z_L=Z_{02}$ 对应 $a_2=0$。这样，网络的输出阻抗 Z_2 不必与 Z_{02} 匹配，实际上很少出现 $Z_2=Z_{02}$ 的情况，而利用 $Z_L=Z_{02}$ 即可满足条件 $a_2=0$。对于输入端可以采用相同的处理。输入和输出端传输线的特征阻抗通常相等，即 $Z_{01}=Z_{02}$，设为 50Ω标准值。

如果图 8.17 中的二端口网络代表一个晶体管，那么晶体管必须有适当的直流偏置。晶体管 S 参数是在给定的 Q 点(工作点)并在小信号条件下测量的。另外，S 参数是随频率变化的，当频率改变时，它的值需要重新测量。使用匹配的阻性负载测量晶体管的 S 参数的优点是晶体管不会振荡。相反如果采用短路或开路的测试方法，晶体管可能不稳定。

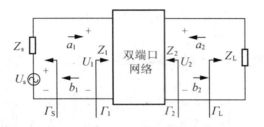

图 8.17　信号源端与负载端等效模型

若信号源电阻、负载电阻和传输线特征阻抗均为 50Ω，通过测量特定条件下的二端口网络端口 1 和端口 2 的电压，可以计算出 S 参数。

8.3.2　S 参数与其他参数的关系

1. S 参数与反射系数关系

由 S 参数定义得知，S_{11} 和 S_{22} 是双端口网络分别在端口 2 和端口 1 匹配条件下的反射系数。当负载端或信号源端不匹配时，端口的反射系数又是多少呢？设 Γ_S 是信号源端的反射系数，Γ_L 是负载端的反射系数，Γ_1、Γ_2 分别是信号源端和负载端不匹配时的端口 1、2 的反射系数，Z_1、Z_2 是双端口网络两个端口的等效阻抗，如图 8.17 所示。

下面推导反射系数与 S 参数之间存在的关系。在端口 2 有 $a_2 = \Gamma_\mathrm{L} b_2$，代入 S 散射系数方程有

$$\left.\begin{array}{l} b_1 = S_{11}a_1 + S_{12}\Gamma_\mathrm{L}b_2 \\ b_2 = S_{21}a_1 + S_{22}\Gamma_\mathrm{L}b_2 \end{array}\right\} \tag{8.73}$$

消去 b_2，有输入端口 1 的反射系数

$$\Gamma_1 = \frac{b_1}{a_1} = S_{11} + \frac{S_{12}S_{21}\Gamma_\mathrm{L}}{1 - S_{22}\Gamma_\mathrm{L}} \tag{8.74}$$

同理可以得到输出端口 2 的反射系数为

$$\Gamma_2 = \frac{b_2}{a_2} = S_{22} + \frac{S_{12}S_{21}\Gamma_\mathrm{S}}{1 - S_{11}\Gamma_\mathrm{S}} \tag{8.75}$$

由此可见，端口的反射系数不仅与 S 参数有关，还与负载端和信号源端的反射系数有关。当负载端匹配时，有 $\Gamma_\mathrm{L} = 0, \Gamma_1 = S_{11}$；当信号源端匹配时，有 $\Gamma_\mathrm{S} = 0, \Gamma_2 = S_{22}$。

2. S 参数与放大器稳定性关系

若双端口网络是一个放大器，设计放大器时，首先要保证其工作稳定，其次需要达到指标，从反射系数角度分析，只有当反射系数的模小于 1，系统才能稳定。因为反射系数是该端口的反射电压与入射电压之比，如果反射系数大于 1，将表明反射电压大于入射电压，该端口阻抗 $Z_k = Z_{0k}\dfrac{1+\Gamma_k}{1-\Gamma_k}\ (k=1,2)$ 出现了负实部，端口电阻为负，这是由于正反馈引起的，导致放大器自激振荡，因此是不稳定的。

为保证放大器稳定，需要前述四个反射系数满足：

$$|\varGamma_s| < 1, |\varGamma_L| < 1$$

$$\left|\varGamma_1\right| = \left|S_{11} + \frac{S_{12}S_{21}\varGamma_L}{1 - S_{22}\varGamma_L}\right| < 1 \tag{8.76}$$

$$\left|\varGamma_2\right| = \left|S_{22} + \frac{S_{12}S_{21}\varGamma_s}{1 - S_{11}\varGamma_s}\right| < 1$$

由式(8.76)可见，影响放大器稳定性的因素就是负载端和信号源端的反射系数与放大器的 S 参数。由于它们与频率有关，放大器的 S 参数还与偏置有关，因此讨论放大器的稳定性是在一定的工作频率和偏置条件下进行的，当这些条件变化了，稳定性也会变化。

在选定了晶体管，确定了工作频率和偏置后，放大器的 S 参数已为定值。由式(8.76)，可以得到介于稳定和不稳定时的负载端和信号源端反射系数的临界值。由下述方程确定：

$$\left|S_{11} + \frac{S_{12}S_{21}\varGamma_L}{1 - S_{22}\varGamma_L}\right| = 1$$

$$\left|S_{22} + \frac{S_{12}S_{21}\varGamma_s}{1 - S_{11}\varGamma_s}\right| = 1 \tag{8.77}$$

可以根据式(8.77)，在 Smith 圆图上画出 $\varGamma_s$ 和 $\varGamma_L$ 的稳定区域，具体分析详见参考文献。对于 $|\varGamma_s| < 1, |\varGamma_L| < 1$，有两种性质的稳定：

(1) 无条件稳定。对所有的 $|\varGamma_s| < 1, |\varGamma_L| < 1$，均有 $|\varGamma_1| < 1, |\varGamma_2| < 1$，称该放大器为无条件稳定。可以证明无条件稳定的充分必要条件是 S 参数应同时满足：

$$|\varDelta| = |S_{11}S_{22} - S_{12}S_{21}| < 1$$

$$K = \frac{1 - |S_{11}|^2 - |S_{22}|^2 + |\varDelta|^2}{2|S_{12}||S_{21}|} > 1 \tag{8.78}$$

式中，K 称为 Rollet 系数。

当晶体管是单向传输的情况下，有 $S_{12} \approx 0$，这时 Rollet 系数 $K \to \infty$，那么当 $|S_{11}| < 1, |S_{22}| < 1$ 时，$|\varDelta| = |S_{11}S_{22} - S_{12}S_{21}| < 1$ 一定满足，从而该晶体管构成的放大器一定无条件稳定。

(2) 条件稳定。只对部分而非所有的 $|\varGamma_s| < 1, |\varGamma_L| < 1$，有 $|\varGamma_1| < 1, |\varGamma_2| < 1$，称该放大器为条件稳定。由于 $\varGamma_1$ 和 $\varGamma_2$ 取决于放大器本身的 S 参数和输入输出的匹配情况，即使 $|\varGamma_s| < 1$、$|\varGamma_L| < 1$、$|S_{11}| < 1$ 和 $|S_{22}| < 1$ 成立，$\varGamma_1$、$\varGamma_2$ 仍有可能大于 1。当信号源阻抗或负载阻抗的某些取值满足式 $|\varGamma_s| < 1, |\varGamma_L| < 1$，但不满足式 $|\varGamma_1| < 1, |\varGamma_2| < 1$，那么放大器就可能是不稳定的，这种情况称为条件稳定。

3. S 参数与功率增益的关系

本书第 1 章定义了四种类型的功率增益，下面用 S 参数来表示它们。

在图 8.17 的端口 1，应用分压原理和式可得

$$U_1 = U_s \frac{Z_1}{Z_1 + Z_s} = (a_1 + b_1)\sqrt{Z_{01}} = a_1(1 + \Gamma_1)\sqrt{Z_{01}} \tag{8.79}$$

又因为

$$Z_1 = Z_{01}\frac{1 + \Gamma_1}{1 - \Gamma_1}, \quad Z_s = Z_{01}\frac{1 + \Gamma_s}{1 - \Gamma_s} \tag{8.80}$$

由式可得

$$a_1 = \frac{U_s}{2\sqrt{Z_{01}}}\frac{1 - \Gamma_s}{1 - \Gamma_s\Gamma_1} \tag{8.81}$$

于是由式(8.71)得流入端口 1 的功率 P_i 和流出端口 2 的功率 P_l(负载吸收功率)为

$$P_i = P_{i1} - P_{r1} = \frac{1}{2}|a_1|^2(1 - |\Gamma_1|^2) = \frac{U_s^2}{8Z_{01}}\frac{(1 - |\Gamma_1|^2)(1 - \Gamma_s)^2}{(1 - \Gamma_s\Gamma_1)^2} \tag{8.82}$$

$$P_l = P_{r2} - P_{i2} = \frac{|b_2|^2}{2}(1 - |\Gamma_L|^2) = \frac{|a_1|^2}{2}\frac{|S_{21}|^2(1 - |\Gamma_L|^2)}{(1 - S_{22}\Gamma_L)^2} \tag{8.83}$$

$$= \frac{U_s^2}{8Z_{01}}\frac{|S_{21}|^2(1 - |\Gamma_L|^2)(1 - \Gamma_s)^2}{(1 - S_{22}\Gamma_L)^2(1 - \Gamma_s\Gamma_1)^2}$$

当源端阻抗共轭匹配时 $Z_1 = Z_s^*$，有 $\Gamma_1 = \Gamma_s^*$，由式(8.82)得源的额定输出功率 P_{sa} 为

$$P_{sa} = \frac{U_s^2}{8Z_{01}}\frac{(1 - \Gamma_s)^2}{(1 - |\Gamma_s|^2)} \tag{8.84}$$

当负载端阻抗共轭匹配时 $Z_l = Z_2^*$，有 $\Gamma_2 = \Gamma_L^*$，由式(8.83)，式(8-74)或式(8-75)可得网络的额定输出功率 P_{oa} 为

$$P_{oa} = \frac{U_s^2}{8Z_{01}}\frac{|S_{21}|^2(1 - \Gamma_s)^2}{(1 - S_{11}\Gamma_s)^2(1 - |\Gamma_2|^2)} \tag{8.85}$$

基于上面四种类型的功率，可以定义下面四种类型的功率增益：
转化功率增益 G_t 为

$$G_t = \frac{P_l}{P_{sa}} = \frac{|S_{21}|^2(1 - |\Gamma_L|^2)(1 - |\Gamma_s|^2)}{|1 - S_{22}\Gamma_L|^2|1 - \Gamma_s\Gamma_1|^2}$$

或

$$G_t = \frac{P_l}{P_{sa}} = \frac{|S_{21}|^2(1 - |\Gamma_L|^2)(1 - |\Gamma_s|^2)}{|1 - S_{11}\Gamma_s|^2|1 - \Gamma_L\Gamma_2|^2}$$

(传递)功率增益 G_p 为

$$G_p = \frac{P_l}{P_i} = \frac{|S_{21}|^2(1 - |\Gamma_L|^2)}{|1 - S_{22}\Gamma_L|^2(1 - |\Gamma_1|^2)}$$

额定(资用)功率增益 G_a 为

$$G_a = \frac{P_{oa}}{P_{sa}} = \frac{|S_{21}|^2(1 - |\Gamma_s|^2)}{|1 - S_{11}\Gamma_s|^2(1 - |\Gamma_2|^2)}$$

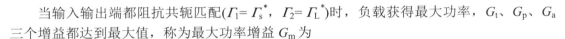

当输入输出端都阻抗共轭匹配（$\Gamma_1 = \Gamma_s^*$，$\Gamma_2 = \Gamma_L^*$）时，负载获得最大功率，G_t、G_p、G_a三个增益都达到最大值，称为最大功率增益 G_m 为

$$G_m = \left| \frac{S_{21}}{S_{12}} \right| (K - \sqrt{K^2 - 1})$$

式中，K 为 Rollet 系数。当 $K=1$ 时 G_m 有最大值 $|S_{21}/S_{12}|$。

本　章　小　结

一般当器件的尺寸与通过它的电信号波长之比大于 0.1(大约的，不是绝对的)时，就必须使用分布参数进行分析。传输线就是一种分布参数分析方法。

介绍了传输线的基本概念，包括传输线方程及特性阻抗、输入阻抗、反射系数、驻波系数等概念及物理意义。

在介绍传输线的基本概念基础上，介绍 Smith 圆图与阻抗匹配的概念，并自此基础上介绍了阻抗匹配的实例。

将一个射频网络看成多端口网络，本章重点介绍了双端口网络的 S 参数及 S 参数与其他参数的关系，如 S 参数与放大器稳定性的关系、S 参数与功率增益的关系等。

思考与练习

1. 什么是无损耗均匀传输线？分布参数指什么？

2. 传输线长度为 1m，但信号频率为 900MHz，该传输线的分析采用什么方法？

3. 传输线长度为 1m，但信号频率为 900kHz，该传输线的分析采用什么方法？

4. 传输线的输入阻抗、特性阻抗怎样定义？

5. 传输线的工作状态有哪些？什么是反射系数？什么是行波系数？什么是驻波系数？

6. Smith 圆图中等反射系数圆、等相位线、等阻抗圆、等导纳圆各表示什么意义？

7. 一无损耗传输线，试求：

(1) 当负载阻抗 $Z_L = (40-j30)\Omega$时，若要使传输线上驻波系数最小，传输线的特性阻抗为多少？

(2) 计算该最小驻波系数的值，并计算对应的反射系数？

(3) 距离负载最近的电压最小值的位置在哪里？

8. 无损耗均匀传输线的特性阻抗为 $Z_0=50\Omega$，终端接负载阻抗 $Z_L=(86-j66.5)\Omega$，若用单支节匹配。试计算该单支节的长度及接入位置。

9. 无损耗传输线的特性阻抗为 300Ω，当线长度分别为$\lambda/6$ 和$\lambda/3$ 时，请计算终端短路和开路条件下的输入阻抗。

第9章　高频电路的集成与 EDA 技术简介

本章导读

- 高频集成电路如何分类？制作有哪些过程？
- 高频集成电路的发展有哪些挑战？
- 高频电路发展的趋势是什么？
- 电子设计自动化(EDA)工具在高频电路设计中起何作用？目前流行的高频 EDA 工具有哪些？

知识要点

- 高频集成电路技术的基本概念和发展趋势。
- 使用 EWB(Multisim)进行高频电路仿真。

本章从应用的角度出发介绍了高频电路集成技术的情况，主要介绍集成技术的分类、比较、发展趋势及相关的技术挑战，集成技术遇到的挑战包括成本、尺寸、设计灵活性、宽带性能、重复性及可靠性等。本章还将简介高频电路设计中所应用的电子设计自动化(EDA)工具。

9.1　高频电路的集成技术

9.1.1　高频集成技术与挑战

近年来，无线通信市场的蓬勃发展，特别是移动电话、无线因特网接入业务的兴起使人们对无线通信技术提出了更高的要求。体积小、重量轻、低功耗和低成本是无线通信终端发展的方向，其中高频集成电路技术扮演着关键角色。高频集成电路的出现和发展对半导体器件、电路分析方法，乃至接收机系统结构都提出了新的要求。

在高频模拟电路领域中，性能、工艺的要求要比数字集成电路本身复杂得多。其中，功耗、速度、成品率是最主要的参数。同时，高频集成电路还要考虑到带宽、噪声、线性度、增益和功效。这样，应用于高频集成电路中的优化器件一直在不断完善和发展。不同的高频功能电路部分将在不同的半导体器件工艺上实现。目前，高频集成电路中使用的半导体工艺主要有硅(Si)和砷化镓(GaAs)。

目前通信的频率大部分在 2GHz 以下，除功率放大器外，硅集成电路在射频/中频模块较占优势，硅工艺因具有大量的产能，可以由射频/中频/基带组成单芯片混合模式集成电路，并且可以单电源工作，在价格、集成化程度上远超过砷化镓器件。硅集成电路高频性能受限，噪声性能稍差，硅高频集成电路全依赖于晶体管微小化(如亚微米 RF CMOS)或材料结构的改善(如 SiGe 异质结晶体管)，来提高器件的特征频率 f_T。也必须借助沟槽隔离等工艺，提高电路间的隔离度与 Q 值，工艺烦琐复杂使不良率与成本也大幅提高，高频模型也因为杂散效应明显，不易掌握。目前改进的硅工艺已可胜任超过 5GHz 以上的高频集成电路，但对低噪声放大器、高功率放大器与开关器等射频前端仍有不足。在现代无线收发器中，数字信号处理部分一般使用标准 Si-CMOS 工艺，通常占到芯片面积的 2/3 以上，因此如能实现 CMOS 射频前端，就能实现单片集成的无线收发器，最终实现单片集成的移动通信产品。

砷化镓器件在高频、高功率、高效率、低噪声指数的电气特性均远超过硅器件，砷化镓金属-半导体场效晶体管(MESFET)或高电子迁移率晶体管(HEMT/PHEMT)，在较低电源电压(低于 3V)操作下有特征频率高、电流增益大且噪声小的特点，适用于中长距离、长时间的无线通信需求，但皆需要正、负电源，会增加产品使用的成本。异质双极晶体管(HBT)是一种无须负电源的砷化镓器件，其跨导高、电流推动能力强且线性度较高，适合设计高功率、高效率、高线性度的微波放大器，适合应用于射频及中频收发模块，特别是微波信号源与高线性放大器等电路。

高频集成电路由不同功能的电路通过微带线组合而成。各电路均由平面化的半导体器件、无源集总参数元件及分布参数元件构成。高频集成电路具有高可靠性、可重复性好、电路性能更好、体积小及成本低等优点。

高频集成电路主要可分为混合高频集成电路和单片高频集成电路。

混合高频集成电路中将其中的固态器件和无源元件焊接在介质基板上，其中的高频无源元件包括集总参数元件和分布参数元件，采用厚膜或薄膜技术制作。集总参数元件可以芯片形式焊接也可以采用多层沉淀和电镀技术制作，对分布参数元件使用单层金属化工艺制作。混合高频集成电路分为标准混合高频集成电路和小型混合高频集成电路。标准混合高频集成电路采用单层金属化技术制作导体线和传输线，将分立元件如电感、电容、晶体管等焊接在基片上。这是一个非常成熟的技术。小型混合高频集成电路采用多层制作技术，无源电感、电容、传输线等一次性沉淀在基片上，半导体器件如二极管、晶体管等则焊接在基片表面，这样电路尺寸比标准混合高频集成电路小，但比单片高频集成电路大。其优点在于：尺寸小、重量轻、损耗低，加之批量制作使用成本低。混合高频集成技术应用于电子系统和设备、卫星通信、航空电子、相控阵雷达等。常见的混合高频集成电路有放大器、混频器、振荡器、发射/接收组件等。

单片高频集成电路起源于低频集成电路。一个集成电路的制作过程包括：晶体生成并批量生产晶圆(Wafer)，设计者利用 EDA 工具设计特定功能的电路，经验证后用于后端的布局布线并验证，并以此制作掩模或控制光学及电子束在晶圆上进行氧化、扩散、离子注入、沉积(deposition)、蚀刻(etching)、照相制板、镀膜及后期的切割、归类、单个制膜、焊接、封装、测试。单片高频集成电路采用类似的集成电路制作过程，但电路频率更高，由此导致电路的前端和后端设计技术、EDA 工具、半导体材料等均有所不同。

单片高频集成电路通过多层加工工艺如外延生长、氧化、扩散、离子注入、蚀刻、照相制板、镀膜等，将所含的有源器件、无源元件以及传输线或连线均集成在半绝缘的半导体基片内部或表面，最后封装成一个高频芯片。

显然，单片高频集成电路较混合高频集成电路具有成本低、尺寸小、重量轻、设计灵活性、宽带性、重复性和可靠性方面的优势。其主要原因是单片高频集成电路所有元器件、连线均在晶片上完成，而混合高频集成电路需要焊接分立元件。但是混合高频集成电路也有一个优点是电路的修正能力优于单片高频集成电路。

总之，单片高频集成电路越来越成为发展的趋势。但也带来了挑战，包括设计技术、设计工具和生产成本。

(1) 设计技术。设计技术包括系统设计、电路设计、电路板图设计、寄生参数提取、全芯片验证等。系统设计就是首先利用系统工具设计高频电路的行为模型确定其指标，同时也应开发出验证方法和规范；电路设计阶段根据系统设计的结果进行具体电路设计，同时对电路进行时域和频域仿真，以验证其符合规范指标；电路板图设计阶段将电路设计阶段的电路元器件进行物理的布局并且互连起来；在寄生参数提取阶段是高速电路设计的关键步骤，因为高速电路对寄生电感等非常敏感，一旦这些寄生参数被从电路版图中提取出来，就将被加入到对电路的后仿真中，并验证其是否符合系统设计的规范要求；全芯片的验证是在芯片流片前的重要验证步骤，全面验证芯片设计是否满足系统设计要求，验证也可包括含寄生参数的晶体管级的验证，该验证确认无误后，才能进行流片。

(2) 设计工具。设计工具使设计过程自动化，使设计可以并行进行，大大提高了设计效率，减低了对设计者的经验要求。主要的设计工具包括原理图设计工具、逻辑综合工具、布局布线工具、仿真工具和验证工具等。

(3) 生产成本。单片高频集成电路的生产成本包括初始成本、晶片制造成本、后加工成本等。初始成本包括产品的概念研究与开发、功能电路设计、技术开发、样品设计与测试及第一批芯片的初始投入成本。总之，第一个芯片的生产成本非常昂贵，但一旦设计成功，随着时间的推移成品率会提高，销量的增加也会摊薄生产成本。晶片制造成本是直接制造成本，该成本是固定的，与成品率无关。后加工成本包括切割、焊接和封装，后加工中每一步骤均有可能发生芯片的损毁，因此后加工会影响成品率。

在芯片制造过程中，成品率下降的因素包括灰尘颗粒、电路物理尺寸等。当今的元器件可能比灰尘微粒还小许多倍，这样整个电路可能因为一粒灰尘而不能工作，因此为了获得晶片生产线的更高成品率，需要严格控制生产房间的洁净。对于物理尺寸越小的芯片，在晶圆具有相同缺陷模式的情况下，成品率将提高。一般讲芯片之中能够正常上市的正品数与最初投入生产的芯片总数之比称为成品率，成品率是多种因素共同作用的结果，是晶圆成品率、装配成品率、产品测试成品率等的乘积，一个芯片产品要获得成功除了产品设计、功能的成功，同时必须在经济上能够赢利，这其中成品率起着重要的影响。增加单个芯片的尺寸会导致芯片的正品率下降，为达到芯片生产的盈亏平衡需要增加单个芯片的单价，反之减小单个芯片的尺寸。加大晶圆的尺寸如从 3 英寸晶圆提高为 5 英寸晶圆，成品率将提高，获得芯片生产的盈亏平衡所需的单个芯片的价格也将降低，销量也会随着增加，而成为一个成功的芯片产品。

9.1.2　高频集成电路的发展与趋势

随着时代的发展，研究、革新以及晶圆尺寸的增加均将促进芯片的价格降低，功能更强大且方便消费者应用。

高频集成电路的发展趋势大致会沿着：集成度更高即集成电路的特征尺寸不断减小，进而芯片内规模更大，芯片所能应用的频率会更高，功耗更小、封装更小，以及高频处理的数字化和智能化。

集成电路的特征尺寸每三年减小 30%，集成度增加 4 倍的 Moore 定律已经被不断地证明其正确，加工工艺由 1μm、0.8μm，到 0.5μm、0.35μm、0.25μm，再到 0.18μm、0.13μm、90μm、45nm 等，使集成电路的集成度不断提高。由于工艺的更加精细化，芯片内的互连间距也变得越来越小，连线的延迟已经可以和晶体管的栅延迟相比拟或超过晶体管的栅延迟，芯片的互连由铝向采用铜的方向发展可使互连电阻减小，在相同延迟下，可以减少金属布线的层数，减小芯片面积，芯片的更高速应用成为可能。

芯片的工艺进步导致集成度提高，集成度提高导致芯片的规模不断扩大，芯片内集成超过 1000 万门电路已很平常。集成规模的扩大也使芯片的功能更完善，在一个单芯片上集成各种功能的片上系统(包括 ADC、DAC、射频前端、控制器等)已不罕见。

移动通信技术的大量使用和不断发展使其工作频段不断提高，以便获得更高的传输带宽，因此射频集成电路必将适应这一发展，出现更高频率的射频集成电路。

随着系统功能不断增加以及设备的小型化，表明射频芯片的另一个发展趋势就是功耗和封装尺寸不断减小，通常芯片的供电电压也会不断降低。

随着软件无线电技术的发展，数字处理将越来越靠近射频，越来越多的高频信号处理电路将用数字信号处理来实现，使系统更具有灵活性。特别是片上系统将不仅含有高频电路而且也含有大量的数字及其他模拟电路，使芯片不再仅是一个普通的硬件，而是含有大量可编程器件(如软件可编程的 MPU、DSP，以及硬件可编程的 FPGA，等等)的较完整的系统。相信随着技术的不断发展，一个芯片就是完整系统的时代将会离我们越来越近。

9.2 高频电路的 EDA 技术简介

EDA(Electronics Design Automation)即电子设计自动化。EDA 技术的发展经历了从利用计算机辅助进行集成电路的版图设计，印制电路板(PCB)的布局布线设计的硬件电路辅助设计阶段；到计算机辅助原理图输入、逻辑仿真、电路分析、自动布局布线、PCB 的后分析等的计算机辅助工程的阶段；再到电子系统设计自动化的阶段，在电子系统设计自动化阶段，EDA 工具将人们从繁重的设计工作中解脱出来，使广大的电子设计工程师能够以一种全新的方式进行电路的设计(即自顶向下的由概念驱动的设计)。从而使一个经验不是很丰富的设计者也能够设计出高质量的芯片或电路，极大地提高了设计者的工作效率，减少了设计差错，缩短了产品的上市时间。

对集成电路设计来说，设计方法和高水平的计算机辅助设计工具是成功的关键。对于通常的 VLSI，EDA 的工具非常多，有包括综合、模拟、版图设计、验证、测试生成等在内的一系列工具来支持整个设计过程。但对高频集成电路，目前尚不具备一整套完善的EDA 工具，主要的前端设计工具是电路级的模拟或仿真。这里主要介绍用于高频电路设计仿真的 EDA 工具，首先一个是适合教学用的 EWB 或其升级 Multisim10 电路仿真软件，本章最后简单介绍几个流行的商用工具。

9.2.1　教学用的 EWB

1．EWB(MultiSim)简介

EWB (Electronics Workbench，现称为 MultiSim) 是一个电子工作平台，它是加拿大 Interactive Image Technologies 公司于 20 世纪 80 年代末、90 年代初推出的电子电路仿真的虚拟电子工作台软件，后由美国 NI 公司推出 MultiSim。它具有如下特点：

(1) 采用直观的图形界面创建电路。在计算机屏幕上模仿真实验室的工作台，绘制电路图需要的元器件、电路仿真需要的测试仪器均可直接从屏幕上选取。

(2) 软件仪器的控制面板外形和操作方式都与实物相似，可以实时显示测量结果。

(3) EWB 软件带有丰富的电路元件库，提供多种电路分析方法。

(4) 作为设计工具，它可以同其他流行的电路分析、设计和制板软件交换数据。

(5) EWB(Multisim)是一个优秀的电子技术训练工具，利用它提供的虚拟仪器可以用比实验室中更灵活的方式进行电路实验，仿真电路的实际运行情况，熟悉常用电子仪器测量方法。

因此 EWB(Multisim)非常适合电子类课程的教学和实验。下面对 EWB(Multisim)软件做一个初步介绍，更深入的操作方法和内容请参阅 EWB(Multisim)的帮助文件和相关书籍。

EWB(Multisim)是一套供教育工作者和工程师使用的集成式原理图捕捉以及 SPICE 仿真环境。每次发布新版本时，都会增加一些创新功能以增强原型设计或电路教学的方法。下面列出了从以前的 Electronics Workbench 5 到现在的 NI Multisim 11.0 所发生的变化。注意，尽管 Multisim 6.0、7.0、和 8.0 列在一栏中，但每次发布时都增强或增加了一些新功能。

(1) 表 9.1 是教学用 EWB 的版本演化过程。

表 9.1　教学用 EWB 的版本演化过程

版　本	操作系统
EWB 5	Windows 3.1/NT/95
Multisim 6 to 8	Windows 95/98/NT/2000
Multisim 9	Windows 2000/XP
Multisim 10	Windows 2000 SP3/XP
Multisim 10.1	Windows 2000 SP3/XP/Vista/64bit Vista
Multisim 11.0	Windows XP/Vista/64bit Vista & Windows 7

(2) 原理图捕捉。利用表 9.2 查看 Multisim 原理图捕捉环境所增加的功能。请注意这并未包含所有的 Multisim 捕捉功能。

表 9.2　Multisim 捕捉功能

捕捉功能	5	6~8	9	10	10.1	11.0
标准逻辑组件的单一符号显示	•	—	—	•	•	•
电路限制 *	•	•	•	•	•	•
黑盒 *	•	•	•	•	•	•
子电路	•	•	•	•	•	•
交互式组件		•	•	•	•	•
层次框		•	•	•	•	•
额定/3D 虚拟组件 *		•	•	•	•	•
嵌入式问题			•	•	•	•
交互式部件的鼠标点击控制				•	•	•
开关模式电源				•	•	•
虚拟 NI ELVIS II 示意图和 3D 视图*					•	•
全局连接器						•
页内连接器						•
利用 Ultiboard 重新构建前/后向标注						•
所见即所得网络系统						•
项目打包和归档						•
示例查找器						•

* 仅院校类产品功能

(3) 仿真。表 9.3 是从 Electronics Workbench 5 版本到 Multisim 10.1 版本交互式 SPICE 和分析能力的发展情况。请注意这并未包含所有的 Multisim 仿真功能。

表 9.3　交互式 SPICE 和分析能力的发展情况

仿真功能	5	6~8	9	10	10.1	11.0
SPICE 仿真	•	•	•	•	•	•
XSPICE 仿真		•	•	•	•	•
导出至 Excel 和 LabVIEW		•	•	•	•	•
部件创建向导		•	•	•	•	•
导入/导出至.LVM 和.TDM			•	•	•	•
自定义 LabVIEW 仪器			•	•	•	•
SPICE 收敛助手				•	•	•
BSIM 4 MOSFET 模型支持				•	•	•
温度仿真参数				•	•	•
为分析增加仿真探针				•	•	•
测量探针				•	•	•

续表

仿真功能	5	6～8	9	10	10.1	11.0
微控制器(MCU)仿真				•		•
MCU　C 代码支持				•		•
自动化 API				•	•	•
输入-输出 LabVIEW 仪器					•	•
BSIM 4.6.3						•
支持 BSIMSOI、EKV、VBIC						•
高级二极管参数模型						•
SPICE　网表查看器						•
图形标注						•
图形智能图例						•
NI　硬件连接器						•
仿真驱动仪器	7	18	20	22	22	22
集成 NI ELVIS 仪器	–	–	–	–	6	6
LabVIEW 仪器	–	–	4	4	4	6
分析次数	14	19	19	19	19	20

Multisim10 针对院校提供很多教学功能，主要有如下特点：

(1) 完全交互式的仿真器。允许使用者进行实时的电路参数改变，观察仿真结果以了解电路性能的变化。

(2) 多种不同环境的虚拟仪器。主要虚拟仪器包括示波器、万用表、频谱分析仪等。

(3) 分析功能。分析功能包括 Monte Carlo、worst case，I-V 分析等多达 24 种分析功能。

(4) 进行给予 MCU 的单片机仿真。仿真中可以加入 MCU，从而可以对嵌入式控制系统进行仿真。

2．Multisim10 原理图输入与仿真过程

下面以一个电容三点式振荡电路为例介绍其基本操作流程，分为原理图输入和电路功能仿真两部分。

1) 原理图输入

步骤一：原理图创建。

(1) 打开 Multisim10 工作平台有两种方法：一是单击"开始"→"所有程序"→national instruments→circuit design suite 10.0→multisim 命令；二是双击 multisim10 应用程序图标，可以打开图 9.1 所示界面。

(2) 更改电路名称：默认电路名称为 circuit1，重新命名为"实验电路"。在菜单中选择 file→save as 命令，系统弹出 Windows 存储对话框，在选择文件存储的路径、文件名后单击 save。为防止数据丢失，在菜单栏单击 options→global preference 命令，在弹出的"首选项"对话框中设定定时存储文件时间间隔，如图 9.2 所示。

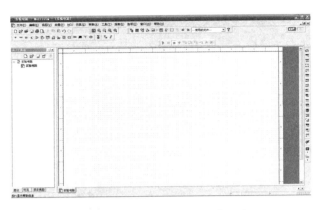

图 9.1　打开 Multisim10 工作平台　　　　　图 9.2　"首选项"对话框

(3) 若要打开已存在文件只需选择 file(文件)→open(打开)命令，找到需要打开的已存在的文件并选中，然后单击 open(打开)即可。

步骤二：放置元件。

(1) 打开"实验电路.ms10"。

(2) 寻找所需要的元器件。选择 place→component 命令，系统弹出"选择元件"(select a component)对话框，或在工作平台上右击，系统弹出一个菜单栏，选择 place→component 命令，系统弹出"选择元件"(select a component)对话框，如图 9.3 所示。

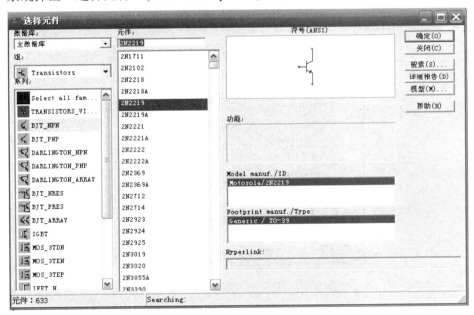

图 9.3　"选择元件"对话框

Multisim10 中的元器件库分为 group，每个 group 又分为 family，每个 family 又有 component 类型。

首先寻找 Transister group，然后选择 BJT NPN 后在 component 中找到 2N2222，单击"确定"按钮后将其放在工作台上。接着继续放其他元器件，最后得到图 9.4 所示电路。

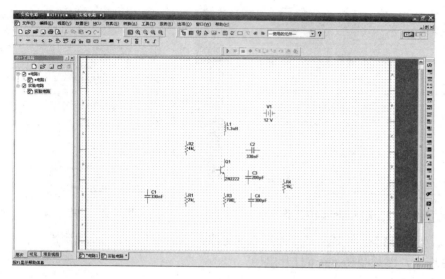

图 9.4　元器件的选择

(3) 元器件的旋转。用鼠标选中需要旋转的器件，然后按住 Ctrl 键，再单击 R 键两次来实现 180°旋转，即单击一次 R 键顺时针旋转 90°。也可以右击需要改变方向的元器件，在弹出菜单中选择"顺时针 90°"等进行旋转。

(4) 设置参数。双击图中直流电源得到图 9.5 所示的 DC_POWER 的设置界面，将Voltage(V)参数设为 12V。

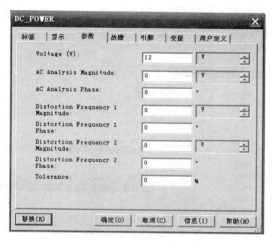

图 9.5　"DC_POWER"的设置界面

(5) 元器件的 ResDes。图中元器件的顺序号是根据放置入工作区时的先后自动生成，但可以对其进行重新设置。

(6) 复制元器件。若是放置相同的元器件，可使用复制的方式。操作步骤为选择edit→copy，然后选择 edit→paste 即可。

步骤三：电路连线。

(1) 利用鼠标移近元器件的引脚，鼠标箭头自动变为"＋"，单击鼠标该引脚就被连接上，移动鼠标去连接另一端，单击鼠标后一条电路连线就完成了。

(2) 连线自动排列。在连线时，软件具有将连好的对线进行自动排列的功能。

(3) 连线排列调整。已连接好的连线，如果其排列不符合要求，可以通过如下步骤来调整：把鼠标移动到需要移动的连线旁，右击，选中该连线后鼠标变成双向箭头，按箭头方向可做适当平移到需要的位置。如果连接点有误，可进行改正，把鼠标指示移动到需要更改的元件接线端，鼠标只是变为 →，单击鼠标左键，原已固定的线头就会随着鼠标移动，当移动到正确的位置时，再单击即可。

这样文件存盘后就完成了原理图的输入(见图 9.6)，下面开始对电路进行功能仿真。

2) 电路功能仿真

步骤一：用虚拟仪器观察电路。

将示波器放到工作台上，选择 simulate(仿真)→instruments(仪器)→ oscilloscope(示波器)命令，单击鼠标，示波器就会跟着鼠标移动到工作台的适当位置，再单击鼠标，示波器就会放入工作台，其连线过程类似元件连线，连接图如图 9.6 所示的 XSC1。

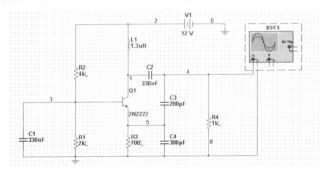

图 9.6　连接的电路

步骤二：仿真。

选择 simulate(仿真)→run(运行)，仿真开始，调整示波器的扫描频率和 A 通道比例，就可以看到输出波形如图 9.7 所示。

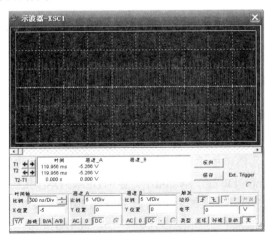

图 9.7　示波器输出波形

步骤三：电路分析。

利用频谱分析仪分析实验电路的输出信号频谱，振荡电路输出信号频谱如图9.8所示。

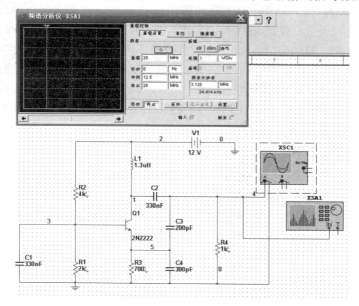

图9.8　电路及输出信号频谱

由图9.8可求得电路的频率输出频率约为12.2MHz。理论计算的振荡频率为

$$f_0 = \frac{1}{2\pi\sqrt{L_1\dfrac{C_3C_4}{C_3+C_4}}} = \frac{1}{2\pi\sqrt{1.3\times10^{-6}\times\dfrac{200\times300}{200+300}\times10^{-12}}} = 12.74\times10^6(\text{Hz})$$

9.2.2　商用的 EDA 软件介绍

商用 EDA 软件有很多，常用的有以下几款。

(1) Protel 用于一个完整的电路板级全方位电子设计，包括原理图绘制、模拟电路与数字电路混合信号仿真、多层印制电路板设计、可编程逻辑器件设计、图标生成、电子表格生成等功能。

(2) Orcad 是一种功能强大的 EDA 设计软件，该软件集成了电路原理图绘制、印制电路板设计、数字电路仿真、可编程逻辑设计、模拟数字电路的混合仿真等功能。

(3) Cadence 是由 cadence 公司推出的高级 EDA 软件，可完成原理图设计、模拟数字仿真及混合仿真、印制电路板设计与制作，还可进行 ASIC 的设计仿真等。

(4) Eesof 是由 Agilent 公司推出的专门用于高频和微波电路设计与分析的专业 EDA 软件，主要包括 ADS(Advance Design System)以及 MDS/RFDS(Microwave Design System/RF Design System)。可以对高频以及微波系统进行系统级和电路级的设计和仿真，可以进行电路板级的仿真分析以及电磁兼容分析、热分析、稳定性分析和灵敏度分析等。

本 章 小 结

本章介绍了高频集成技术的基本概念和发展趋势及高频 EDA 技术的初步知识。高频集成电路中使用的半导体工艺主要有 Si 和 GaAs；高频集成电路主要可分为混合高频集成电路和单片高频集成电路，单片高频集成电路越来越成为发展的趋势，但也带来了挑战，包括设计技术、设计工具和生产成本；高频集成电路的发展趋势大致为：集成度更高即集成电路的特征尺寸不断减小，进而芯片内规模更大，芯片所能应用的频率会更高，功耗更小、封装更小，以及高频处理的数字化和智能化；对集成电路设计来说，设计方法和高水平的计算机辅助设计工具是成功的关键；对于通常的 VLSI，EDA 的工具非常多，包括综合、模拟、版图设计、验证、测试生成等。通过本章的介绍能够使用 EWB 及升级版 Multisim10 进行高频电路仿真，了解流行的商用高频 EDA 软件。

思考与练习

1. 利用 Multisim 仿真图 9.9 所示电路，给出该电路的幅度频率特性。

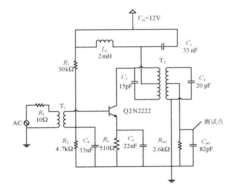

图 9.9　题 1 图

2. 图 9.10 是一个倍频器，给出倍频频谱图和谐振频谱图。

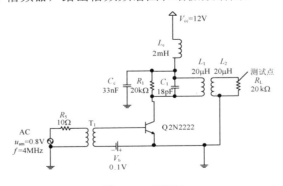

图 9.10　题图 2

参 考 文 献

[1] 陈邦媛. 射频通信电路[M]. 2 版. 北京：科学出版社，2002.

[2] 董在望. 通信电路原理[M]. 2 版. 北京：高等教育出版社，2004.

[3] 沈伟慈. 通信电路[M]. 2 版. 西安：西安电子科技大学出版社，2008.

[4] 吕芳，辛莉，侯海鹏. 微波技术[M]. 南京：东南大学出版社，2010.

[5] 曾兴雯，刘乃安，陈健. 高频电子线路[M]. 北京：高等教育出版社，2004.

[6] 严国萍，龙占超. 高频电子电路[M]. 北京：科学出版社，2005.

[7] M.M.拉德马内斯. 顾继慧，李鸣译. 射频与微波电子学[M]. 北京：科学出版社，2006.

[8] 夏术泉，艾青，南光群. 通信电子线路[M]. 北京：北京理工大学出版社，2010.

[9] 沈琴，李长法. 非线性电子线路[M]. 北京：北京广播学院出版社，1997.

[10] 李智群，王志功. 射频集成电路与系统[M]. 北京：科学出版社，2008.

[11] John Rogers，Calvin Plett. Radio Frequency Integrated Circuit Design[M]. Second Edition. Norwood, MA：ARTECH HOUSE, INC. 2010.

[12] Joseph F. White. High frequency techniques: an introduction to RF and microwave engineering[M]. Hoboken, New Jersey：John Wiley & Sons, Inc. , 2004.

[13] Devendra K. Misra. Radio-frequency and microwave communication circuits: analysis and design[M]. Second Edition. Hoboken, New Jersey：John Wiley & Sons, Inc., 2004.

[14] Cotter W. Sayre. Complete Wireless Design[M]. New York：The McGraw-Hill Companies, Inc., 2008.

[15] 王卫东，傅佑麟. 高频电子电路[M]. 北京：电子工业出版社，2004.

[16] 张肃文，陆兆熊. 高频电子线路[M]. 4 版. 北京：高等教育出版社，2004.

[17] 胡宴如. 高频电子线路[M]. 2 版. 北京：高等教育出版社，2001.

[18] 高吉祥. 高频电子线路[M]. 北京：电子工业出版社，2004.

[19] 廖惜春. 高频电子电路[M]. 广州：华南理工大学出版社，2002.